超可爱的

宝宝帽子、鞋、玩具

张翠 主编 朴智贤 审编

辽宁科学技术出版社
·沈阳·

摄 影 师：魏玉明

图书在版编目（CIP）数据

超可爱的宝宝帽子、鞋、玩具/张翠主编.--沈阳：辽宁科
学技术出版社，2011.10
ISBN 978－7－5381－7147－1

Ⅰ.①超 … Ⅱ.①张 … Ⅲ.①帽－绒线－编织－图集②童
鞋－绒线－编织－图集③玩具－绒线－编织－图集 Ⅳ.
①TS941.763.8－64

中国版本图书馆CIP数据核字（2011）第189931号

出版发行：辽宁科学技术出版社
　　　　　（地址：沈阳市和平区十一纬路29号 邮编：110003）
印 刷 者：深圳市鹰达印刷包装有限公司
经 销 者：各地新华书店
幅面尺寸：210mm×285mm
印　　张：12.75
字　　数：200千字
印　　数：1~11000
出版时间：2011年10月第1版
印刷时间：2011年10月第1次印刷
责任编辑：赵敏超
封面设计：幸琦琪
版式设计：幸琦琪
责任校对：潘莉秋

书　　号：ISBN 978－7－5381－7147－1
定　　价：39.80元

联系电话：024－23284367
邮购热线：024－23284502
E-mail：473074036@qq.com
http://www.lnkj.com.cn
本书网址：www.lnkj.cn/uri.sh/7147
敬告读者：
本书采用兆信电码电话防伪系统，书后贴有防伪标签，全国统一防伪查询电
话16840315或8008907799（辽宁省内）

目录 contents

帽子篇

做法:P89
亮黄钩花圆帽

红润柔嫩的小脸，亮黄色的帽身，配以白色的帽边，这就是春日里最明媚的那道风景线，让宝宝自然闪耀最夺目的光彩

Chao ke ai de bao bao
mao zi xie zi wan ju

做法:P90
方格钩花包头帽

用方格勾勒出明晰的小部分，每一方格中都有一朵精致小花，帽子显得齐整而不呆板。

Chao ke ai de bao bao
mao zi xie zi wan ju

做法:P89
温暖绒球帽

渐变色调，正反搭配的三角形图案，令人眼前一亮，而厚实的毛线则在萧瑟的秋天给宝宝最温暖的呵护。

Chao ke ai de bao bao
mao zi xie zi wan ju

做法:P90

黑白大气宽檐帽

黑白的搭配，大气而不张扬，
举手投足间给人酷酷的感觉。
你家的宝贝，就是这么与众不
同！

Chao ke ai de bao bao
mao zi xie zi wan ju

亮丽的黄色，搭配清新的草绿，简单整齐的针法，织出大家闺秀端庄优雅的感觉，再缀上一朵小花，更添别致典雅。

Chao ke ai de bao bao
mao zi xie zi wan ju

做法:P92

⑥

可爱钩花包头帽

有层次的钩花，简洁不牵绊，给宝宝头部全面细致的呵护。

Chao ke ai de bao bao
mao zi xie zi wan ju

做法:P91
秀气仿宫廷帽

明黄的帽身，两边垂下的绒
球，仿若清代皇族饰帽，秀气
之中透着高贵。

Chao ke ai de bao bao
mao zi xie zi wan ju

7

做法:P92
纯色钩花帽

整齐密实的直线钩花和纯洁
无瑕的颜色，戴上这样的帽
子更显宝宝的天真无邪、童
真可爱。

8

Chao ke ai de bao bao
mao zi xie zi wan ju

做法:P93

优雅钩花圆帽

粉粉嫩嫩的颜色，最配宝贝红润娇嫩的皮肤，呈三角形排列的镂空花样则显得精致而清凉。

Chao ke ai de bao bao
mao zi xie zi wan ju

9

做法:P93

别致钩花圆帽

淡雅的颜色配上小巧精致的钩花，让小帽有一种别致的清秀，锯齿形的帽檐增加了几分活泼感。

10

Chao ke ai de bao bao
mao zi xie zi wan ju

做法:P93
白色钩花小帽

精心钩织的网格缀
以精巧别致的小
花，给人温柔秀气
的感觉，波浪形的
帽檐更增几分优
雅。

Chao ke ai de bao bao
mao zi xie zi wan ju

做法:P94
淡雅钩花圆帽

纯净素雅的颜色，用排列有
序的网格钩出宝宝的温和甜
美，帽边的椭圆钩花更显柔
美可爱。

Chao ke ai de bao bao
mao zi xie zi wan ju

13 做法:P94
波纹边舒适小帽

简单的花样潇洒随意，宝宝戴着轻便舒适。一道起伏的波浪沿着帽边流淌，带给人清新明快的感觉。

Chao ke ai de bao bao
mao zi xie zi wan ju

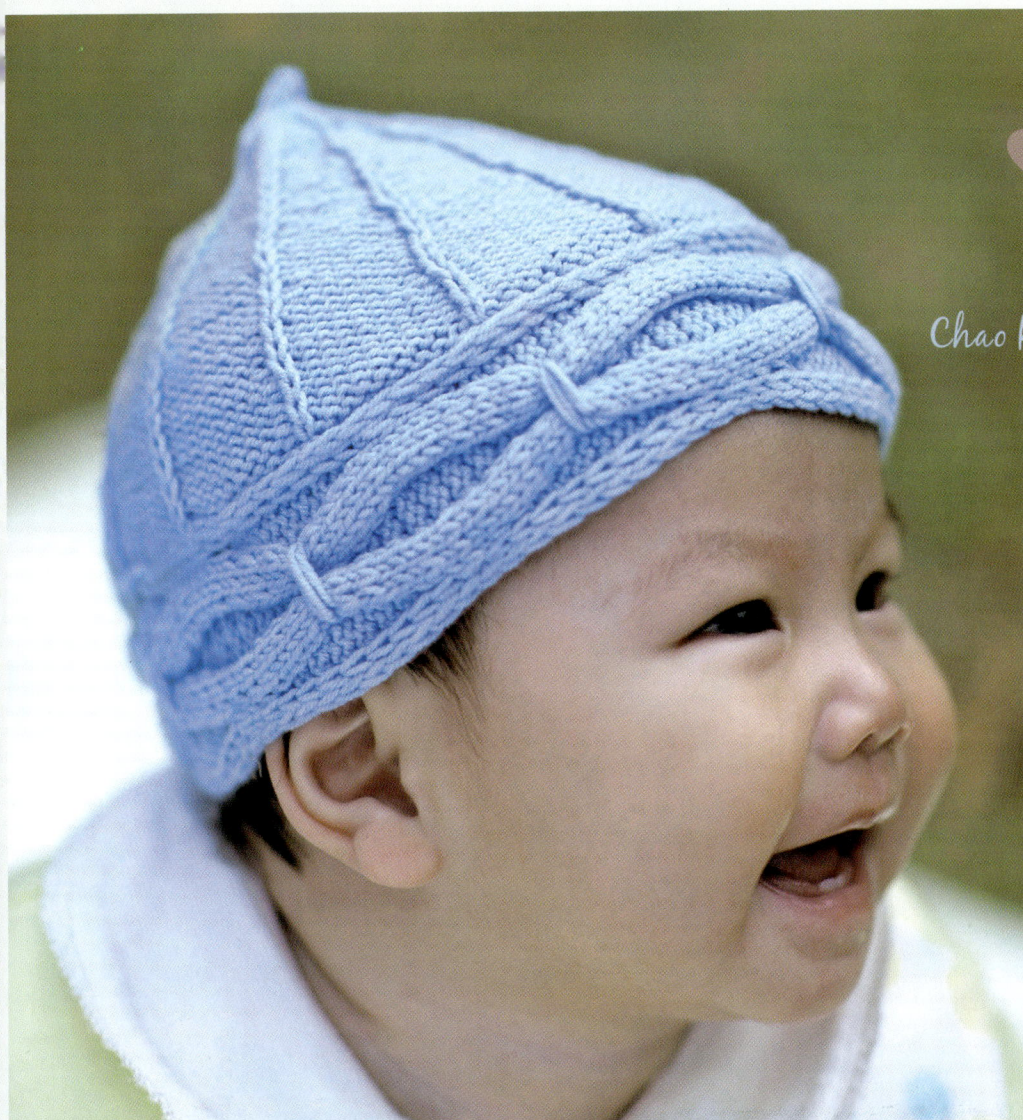

做法:P94 **14**
天蓝色扭花帽

天蓝的颜色，纯净而清新，让宝宝的肤色更显白皙娇嫩。

Chao ke ai de bao bao
mao zi xie zi wan ju

做法:P95
黑色端庄圆帽

黑色的帽子，白色的围领，端庄而不失俏美，围巾下部的白色花样精致特别，别具新意。

Chao ke ai de bao bao
mao zi xie zi wan ju

做法:P95
蓝色绒球帽

纯净的蓝色，明亮清新，愈显宝宝肤色白嫩，帽顶的绒球随着宝宝的跑动而跳跃，更增几分调皮灵动。

Chao ke ai de bao bao
mao zi xie zi wan ju

16

做法:P96
蓝色卡通包头帽

蓝色的帽身上绣着卡通小熊的面部，帽顶缀着的绒球又好似两只小耳朵，配以红色的蝴蝶结，整个帽子卡通味十足，尽显宝宝的可爱味道。

17

Chao ke ai de bao bao
mao zi xie zi wan ju

做法:P96

阳光包头帽

蓝白相间的色彩，透着阳光
的味道，锯齿状的帽边使帽
子整齐而不显呆板。

Chao ke ai de bao bao
mao zi xie zi wan ju

做法:P96

顶绒球护耳帽

头顶显得活泼跳跃的绒球和系带的护
耳是这款帽子的特色，至于帽身，可
以是素雅的沿着帽顶散开来的竖形
钩花，也可以是可爱的五彩圆形层层
铺开，不同的针法织出不同的风格。

Chao ke ai de bao bao
mao zi xie zi wan ju

做法P97

斑斓雨衣套

五彩斑斓的颜色，鲜艳又不落
俗套，让宝宝瞬间成为阳光下
的焦点。

Chao ke ai de bao bao
mao zi xie zi wan ju

做法:P97
蓝色灵动小帽
蓝色的帽身，白色的帽边，再加上个白色的"小尾巴"，愈发显得活泼可爱，灵气十足。

Chao ke ai de bao bao
mao zi xie zi wan ju

②1

②2

做法:P98
水蓝色遮耳帽
阳光下，看着纯色的帽子下宝宝甜美的笑脸，充溢胸腹的，满满的都是幸福的味道。

Chao ke ai de bao bao
mao zi xie zi wan ju

做法:P98
玫瑰包头帽

鲜艳的颜色，镂空的花纹，再在帽边穿入白色的帽带，整个帽子简单得体，又不乏柔美。

Chao ke ai de bao bao
mao zi xie zi wan ju

23

做法:P98
玫瑰钩花包头帽

一朵朵层次分明的花朵，构成了别致的帽边，使帽子显得匀称而亮丽。如果是白色的帽子，加上一圈蓬松的花边会有更好的效果。

Chao ke ai de bao bao
mao zi xie zi wan ju

24

做法:P99

25

波浪纹钩边小帽

帽子花样层次分明，简单大方，
而帽边的白色波浪纹，则令人眼
前一亮，再配上白色绒球，尽显
宝贝的娇美可爱。

Chao ke ai de bao bao
mao zi xie zi wan ju

做法:P99

26

白色钩边包头帽

玫红色的帽子搭配蓬松的白色帽
边，显得宝贝甜美可人。而那微
嘟的小嘴，更是惹人喜爱。

Chao ke ai de bao bao
mao zi xie zi wan ju

做法:P100

玫红系带包头帽

红色的镂空花样，波浪纹
的帽边，绿色的帽带，仿
若夏日那一朵盛开的荷
花，清新艳丽。

Chao ke ai de bao bao
mao zi xie zi wan ju

②⑦

做法:P100

绿意小荷钩花帽

绿色的波纹帽边好似碧绿
的湖水，轻轻托起红色的
花朵，犹如出水的芙蓉，
清新淡雅。

②⑧

Chao ke ai de bao bao
mao zi xie zi wan ju

做法:P100
柔美钩边帽 29

白色蜿蜒的帽边，使帽
子更显柔美亮丽，再配
上一个蝴蝶结，更增几
分可爱的味道。

Chao ke ai de bao bao
mao zi xie zi wan ju

做法:P101
甜美钩花小帽 30

粉色镂空花纹，帽沿点
缀的小花，与宝宝天真
无邪的笑魇相互映衬，
处处透着甜美的味道。

Chao ke ai de bao bao
mao zi xie zi wan ju

紫色小熊帽

大大的帽边只露出宝宝一张粉嘟嘟的小
脸。配上帽顶两只小耳朵，分明是一只卡
通小熊的形象，极为活泼可爱。

31

Chao ke ai de bao bao
mao zi xie zi wan ju

做法:P102
配色尖顶帽

配色尖顶帽的帽子由蓝白配色
织成，显得清爽干净，尖尖的
帽顶自然耷拉在脑后，裹以厚
实的围巾，寒冷的冬日里给宝
贝最贴心的呵护。

32

Chao ke ai de bao bao
mao zi xie zi wan ju

做法:P102
粉红公主帽

这款帽子最大的特色是两边垂下的长长的遮耳，选用镂空的花样，颇具东南亚风情，帽身右侧的红色花朵，让宝贝看起来像个骄傲的小公主。

Chao ke ai de bao bao
mao zi xie zi wan ju

33

34

做法:P103
粉色镂花帽

干净的粉色，给宝宝清新阳光的感觉，帽顶大大的绒球又显得活泼俏皮，让宝宝的可爱展露无遗。

Chao ke ai de bao bao
mao zi xie zi wan ju

蝴蝶花包头帽

大大的卡通蝴蝶图案，让纯色的帽子灵动起来，宽松的帽檐又添几分大气洒脱。

Chao ke ai de bao bao mao zi xie zi wan ju

35

做法:P103

白色优雅圆帽

纯净的白色，清新脱俗，帽檐红色的钩边则将宝贝的柔美恬静显露无遗。

Chao ke ai de bao bao mao zi xie zi wan ju

36

做法:P104
卡通小猪包头帽

③⑦

形象的卡通小猪图案，煞是憨厚可爱，而紧实的包头设计，则显得宝贝圆圆的小脸活泼调皮。

Chao ke ai de bao bao
mao zi xie zi wan ju

做法:P104
格子包头帽

③⑧

米黄的颜色温暖可人，白色帽边和红色蝴蝶搭配则尽显宝贝的活泼可爱。

Chao ke ai de bao bao
mao zi xie zi wan ju

做法P105
绿衣宝宝帽帽

帽檐和围巾下摆就像青翠的草地
上盛开着朵朵娇艳欲滴的花儿，
而宽宽的帽檐设计，又让宝宝在
初秋的季节里不会觉得闷热。

Chao ke ai de bao bao
mao zi xie zi wan ju

做法:P105

40

甜美镂花圆帽

白色帽身的镂空透气设计，
让宝宝在尽情玩耍时不会感
觉闷热，帽边环穿的粉色丝
带，则让宝宝在安静时又显
露出甜美可人的一面。

Chao ke ai de bao bao
mao zi xie zi wan ju

做法:P106

41

白色优雅包头帽

纯白色的设计显得优雅娴
静，小波浪纹的帽边又带
着几分小家碧玉的感觉，
还有那粉色的丝带，更显
宝贝温柔秀美。

Chao ke ai de bao bao
mao zi xie zi wan ju

做法:P106
可爱系带帽

白色与黄色的搭配，让娇小的宝贝显得更加甜美可人，特别是阳光下，宝宝那柔美的眼神，足以让妈妈感到心安。

Chao ke ai de bao bao
mao zi xie zi wan ju

42

做法:P106
线穿方格包头帽

纯白的帽底上，加黄色的线穿方格，有一种规规矩矩的温顺乖巧感，帽檐轻盈的钩花则体现出端庄中的俏皮可爱。

43

Chao ke ai de bao bao
mao zi xie zi wan ju

做法:P107

米色镂花系带帽 44

整齐的镂花规则排列，精巧别致，尤其是帽边紧贴额头的大波纹设计，显得宝贝的笑容灵气十足

Chao ke ai de bao bao
mao zi xie zi wan ju

做法:P107

粉色大气宽檐帽 45

粗线条整齐排开，显得大气洒脱，粉色则又显出小女生柔美婉约的一面。

Chao ke ai de bao bao
mao zi xie zi wan ju

做法:P107
帅气翻沿帽

46

米色与白色的搭配，充满了阳光的味道，宽宽的翻沿设计和帽顶大大的绒球则使整个帽子有种清朝官帽的感觉，潇洒帅气。

Chao ke ai de bao bao
mao zi xie zi wan ju

做法:P108
白色温暖圆帽

47

白色温暖圆帽纯白的设计，清新干净，帽边搭配细细的黑色丝带，使帽子看起来不会呆板，而帽顶的黑色绒球，则随着宝贝在草坪上奔跑跃动，格外抢眼。

Chao ke ai de bao bao
mao zi xie zi wan ju

做法:P108
配色钩花帽

暖色调的配色线交织，看起来十分温暖，帽子左侧大大的钩花，则让宝贝尽显高贵气质。

48

Chao ke ai de bao bao
mao zi xie zi wan ju

49

做法:P109
配色大气宽檐帽

宽宽的帽檐，潇洒大气，帽身大大的向日葵花样则尽显生机和活力。

Chao ke ai de bao bao
mao zi xie zi wan ju

做法:P109

红色包头小帽

50

鲜艳的红色象征如火的热
情。就像宝贝张扬的活力，
绿色的帽沿则犹如炎炎夏日
注入的一丝清凉，令人无比
舒心。

Chao ke ai de bao bao
 mao zi xie zi wan ju

做法:P110

橘色网格帽

51

温暖的橘色，在阳光下熠
熠生辉，映衬着宝宝的小
脸粉中透红，看着宝贝如
此可爱的模样，相信每个
妈妈心里都是无比的欣慰
与满足。

Chao ke ai de bao bao
 mao zi xie zi wan ju

做法:P110
秀美格子包头帽

一个个细小的格子串联起来，精致小巧，红色的帽边和点缀的花朵又极显宝贝娇美可人。

Chao ke ai de bao bao
mao zi xie zi wan ju

52

做法:P110
纯美格子圆帽

细细的网格加上纯白色颜色，给人以纯净秀美的感觉，卷曲的帽边和暗红色的系带，给纯白无瑕的帽子加入了跳跃的元素，避免呆板。

53

Chao ke ai de bao bao
mao zi xie zi wan ju

做法:P111
简约网格小帽
简单的款式，显得净利落，粉色的丝带又增加了几分温馨甜美的味道。

54

Chao ke ai de bao bao
mao zi xie zi wan ju

做法:P111
简约宽檐帽
整齐的格子设计，简单大方，宽宽的帽檐带有波浪纹的卷曲，起到遮阳作用的同时又给人以洒脱大气的感觉。

55

Chao ke ai de bao bao
mao zi xie zi wan ju

做法:P111

紫色遮耳帽

帽子上下两部分采用不同的针法，而遮耳部分则用两朵漂亮的小花代替，设计新颖巧妙。

Chao ke ai de bao bao
mao zi xie zi wan ju

56

做法:P112

紫色钩边网格帽

整齐的鱼鳞状网格，显得简约大气，自然弯曲的白色钩边则又增加了几分甜美可爱。戴着这样的帽子，宝贝的笑容也更加明媚了。

Chao ke ai de bao bao
mao zi xie zi wan ju

57

做法:P112
深蓝色翻沿帽

58

水蓝色帽身犹如浩瀚的海洋，白色帽檐上绵延不断的是蓝色的浪花，围巾上的鱼儿踏着翻滚的浪花尽情游弋，这一切都是那么博大与和谐，原来，似海的胸怀才是男孩子最帅的气质。

Chao ke ai de bao bao
mao zi xie zi wan ju

做法:P113
米色横纹小帽 59

这款帽子简单的横纹设计，自然大方，左侧粉色花朵则是一个亮点，让宝宝在可爱之余又增几分娇羞

Chao ke ai de bao bao
mao zi xie zi wan ju

做法:P113
粉色网格帽 60

粗线条的网格，简单新颖，使这款帽子的装饰作用更大一些，同时边缘一朵大大的花朵，又显得秀美时尚。

Chao ke ai de bao bao
mao zi xie zi wan ju

做法:P114

61

玫红秀气尖顶帽

呈斜线排列的纽扣状装饰和帽顶的绒球使原本平淡无奇的帽子顿时活泼起来，而鲜艳的玫红色则凸显了小男孩俊俏的一面。

Chao ke ai de bao bao
mao zi xie zi wan ju

做法:P114

62

闲美粉色系带帽

简单的款式，浅粉的色彩，无一不让这款帽子显得清新灵动，两边垂下的长长系带各缀一个绒球球，更显活力十足。

Chao ke ai de bao bao
mao zi xie zi wan ju

做法:P115
波浪纹绒球帽

帽檐处三道波浪纹层层叠叠，动感十足，使原本普通的帽子立刻灵动起来，而帽顶的绒球设计又不失可爱味道。

63

Chao ke ai de bao bao
mao zi xie zi wan ju

做法:P113
秀美系带帽

64

淡黄色的帽身搭配黑色的帽边，对比鲜明又不失大气，愈显宝贝肤色白嫩。整齐排列的方格设计，精致而清爽，阳光绿地之间，这就是最惹眼的一道风景。

Chao ke ai de bao bao
mao zi xie zi wan ju

做法:P115 65

清凉系带帽

别致的网格搭配白色波
浪帽边，显得灵气十
足，宝贝如此多娇，怎
能让人不爱？

Chao ke ai de bao bao
mao zi xie zi wan ju

做法:P115 66

鹅黄钩花遮耳帽

纯净的鹅黄色，清新
艳丽，精致的钩花组
合别具匠心，看得
出，那一针一线都饱
含妈妈对宝贝深深的
爱。

Chao ke ai de bao bao
mao zi xie zi wan ju

做法:P116
67

粉色钩花公主帽

淡粉的颜色，别致的网格，层叠的钩花，处处透着高贵典雅，没错，在妈妈心里，宝贝就是这世间唯一的小公主。

Chao ke ai de bao bao
mao zi xie zi wan ju

做法:P116
68

粉色花边宽檐帽

粉色的帽子清新淡雅，大波浪的钩边精巧别致，整个帽子典雅之中透着大气，彰显宝贝与众不同的气质。

Chao ke ai de bao bao
mao zi xie zi wan ju

紫色扭花纹圆帽

高雅的紫色透着娇贵，
简洁的款式则显得大气
洒脱，还有那层层环绕
的扭花纹，更为整个帽
子增色不少。

Chao ke ai de bao bao
mao zi xie zi wan ju

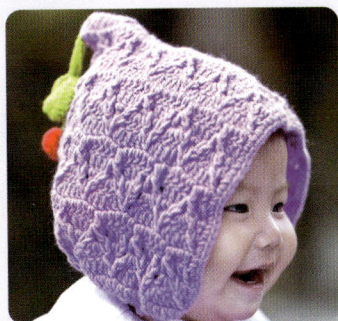

做法:P117

70

紫色可爱系带帽

阳光下，紫色的帽子极为
抢眼，交叉的格子设计又
显得非常精致，系带下垂
着的大绒球和帽顶两个不
同颜色的小绒球更让帽子
韵味十足，这个冬天，这
里就是美丽的焦点。

Chao ke ai de bao bao
mao zi xie zi wan ju

做法:P116

橘色钩边遮耳帽

白色的网格，橘色的钩边
以及帽顶高耸的绒球，处
处尽显宝贝的英姿飒爽。

71

Chao ke ai de bao bao
mao zi xie zi wan ju

做法:P118

可爱钩花包头帽

有层次的钩花，简洁不牵
绊，给宝宝头部全面细致
的呵护。

72

Chao ke ai de bao bao
mao zi xie zi wan ju

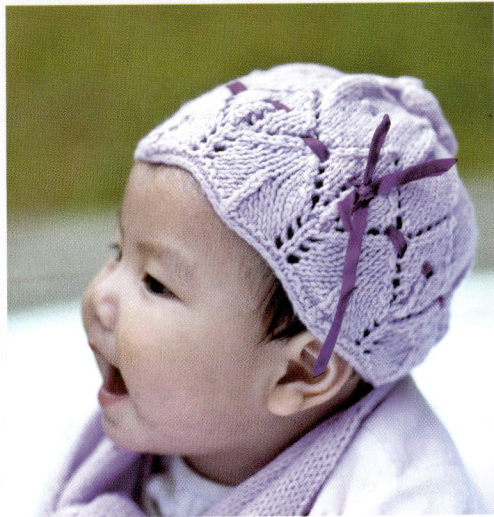

做法:P119
紫色遮阳帽

密实的针脚，为宝贝
遮挡刺眼的阳光，而
紫色与白色的搭配，
则让宝贝显得时尚洋
气。

Chao ke ai de bao bao
mao zi xie zi wan ju

23

做法:P118
紫色钩花小圆帽

简约的款式清爽利落，
一朵白色的小花点缀得
恰到好处，使平淡之中
又带点变化。

chao ke ai de bao bao
mao zi xie zi wan ju

24

做法:P118

白色简约小帽

75

简洁的款式，自然大方，前伸的波浪纹帽檐，起到装饰作用的同时巧妙地为宝贝遮挡着阳光。

Chao ke ai de bao bao
mao zi xie zi wan ju

做法:P119

76

米色钩花圆筒帽

筒状的款式带点西南少数民族的特色，灵秀婉约，再加上上下两层的精致钩花，整款帽子显得清丽脱俗。

Chao ke ai de bao bao
mao zi xie zi wan ju

做法:P117

77

蓝色钩花包头帽

纯净的水蓝色，尽显宝贝的天真无瑕，而蜿蜒的白色帽边则又将宝贝的可爱秀美展露无遗。

Chao ke ai de bao bao
mao zi xie zi wan ju

做法:P120

78

紫色网格包头帽

整齐简单的紫色网格搭配复杂多变的白色帽边，极尽娇美。

Chao ke ai de bao bao
mao zi xie zi wan ju

纯色钩花帽

整齐密实的直线钩花，纯洁无瑕的颜色，戴上这样的帽子，更显宝宝的天真无邪、童真可爱。

Chao ke ai de bao bao
mao zi xie zi wan ju

做法:P120

简约网格包头帽

纯色的帽子，显得洁白
无瑕，简单的网格，帽
顶粉色的线条，都使这
款帽子简约而不落俗
套，戴上它，小男孩也
可以有秀美的一面。

Chao ke ai de bao bao
mao zi xie zi wan ju

80

做法:P121

水天一色包头小帽

81

淡淡的蓝白相间，一如宝宝
的清新纯净，细密的针脚，
给宝贝最温暖的呵护。

Chao ke ai de bao bao
mao zi xie zi wan ju

做法：P122
树叶边小圆帽

82

简单的圆边帽平实而舒适，帽边圆润的树叶花连绵不绝，随风摇动，仿佛真有一阵树叶的清香扑面而来。

chao ke ai de bao bao
mao zi xie zi wan ju

做法：P121
俊俏镂花帽

83

由两种镂花花样横向交织而成的帽子精致清爽，而几条竖纹适当切割，则使帽子显得紧凑不拖沓。

Chao ke ai de bao bao
mao zi xie zi wan ju

做法:P121

84

配色横纹小帽

配色横纹是永不落伍的设计，简约大气而层次分明。而平实的针法，宝贝戴着也会很舒服。

Chao ke ai de bao bao
mao zi xie zi wan ju

85

做法:P121

简洁明朗圆帽

一圈简洁的锯齿状线条将帽子分为两部分，上面的竖纹明朗流畅，下面的横纹大气而简约。

Chao ke ai de bao bao
mao zi xie zi wan ju

做法:P122
粉色绒球小帽

纯净的粉色搭配单线条的白色钩边，清新亮丽，而帽后的一条"小尾巴"则是这款帽子的亮点，灵巧跃动的是宝宝无穷的活力。

*Chao ke ai de bao bao
mao zi xie zi wan ju*

86

做法:P123
雅致包头小帽

原本简单的小帽，被层出不穷的花样"打扮"得新颖俏丽，搭配纯白的围巾，让宝宝尽情展露娴静雅致的一面。

87

*Chao ke ai de bao bao
mao zi xie zi wan ju*

做法:P123
温暖配色尖顶帽

淡雅的配色毛线，简单的
针法，寒冷的冬日，这就
是宝贝想要的温暖。

Chao ke ai de bao bao
mao zi xie zi wan ju

88

89

做法:P124
简约卡通帽

简单的款式没有太多花哨，自然之
中透着大气，而可爱的蜗牛图案也
为纯色的围巾、帽子增色不少。

Chao ke ai de bao bao
mao zi xie zi wan ju

做法:P124
婉约镂花小帽

精致的镂花设计，宽松的帽檐，让宝贝的表现在阳光下更加不凡。

90

Chao ke ai de bao bao
mao zi xie zi wan ju

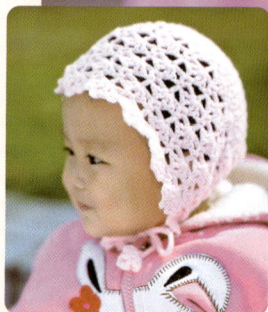

做法:P124
格子纹系带帽

纯色的毛线，中规中矩的格子纹，显得宝宝安静乖巧，格外讨人喜爱。

91

Chao ke ai de bao bao
mao zi xie zi wan ju

做法:P125
白色宽檐遮阳帽 92

白色的帽子显得清爽干净，
加上别致的双层帽檐，总是
让自家宝宝从众多孩子当中
脱颖而出。

Chao ke ai de bao bao
mao zi xie zi wan ju

做法:P125
清秀钩花包头帽 93

精巧的钩花环绕
沿，让原本就很别
致的设计更加出
彩，衬得宝宝格外
的清秀不凡。

Chao ke ai de bao bao
mao zi xie zi wan ju

做法:P125

风车花小帽

94

帽身的格子图案，犹如小小的风车，简单却独特，帽檐的白色钩边，将宝宝的灵秀修饰得恰到好处。

Chao ke ai de bao bao
mao zi xie zi wan ju

95

做法:P126

卡通小猪帽

笑眯眯的小猪形象，憨厚可爱，加上火红的底色，轻易就将宝贝的活力尽情释放。

Chao ke ai de bao bao
mao zi xie zi wan ju

做法:P126

细致清凉帽 96

简单的镂花，大波浪的帽边，简约而不拖沓，再没有比这更让宝宝感觉舒适的了。

Chao ke ai de bao bao
mao zi xie zi wan ju

做法:P126

卡通镂花帽 97

粉粉的小耳朵，圆圆的小眼睛，活像一只可爱的小猫咪，宝宝听话的时候可不就像小猫一样乖？

Chao ke ai de bao bao
mao zi xie zi wan ju

做法:P127
脅雅宽檐系带小帽

宽宽的钩花帽檐环绕着可爱的笑脸，粉嫩的皮肤，黑亮的眼睛，宝贝总是这么迷人。

Chao ke ai de bao bao
mao zi xie zi wan ju

做法:P127
99
朵纹配色遮耳帽

红白黑三色搭配，亮丽而不俗，遮耳部分的太阳图案，精巧别致，可爱的宝贝走到哪里，都是那么不同凡响。

Chao ke ai de bao bao
mao zi xie zi wan ju

做法:P128

张牙舞爪的胡须、飞扬跋扈的"王"字，小老虎可是威震森林的老大。温和的眼睛和懒懒的嘴巴又让人看到它的孤独，快让宝宝陪陪它吧。

Chao ke ai de bao bao
mao zi xie zi wan ju

做法:P129

做法:P128

快乐毛毛虫

明亮的眼神、笑笑的嘴巴，毛毛虫看起来很快乐，它定能感染宝宝也天天快乐。

Chao ke ai de bao bao
mao zi xie zi wan ju

做法:P129

做法:P129
乌龟抱枕

颜色的和谐让乌龟一家显得其乐
融融，它们是宝贝温暖舒适的枕
头，也是过家家的好道具。

做法:P130
快乐的乌龟一家

鲜艳的色彩、上扬的嘴角，使乌龟一家看起来很
快乐，还不时调皮地打个滚。

做法:P130

106

做法:P131

107

宴会女主角

长长的大大的钩花裙摆将娃娃打扮得美丽动人、风姿绰约，走在地毯上，她就是迷人的宴会女主角。爱美的宝宝当然喜欢。

漂亮娃娃

蓬松宽大的裙摆层层覆盖，有繁复的华丽，小花的点缀更添优雅，宝宝会喜欢的哦。

甜美小女孩

粉色和白色的层次过渡，显得柔和甜美，蓬松的裙摆和精致的小花更添娃娃的小巧玲珑。

做法:P131

108

做法:P130

109

做法:P132

做法:P132

漂亮娃娃

蓬松的白纱裙摆显得飘逸轻盈，钩编的罩裙则增加柔软优雅的质感，小花的点缀使白色衣裙更美丽。

高贵女王

纯白美丽的衣裙、高高束起的发髻，娃娃顿时有了女王的威严、高贵、优雅，宝贝一定喜欢用这个娃娃来扮演自己。

妩媚娃娃

层层钩花钩成漂亮的蛋糕裙，华丽而优雅，宽大的荷叶领则增加了娃娃的妩媚动人。

做法:P132

做法:P131

做法:P133
漂亮钩花小手袋

繁密素雅的钩花使手袋
非常漂亮精致，串珠的
带子凸显优雅贵气。

Chao ke ai de bao bao
mao zi xie zi wan ju

做法:P133
黑色气质手袋

神秘的黑色加上黑白
的珠串更显优雅高
贵，底部鲜花盛放，
热闹中更觉沉静典
雅。

Chao ke ai de bao bao
mao zi xie zi wan ju

做法:P134
可爱小熊姐妹

两只小熊同样憨厚
可爱，头顶不同的
插花有助于宝贝分
清这小小姐妹。

chao ke ai de bao bao
mao zi xie zi wan ju

chao ke ai de bao bao
mao zi xie zi wan ju

做法:P133
悠闲的小熊

不同的色彩和搭配让两只小熊相互有
陪伴，不觉孤单，晴朗的周末，小熊
爸爸和小熊妈妈正悠闲地晒着太阳
呢。

做法:P134

爱美小猫咪

大大的圆脸、可爱的蝴蝶结，再为它
穿上漂亮的衣裙，宝贝的小猫咪与众
不同，超可爱哦。

chao ke ai de bao bao
mao zi xie zi wan ju

118

胖胖白兔

圆圆的身体,可见这只兔子一定是好
吃懒动、养尊处优惯了,而这样却更
显笨重而可爱。

Chao ke ai de bao bao
mao zi xie zi wan ju

做法:P134

做法:P135

可爱小鸡

Chao ke ai de bao bao
mao zi xie zi wan ju

做法:P136

做法:P137

 做法:P136

温顺小仓鼠

白白软软的身体，让小仓鼠看起来可爱可亲，两只闪亮的眼睛时刻露着惊恐，果然是胆小的老鼠。

Chao ke ai de bao bao
mao zi xie zi wan ju

做法:P136

做法:P136

小老鼠搬运忙

两只小老鼠匆匆忙忙地搬运他们的战利品回老巢,充满幽默感。鲜艳的草莓调节单调的颜色,容易引起宝宝注意。

Chao ke ai de bao bao
mao zi xie zi wan ju

做法:P138
红色金鱼鞋

按着鞋形，依势钩成金鱼
状，浑然天成，宝宝每走一
步都是那样可爱灵动。

Chao ke ai de bao bao
mao zi xie zi wan ju

做法:P138
漂亮金鱼鞋

飘逸的尾巴和蓬松的头
顶让金鱼显得漂亮温
柔，温和的眼神很像慈
爱的妈妈。

Chao ke ai de bao bao
mao zi xie zi wan ju

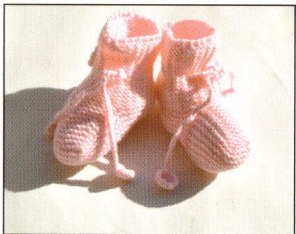

130　做法:P138

131　做法:P138

132　做法:P139

133　做法:P139

134　做法:P139

135　做法:P140

136　做法:P140

137　做法:P140

138　做法:P141

139　做法:P141

140　做法:P141

141　做法:P142

142　做法:P142

143　做法:P143

144　做法:P142

145　做法:P150

146　做法:P150

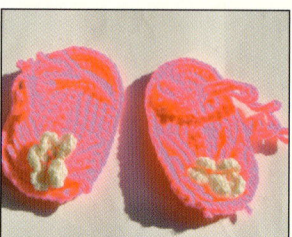

147　做法:P143

148　做法:P144

149　做法:P144

150 做法:P144

151 做法:P145

152 做法:P145

153 做法:P145

154 做法:P146

155 做法:P146

156 做法:P146

157 做法:P147

158 做法:P147

159 做法:P147

160 做法:P148

161 做法:P148

162 做法:P147

163 做法:P148

164 做法:P149

165 做法:P149

166 做法:P149

167 做法:P143

168 做法:P150

169 做法:P150

做法:P150
别致尖头鞋

竖起钩在鞋带上的小鸭
舌是这双鞋子的特色，
虽简单但可显出妈妈独
特用心。

Chao ke ai de bao bao
mao zi xie zi wan ju

做法:P151
大花朵双色鞋

在鞋背上装饰一朵大大
的饱满的钩花，以玉珠
为花蕊，亮丽抢眼，鞋
带和鞋口钩边的颜色跟
花朵相互呼应，更添素
雅精致。颜色的搭配须
自然和谐。

Chao ke ai de bao bao
mao zi xie zi wan ju

做法:P151

做法:P151

做法:P152

做法:P152
娇艳草莓鞋

绿色的鞋子宛若翠绿的叶子，鞋面红色的草莓图案娇艳欲滴，煞是诱人。

Chao ke ai de bao bao
mao zi xie zi wan ju

做法:P152

紫色雅致圆头鞋

淡紫色的设计精巧雅致，鞋腰的花样又显得秀美可爱。

Chao ke ai de bao bao
mao zi xie zi wan ju

做法:P152

红色方头鞋

大红的颜色十分喜庆，米色的底边和系带又使鞋子看起来别致很多。

Chao ke ai de bao bao
mao zi xie zi wan ju

做法:P153

做法:P153

橙色圆头鞋

橙色与绿色的搭配，带有丰收的
喜悦，显得温暖而满足。

Chao ke ai de bao bao
mao zi xie zi wan ju

180

199

做法:P153

181

做法:P153

182

做法:P153

别致星星系带鞋

红白相间的鞋面上是大大
的星星图案，加上鞋腰白
色的系带，显得新颖别
致。

Chao ke ai de bao bao
mao zi xie zi wan ju

做法:P154
精致小船鞋

淡蓝淡粉的搭配，清雅宜人，钩花的鞋腰，配色的系带，一切都是那么精巧别致，独具匠心。

Chao ke ai de bao bao
mao zi xie zi wan ju

做法:P154
绿色小猫鞋

翠绿色的鞋子上是卡通猫脸，形象逼真，极为可爱。

e ai de bao bao
mao zi xie zi wan ju

做法:P154

做法:P155

做法:P155
粉色系带鞋

纯色的设计，干净秀美，配上白色的系带，又多了几分调皮可爱的感觉。

Chao ke ai de bao bao
mao zi xie zi wan ju

188 　　做法:P155

189 　　做法:P156

190 　　做法:P156

191 　　做法:P155

192 　　做法:P156

193 　　做法:P156

194 　　做法:P157

195 　　做法:P156

196 　　做法:P157

197 　　做法:P157

198 　　做法:P158

199 　　做法:P158

200 　　做法:P158

201 　　做法:P159

202 　　做法:P159

203 　　做法:P159

204 　　做法:P160

205 　　做法:P160

206 　　做法:P160

207 　　做法:P161

208 做法:P162

209 做法:P161

210 做法:P161

211 做法:P162

212 做法:P162

213 做法:P163

214 做法:P163

215 做法:P163

216 做法:P164

217 做法:P164

218 做法:P164

219 做法:P165

220 做法:P165

221 做法:P165

222 做法:P166

223 做法:P166

224 做法:P166

225 做法:P167

226 做法:P167

227 做法:P167

228 做法:P168

229 做法:P169

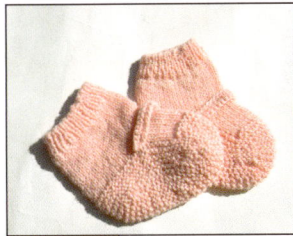

230 做法:P169

231 做法:P168

232 做法:P168

233 做法:P169

234 做法:P169

235 做法:P170

236 做法:P170

237 做法:P170

238 做法:P171

239 做法:P171

240 做法:P171

241 做法:P172

242 做法:P171

243 做法:P172

244 做法:P172

245 做法:P172

246 做法:P172

247 做法:P172

248 做法:P177

249 做法:P177

250 做法:P177

251 做法:P175

252 做法:P177

253 做法:P175

254 做法:P175

255 做法:P175

256 做法:P177

257 做法:P141

258 做法:P141

259 做法:P141

260 做法:P141

261 做法:P141

262 做法:P166

263 做法:P141

264 做法:P174

265 做法:P174

266 做法:P175

267 做法:P175

268

做法:P172
紫色老鼠鞋
圆圆的耳朵，尖尖的鼻子，
卡通老鼠的形象跃然鞋上，
十分可爱。

Chao ke ai de bao bao
mao zi xie zi wan ju

做法:P173
卡通金牛鞋
尖角，圆鼻，俨然
一对金色的小牛，
精致可爱。

Chao ke ai de bao bao
mao zi xie zi wan ju

269

做法:P173

Chao ke ai de bao bao
mao zi xie zi wan ju

做法:P173
简洁青蛙鞋

翠绿的颜色，粉红的
脸颊，鼓鼓的眼睛，
一对可爱的小青蛙就
这样在妈妈的巧手编
织下诞生了。

Chao ke ai de bao bao
mao zi xie zi wan ju

272 做法:P175

273 做法:P176

274 做法:P176

275 做法:P176

276 做法:P177

277 做法:P177

278 做法:P177

279 做法:P178

280 做法:P178

281 做法:P178

282 做法:P179

283 做法:P179

284 做法:P180

285 做法:P180

286 做法:P180

287 做法:P180

288 做法:P179

289 做法:P179

290 做法:P180

291 做法:P180

292	做法:P181
293	做法:P178
294	做法:P181
295	做法:P194

296	做法:P181
297	做法:P181
298	做法:P181
299	做法:P182

300	做法:P182
301	做法:P182
302	做法:P183
303	做法:P182

304	做法:P183
305	做法:P183
306	做法:P184
307	做法:P185

308	做法:P184
309	做法:P181
310	做法:P194
311	做法:P182

312 做法:P185

313 做法:P185

314 做法:P186

315 做法:P186

316 做法:P186

317 做法:P185

318 做法:P187

319 做法:P187

320 做法:P188

321 做法:P188

322 做法:P186

323 做法:P138

324 做法:P189

325 做法:P189

326 做法:P189

327 做法:P189

328 做法:P189

329 做法:P189

330 做法:P189

331 做法:P190

332　做法:P190

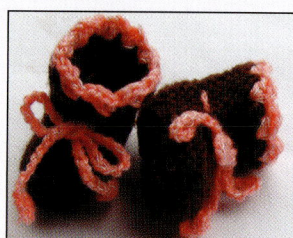

333　做法:P191

334　做法:P191

335　做法:P190

336　做法:P191

337　做法:P192

338　做法:P193

339　做法:P193

340　做法:P192

341　做法:P193

342　做法:P190

343　做法:P194

344　做法:P194

345　做法:P194

346　做法:P194

347　做法:P194

348　做法:P195

349　做法:P195

350　做法:P194

351　做法:P184

352 做法:P195

353 做法:P195

354 做法:P195

355 做法:P195

356 做法:P195

357 做法:P195

358 做法:P195

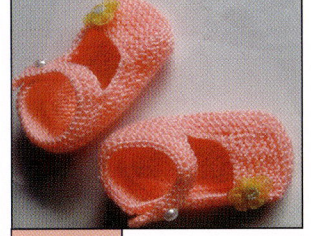

359 做法:P195

360 做法:P195

361 做法:P195

362 做法:P195

363 做法:P195

364 做法:P195

365 做法:P195

366 做法:P195

367 做法:P195

368 做法:P195

369 做法:P195

370 做法:P195

371 做法:P195

372 做法:P196

373 做法:P196

374 做法:P196

375 做法:P196

376 做法:P196

377 做法:P196

378 做法:P196

379 做法:P196

380 做法:P196

381 做法:P196

382 做法:P197

383 做法:P196

384 做法:P196

385 做法:P196

386 做法:P196

387 做法:P196

388 做法:P196

389 做法:P196

390 做法:P197

391 做法:P197

392 做法:P197

393 做法:P197

394 做法:P197

395 做法:P197

396 做法:P197

397 做法:P197

398 做法:P197

399 做法:P197

400 做法:P197

401 做法:P198

402 做法:P197

403 做法:P197

404 做法:P197

405 做法:P197

406 做法:P197

407 做法:P197

408 做法:P197

409 做法:P197

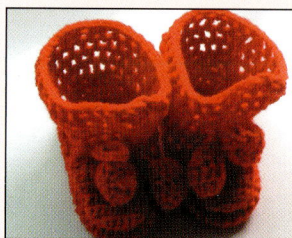

410 做法:P198

411 做法:P200

412 做法:P199

413 做法:P199

414 做法:P200

415 做法:P200

416 做法:P200

417 做法:P201

418 做法:P201

419 做法:P201

420 做法:P202

421 做法:P202

422 做法:P203

423 做法:P203

424 做法:P203

425 做法:P204

426 做法:P199

427 做法:P204

428 做法:P204

429 做法:P171

作品1

【成品规格】帽高16cm，帽围48cm
【工　具】1.75mm钩针
【材　料】宝宝绒线60g

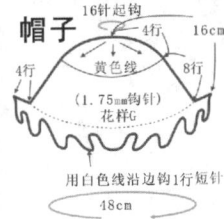

帽子制作说明：

1. 钩针编织法，从帽顶起钩，用黄色线钩帽子主体，用白色线钩边。

2. 用线打个圈，起高3针锁针，钩织第1圈长针，共16针，从第2行起，加针钩织，每圈加针方法见花样，加针钩至第4行，从第5行起，参照花样图解一圈圈钩织，共钩8行的帽侧花样，从第13行起，长针紧密加针，将帽沿钩织成卷曲状，共加4行的长度，最后用白色线沿边钩1行短针，短针行无加针。

花样
(帽子图解)

作品3

【成品规格】围巾长110cm，宽17cm；帽子高22cm，头围46cm
【工　具】2.5mm可乐钩针
【材　料】橙色、褐色、粉色和黄色毛线各80g左右

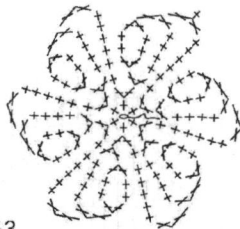

帽顶橙色小球的钩法：

　　总共10行，第1行起6针，第2行12针，第3行和4行每6等份加1针，第5行和6行不加减针，从第7行起减针，第10行收为1针。钩第1个小球结束后，钩1条长50cm的锁针串在帽顶上。再钩1个小球连接锁针的另一头。

【编织要点】 儿童帽子按照帽子的钩法，钩19行，每行头尾相接成圆形，第19行帽顶收为1针，按照帽顶橙色小球的做法，钩1条50cm长的锁针衔接头尾2个小球。儿童围巾按照围巾的钩法，共钩53行。具体做法参照如下图解。

围巾的钩法：

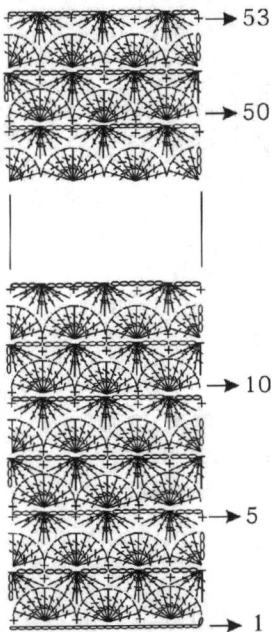

帽子尺寸

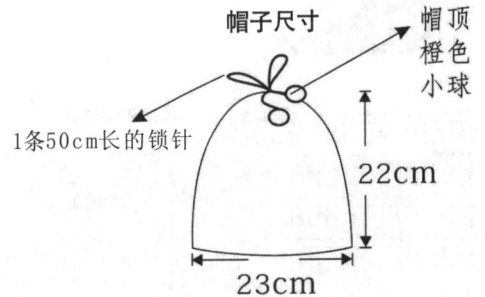

帽顶橙色小球

1条50cm长的锁针

22cm

23cm

围巾的尺寸：

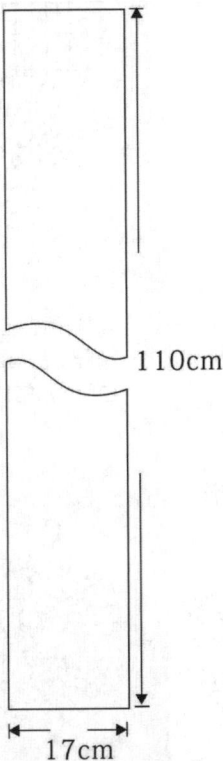

110cm

17cm

第1行起25针锁针，第1行到第4行为褐色，从第5行起，每2行更换1个颜色，4个颜色轮流更换。

帽子的钩法：

帽顶

第2行到第6行，每个贝壳为10个加长针；
第7行到第12行，每个贝壳为9个加长针；
第13行到第17行，每个贝壳为8个长针；

第18行为32个长针；第19行帽顶收为1针。

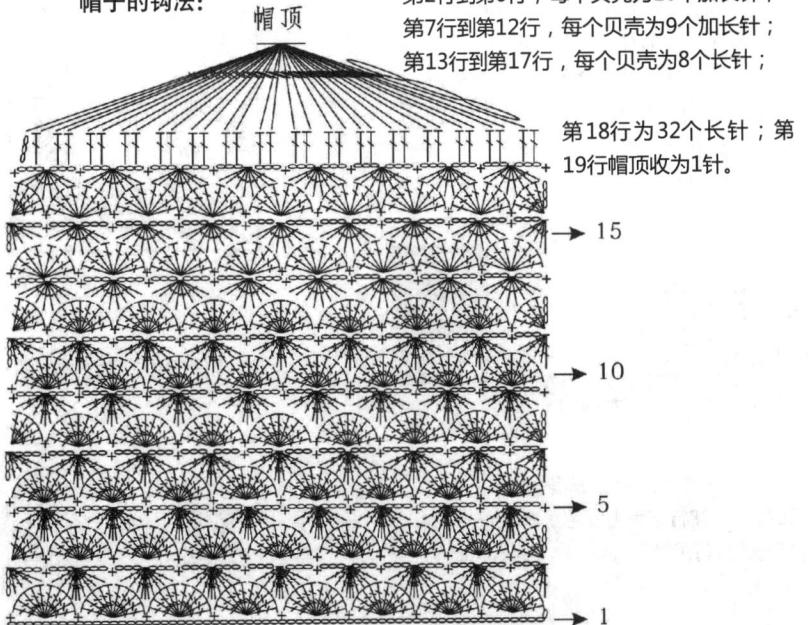

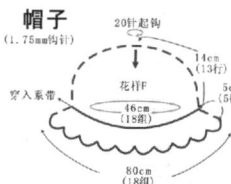

作品2

【成品规格】帽围52cm，帽高19cm
【工　　具】1.75mm钩针
【材　　料】宝宝绒线100g

帽子制作说明：

1. 钩针编织法，用黄色线钩织，粉色线系带装饰。
2. 从帽顶起织，打个圈后，钩3针锁针起高。钩第一圈长针，共20针；第2圈加针，加20针，共40针；第3圈加针，加20针，共60针，用同样方法加到第4行，共加至80针。第5行变换花样钩织，变为1束放4针，共钩18组，开始钩时紧密点，钩织2行后加针，即第7行1束放5针，共钩13行，第14行变为长针继续钩织，第16行钩1针放2针，第3行再进行钩1针放2针，这样自然形成荷叶边。
3. 在帽沿变换花样处穿入系带。

花样
(帽子图解)

穿系带

帽子
(1.75mm钩针)

20针起钩
14cm
(13行)
花样F
5cm
(5行)
穿入系带
46cm
(18组)
80cm
(18组)

作品4

【成品规格】围巾长110cm，宽15cm；帽高20cm，头围46cm
【工　　具】2.5mm可乐钩针
【材　　料】白色毛线150g左右，黑色、灰色毛线各少许

【编织要点】儿童帽子按照帽子的钩法，钩20行，每行头尾相接成圆形，配色参照图解。儿童围巾按照围巾的钩法，共钩88行。前29行为黑色短针，在这上面绣出图案，参照图解。具体做法参照如下图解。

帽子尺寸

20cm
23cm

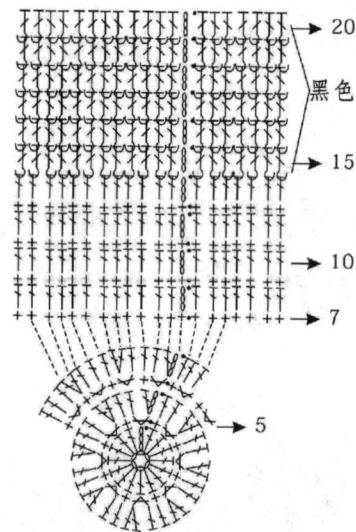

20
黑色
15
10
7
5

第1行圆心起8针锁针，从第7行起不加减针，从第2行到第14行1行黑色1行白色，从第15行到第20行都为黑色。

围巾的尺寸：

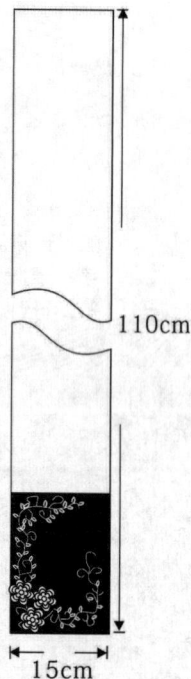

88
85
29
28
10
5
1
起21针锁针

110cm
15cm

前28行为黑色短针，从第29行到第88行结束为白色，1行长针1行短针

围巾绣花图案

绣花图案中3层立体花的钩法：

作品5

【成品规格】帽围40cm，帽高16cm

【工　　具】1.75mm钩针，10号棒针

【材　　料】宝宝绒线50g

帽子制作说明：

1. 棒针编织法，用黄色线与绿色线搭配编织。
2. 从帽沿起织，用黄色线起织，起88针圈织上下针，共编织8行，第9行换绿色线改织下针，共编织8行，第17行换回黄色线连续编织，总共编织34行，从第35行开始帽顶减针，方法是2-2-7，2-1-6，最后余4针收针断线。
3. 单独钩织完成黄色线立体小花，绿色线绿叶钩织方法详见花样B图解，在编织的帽身绿色线与黄色线交换位置缝实。

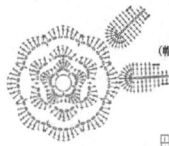

花样B
（帽子上立体花和叶子图解）

花样A
（帽子图解）

绿色

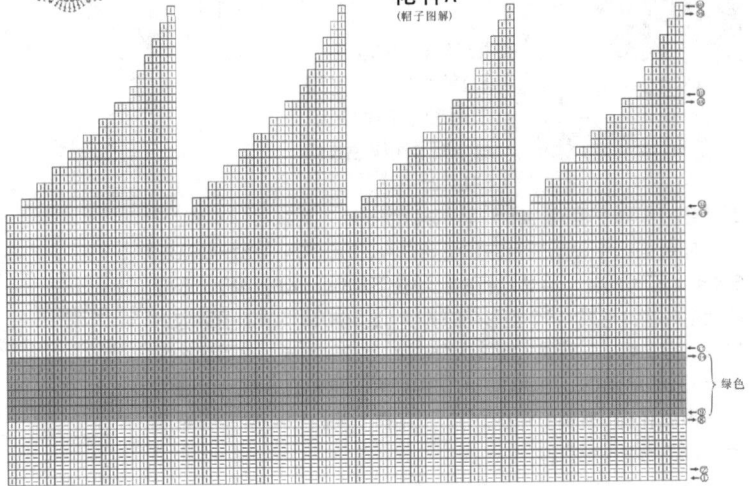

帽子
（10号棒针）
花样A

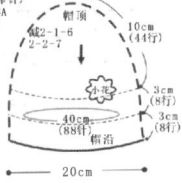

帽顶
2-2-1-6
2-2-7

10cm
(44行)

3cm
(8行)

3cm
(8行)

40cm
(88针) 帽沿

20cm

作品7

【成品规格】帽高13cm，帽围46cm；围巾长120cm，宽16cm

【工　　具】2.0mm可乐钩针

【材　　料】黄色毛线150g左右，白色毛线少许，绿色、红色丝带各少许

【编织要点】

儿童帽子按照帽子的钩法，首先起50针锁针成圈，钩17行短针，每行50针。帽顶拼合。接着用白色线在第2行短针挑针钩短针5行，1行花边。儿童围巾按照围巾的钩法，首先起锁针钩60行花样，然后在外围1圈钩1行长针。具体做法参照如下图解。

围巾的尺寸

120cm

16cm

用丝带缝成
红色　绿色

帽子的尺寸

黄色

白色

14cm

13cm

23cm

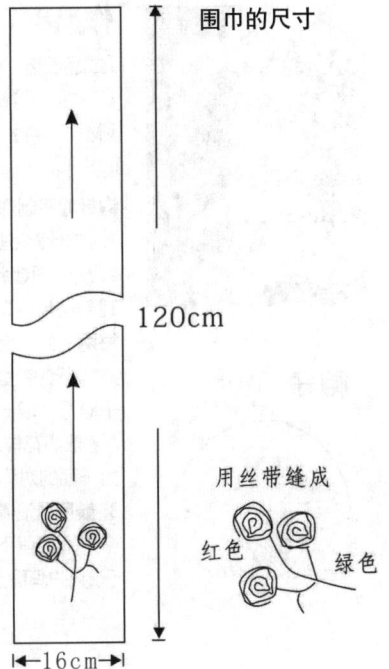

帽子装饰的做法：

红色　绿色
用丝带缝成

围巾的钩法：

起20针锁针钩60行。

60

围巾外围1圈钩1行长针，转角处钩3针长针。

帽子的钩法：

黄色

17

起50针锁针

1

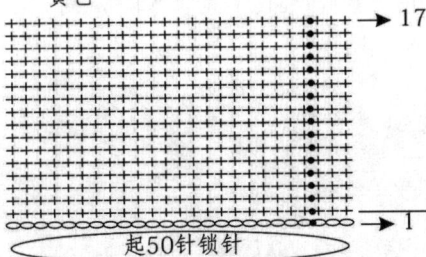

在第2行的上面钩如下白色花样，覆盖黄色花样

6
5

1

1

起20针锁针

91

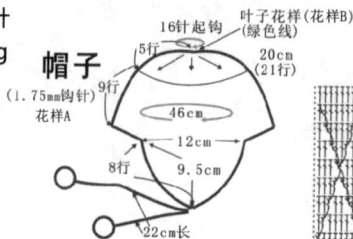

作品6

【成品规格】帽高16cm，帽围46cm

【工　具】1.75mm钩针

【材　料】宝宝绒线60g

帽子制作说明：

1. 钩针编织法，从帽顶起钩，钩两片护耳，帽顶用绿色线钩织1朵叶子花。

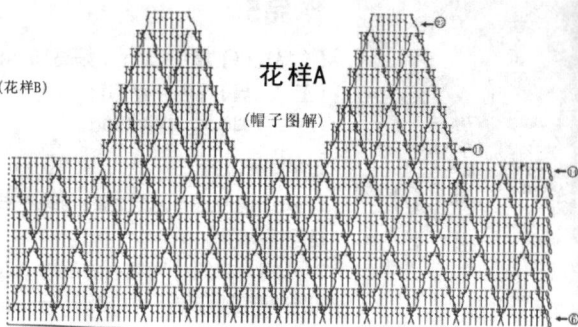

帽子
(1.75mm钩针)
花样A

16针起钩
5行 9行
叶子花样(花样B)
(绿色线)
20cm
(21行)
46cm
12cm
8行
9.5cm
22cm长

花样A
(帽子图解)

花样B
帽顶单元花图解

帽子系带

符号说明：

2-1-3	行-针-次
+	短针
┃	长针
∞	锁针
↓	外钩针

2. 用线打个圈，起3针锁针，钩织第1圈长针，共16针，从第2行起，加针钩织，每圈加针方法见花样A，加针钩至第5行，从第6行起，不再加针，照第11行的针数往下钩织，钩成14行，取帽子上用外钩针形成的3个菱形花的宽度，起钩护耳，依照图解钩织护耳，完成后，不断线，继续钩织锁针，共22cm长，在尾端钩织1个小圆圈单元花，用同样的方法钩织另一侧护耳。最后用绿色线，根据花样B图解，钩织1个叶子花样，将其中心系紧于帽顶上，叶子尾端不缝合。

作品8

【成品规格】围巾长102cm，宽9cm；帽高16cm，帽围48cm

【工　具】12号环形针，1.75mm钩针

【材　料】宝宝绒线帽30g，围巾60g，纽扣6枚

钩针帽子制作说明：

1. 钩针编织法，环形钩织而成。

2. 从帽顶起钩，打个圈起钩第一圈花样，起钩花样A中的第1圈长针花样，起24针，从第2圈起，将帽子24等份加针，在每两针外钩针之间加1针，加针至第10行，从第11行起，依照第10行的针数和花样编织，不再加针，将帽子钩至14圈，将帽子对折，取一面中间的两等份作钩帽护耳的宽度，针数见花样A，依照花样A的方法，两侧减针，将护耳钩成5行的高度。在另一面的对称位置，以同样的方法再钩织另一片护耳。

3. 最后是沿着帽沿的边缘，钩织一层花样A中的花边。再在每个护耳的角下各钩1段锁针辫子作系带。钩两朵立体花，缝合于2只护耳面上，图解见花样B。

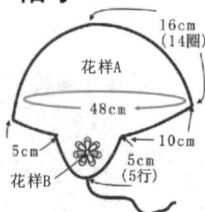

帽子(1.75mm钩针)
16cm(14圈)
花样A
48cm
5cm 10cm
5cm(5行)
花样B

花样B
(围巾图解)

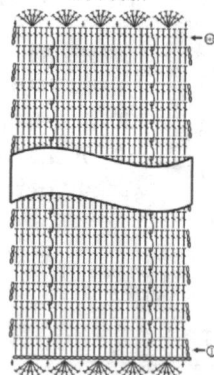

符号说明：

□	上针
□=□	下针
⊠	右上1针下针与左下1针下针交叉
⊠⊠	右上2针下针与左下2针下针交叉
2-1-3	行-针-次
+	短针
┃	长针
∞	锁针

围巾制作说明：

1. 钩针编织法，一片钩织而成，另钩织2朵小花。

2. 起31针锁针，再加钩3针锁针起钩，钩织第1行长针，共钩成31针长针，然后返回钩织第2行长针，先钩织6针长针，第7针钩织外钩针，然后中间继续钩织17针长针，然后下一针钩外钩针，最后的6针钩长针，在返回钩第3行时，外钩针要改成内钩针，照此花样分配，重复钩织，将围巾钩成102行的高度。

3. 最后分别钩织2朵小花，缝合于围巾的两端。

围巾
(1.75mm钩针)
花样E
102cm(102行)
花样B
花样B
9cm(31针)

花样A
(帽子图解)

护耳
不加针帽侧
加针部分

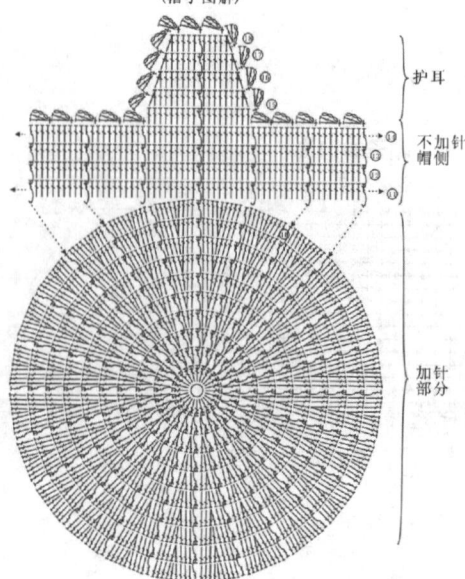

作品9

【成品规格】帽高16cm，帽围42cm
【工　具】1.75mm钩针
【材　料】宝宝绒线20g

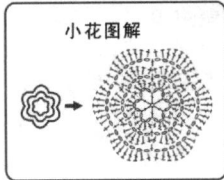
小花图解

符号说明：
+ 短针
| 长针
∞ 锁针

帽子制作说明

1. 钩针编织法，从帽顶起钩。全用粉红色线钩织，钩织一朵小花。
2. 从帽顶起钩，起16针长针，从第2行起，至第6行，行行加针，加针方法见图解花样F，从第7行起，依照图解钩织10组花样，帽子共钩织19行。
3. 用粉红色线，根据小花图解，钩织3层立体花，将其别于帽沿的一边。

15针起钩

帽子
(1.75mm钩针)
花样F

16cm
(19行)

42cm

花样F
(帽子图解)

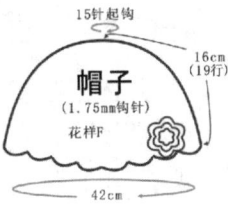

作品10

【成品规格】帽围46cm，帽高20cm
【工　具】1.75mm钩针
【材　料】宝宝绒线100g

帽子小花图解 → B

帽子制作说明：

1. 钩针编织法。
2. 从帽顶起织，打个圈后，钩3针锁针起高，钩第1圈长针，共16针，第2圈加针，加16针，共32针，用同样方法共钩5圈，共加至90针，第6圈变换花样为1针放2针花样，共25组，不加减针钩2圈，第8圈变回针继续钩织，加针，加19针，从第9圈开始不加减针钩织长针，钩到第13圈，第14圈变换花样不加针钩织，共30组花样，钩至19圈，最后1圈，钩短针加狗牙针装饰，断线，隐藏线头。加针方法见花样。
3. 另起针钩钩织单元花，打圈钩4针锁针起高，钩出6个长长针花心，每个花心放9针，钩织1圈后收针断线，钩织方法见帽子小花图解。共钩2个单元花，钉在帽子两侧。

帽子
(1.75mm钩针)

16针起钩
加至90针
花样

5cm
(5行)
2cm
(2行)
6cm
(6行)
6cm
(6行)
20cm
(19行)

46cm
(90针)

花样
(帽子图解)

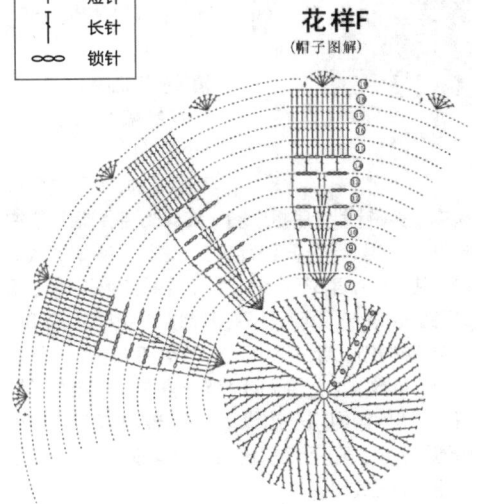

作品11

【成品规格】帽围46cm，帽高17cm
【工　具】1.75mm钩针
【材　料】宝宝绒线100g，粉色装饰丝带1条，小花10g

帽子制作说明：

1. 钩针编织法，用白色线钩织，紫色小花装饰。
2. 从帽顶起织，打个圈后，钩3针锁针起高，钩第1圈长针，共12针，第2圈加针，加12针，共24针，第3圈不加针，依然钩24针，但变换花样为1针放2针并在长针间加钩1个锁针，第4圈，1针放3针，并在长针间加钩1个锁针，加24针，共24针，第5圈在每针锁针中放2针中间加钩1个锁针，共24针，同样针法不加减针钩到第9圈，第10圈在锁针中钩3针玉米针，中间加2个锁针，共24组，第11圈不加针，照第10圈，第12圈变换钩织5针锁针鱼鳞花，共5圈，形成荷叶边帽沿，收针断线。编织见花样B图解。
3. 在第12圈处穿入粉色装饰丝带，在帽身缝好紫色小花。

帽子
(1.75mm钩针)

12针起钩
穿入丝带
花样B

14cm
(13行)
3cm
(5行)

46cm
(24组)

60cm
(48组)

花样A
(小花图解)

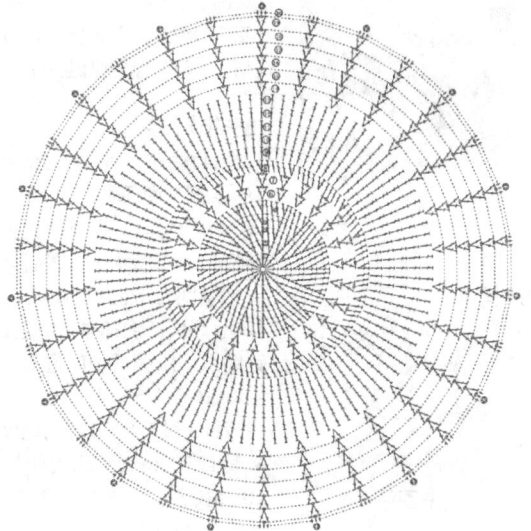

花样B
(帽子图解)

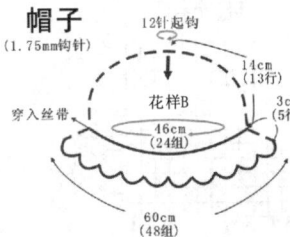

作品12

【成品规格】帽高19cm，帽围48cm

【工　具】1.75mm钩针

【材　料】棉绒线50g，红色装饰丝带1条

帽子制作说明：

1. 钩针编织法，钩织1个帽子。

2. 见花样B，用白色线起钩，钩6针锁针后打个圈，加钩3针锁针后，圈钩长针行，第1行钩织16针长针，第2行钩织针数加倍，共32针，第3行钩织48针，第4行钩织64针，第5行钩织80针，第6行、7行开始钩织花样A，第8行每个花样各加1针，第9行、10行不变化钩织，随着钩织的行数增加，帽子向下弯成帽侧面，花样F共钩7行，然后钩织帽子边缘，按花样A加减针，钩织6行短针行，第7行换粉色线钩织装饰，完成一圈后断线。藏好线尾。

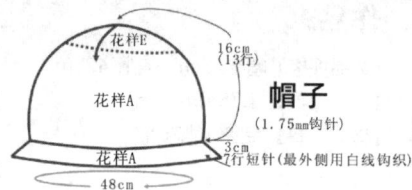

帽子
(1.75mm钩针)

花样A
(帽子图解)

最外一行用粉色线钩

帽边缘

帽侧面

花样B

帽顶加针

符号说明：

2-1-3　行-针-次
十　短针
ナ　长针
∞∞　锁针
ⴹ,,,　狗牙针

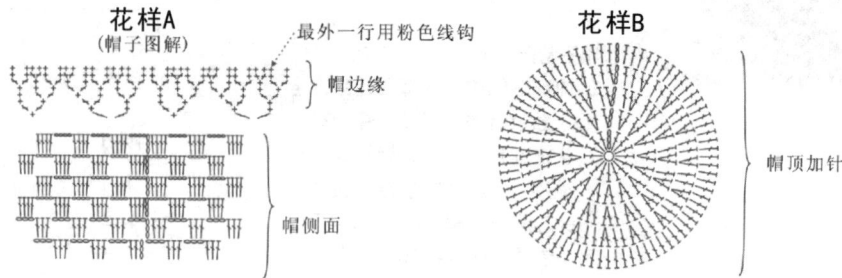

作品14

【成品规格】帽高16cm，帽围38cm

【工　具】12号棒针，1.25mm钩针

【材　料】蓝色奶棉绒50g

帽子制作说明：

1. 棒针编织法，分为两部分编织，帽沿横向编织花样，帽顶编织花样。

2. 先编织帽沿，起18针织花样，共织8个花样的高度，然后将首尾的针闭合。

3. 沿着闭合成圈的帽沿，挑针编织，共挑120针起织，织花样，织至17行时，开始并针编织，如图解中的位置，2针并为1针编织，每4行并针一次，共并10次，每次针数减少12针，最后余下12针，收为1针，打结。

4. 取约20cm长的线数段，再钩织一段约10cm长的锁针辫子，与线段的中间打结，另一端与帽顶连结。

帽片
(12号棒针)
帽子图解
16cm

56行

19cm
8个花样

表示编织方向

起18针起织

帽子图解

花样
最后12针并为一针
连接小球流苏

圈12个等份

连接

一个等份

一圈8个花样组

一个花样

一个花样组

帽子制作说明：

1. 棒针编织法，环织，全用蓝色线编织。

2. 从帽沿起织，起120针织，起织花样A，帽子一圈由10组花样A组成，编织18行后，改织花样B，无加减针织成24行，然后将针数分为8等份，进行减针编织，每2行减1次针，每圈减少的针数为8针，持续编织，最后针数余下1针时，将8针并为1针，将线收紧，藏于帽内。

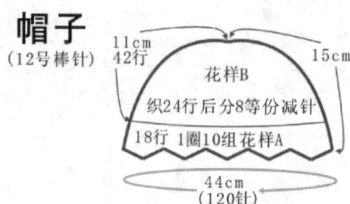

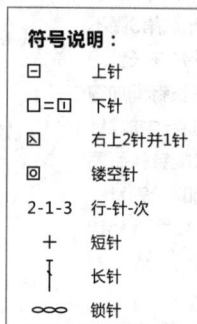

作品13

【成品规格】帽高15cm，帽围44cm

【工　具】12号棒针

【编织密度】29针×40行=10cm²

【材　料】宝宝绒线30g

帽子
(12号棒针)
11cm
42行

15cm

花样B

织24行后分8等份减针

18行 1圈10组花样A

44cm
(120针)

花样A
(上衣下摆图解)

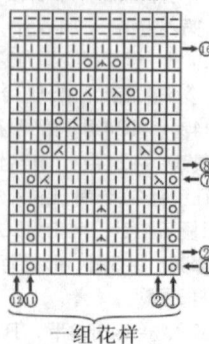

符号说明：
□　上针
□=□　下针
⊠　右上2针并1针
回　镂空针
2-1-3　行-针-次
十　短针
ナ　长针
∞∞　锁针

一组花样

花样B

一层花样

一组花样

作品15

【成品规格】围巾长110cm，宽15cm；帽高20cm，帽围46cm
【工　　具】2.5mm可乐钩针
【材　　料】白色毛线150g左右，黑色、灰色毛线各少许

【编织要点】儿童帽子按照帽子的钩法，钩20行，每行头尾相接成圆形，配色参照图解。儿童围巾按照围巾的钩法，共钩88行。前29行为黑色短针，在这上面绣出图案，参照图解。具体做法参照如下图解。

帽子尺寸：

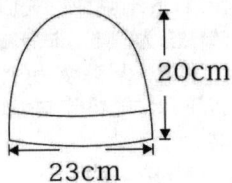

20cm

23cm

围巾的尺寸：

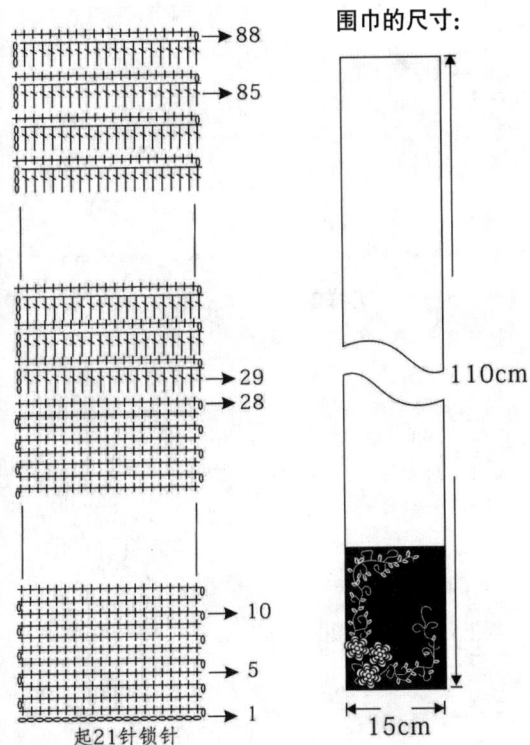

→88
→85

→29
→28

→10
→5
→1

起21针锁针

110cm

15cm

围巾绣花图案

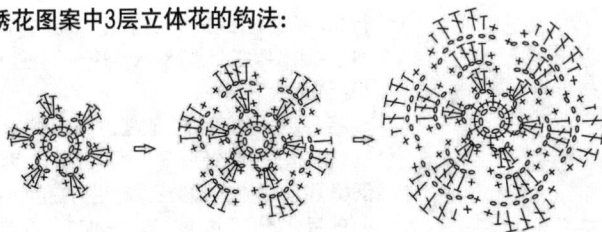

→20

黑色

→15

→10

→7

→5

第1行圆心起8针锁针，从第7行起不加减针，从第2行到第14行1行黑色1行白色，从第15行到20行都为黑色。

前28行为黑色短针，从第29行到88行结束为白色。1行长针1行短针。

绣花图案中3层立体花的钩法：

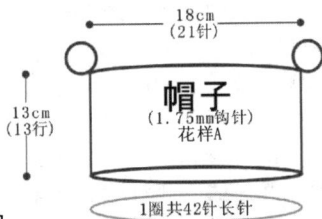

作品16

【成品规格】帽围36cm，帽高13cm
【工　　具】1.75mm钩针
【材　　料】宝宝绒线100g

帽子制作说明：

1. 钩针编织法，一片钩织而成。
2. 起42针锁针，钩织花样A，长针不加减针钩26行，将织片从中间位置折叠缝合两侧，在折叠缝两端系上毛线球。

毛线球制作方法：

1. 用毛线球制作器制作。
2. 无制作器者，可利用身边废弃的硬纸制作。剪两块长约10cm，宽3cm的硬纸，剪一段长于硬纸的毛线，用于系毛线球，将剪好的两块硬纸夹住这段毛线（见右图）。下面制作毛线球球体，将毛线缠绕两块硬纸，绕得越密，毛线球越密实，缠绕足够圈数后，将夹住的毛线，从硬纸板夹缝将缠绕的毛线系结，拉紧，用剪刀穿过另一端夹缝，将毛线剪断，最后将散开的毛线剪圆即成。

18cm
(21针)

帽子
(1.75mm钩针)
花样A

13cm
(13行)

1圈共42针长针

符号说明：

2-1-3	行-针-次
+	短针
╪	长针
∞	锁针

毛线

硬纸夹住这条线

硬纸（两张）

花样A
(帽子图解)

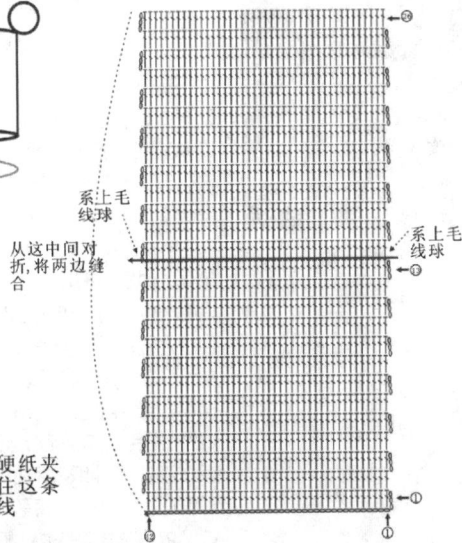

系上毛线球

系上毛线球

从这中间对折，将两边缝合

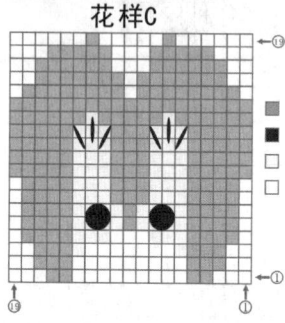

作品17

【成品规格】帽高17cm，帽围30cm
【工　具】10号棒针
【编织密度】24针×35行=10cm²
【材　料】宝宝绒线50g，红色、蓝色毛线各少许

帽子制作说明：

1. 棒针编织法，环织，全用蓝色线编织。

2. 从帽沿起织，起78针，起织花样A单罗纹针，编织18行后，改织下针至帽顶，无加减针织成24行，然后将针数分为6等份，进行减针编织，每2行减1次针，每圈减少的针数为6针，持续编织，最后针数余下1针时，将6针并为1针，将线收紧，藏于帽内。

3. 另用红色线编织蝴蝶结，下针起针法，起16针，编织花样B搓板针，织48行的高度后收针断线，用红线在中间扎紧，缝于帽顶下边。

4. 用蓝色线，根据毛线球制作方法去制作两只毛线球，分别别于帽子两侧，形成对称。

花样C

灰
黑
浅黄
蓝

符号说明：
□　上针
□=□　下针

帽子
（10号棒针）

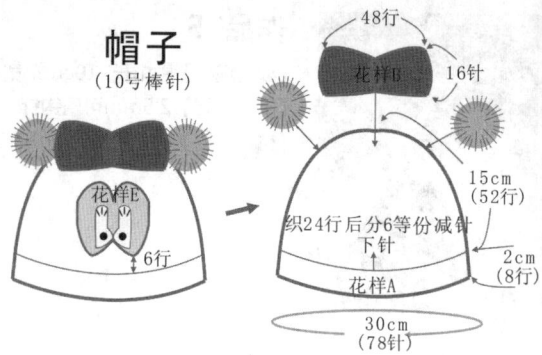

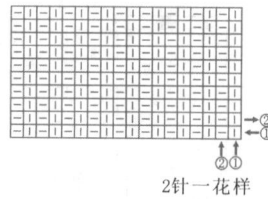
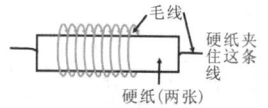

织24行后分6等份减针
下针
15cm（52行）
2cm（8行）
花样A
30cm（78针）
48行
花样B
16针
6行

花样A（单罗纹）

2针一花样

花样B（搓板针）

2行一花样

毛线
硬纸夹住这条线
硬纸（两张）

作品18

【成品规格】帽高21cm，帽围44cm；围巾长104cm，宽11cm
【工　具】1.75mm钩针
【材　料】宝宝绒线80g

钩针帽子制作说明：

1. 钩针编织法，形似瓜皮帽，由蓝色和白色的织片拼接而成。

2. 帽子由6块织片拼接而成，由蓝色和白色两种织片相间拼接，蓝色3片，白色3片，见花样A，和帽沿起钩，起15针锁针，再钩3针锁针起高，钩织长针行，第2行长针行插入的位置在前一行的前面，钩织方向向一边倾斜，依照图解的针数及减针一行一行往返钩织，钩织至最后余下1针。

3. 将6片相间拼接后，取帽边20cm的宽度，往返钩织短针，挑44针钩织，共钩织5行，两边减针，图解见花样C。钩成帽沿。帽沿用白色线钩织。

4. 最后沿着帽子边缘，钩1行狗牙拉针锁边，用白色线钩织。

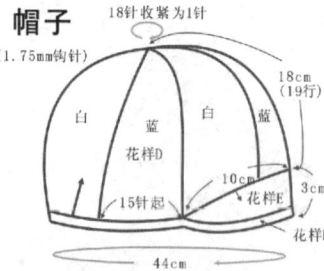

帽子
（1.75mm钩针）

18针收紧为1针
18cm（19行）
白　蓝　白　蓝
花样D
10cm
花样E
3cm
15针起
花样F
44cm

花样C
狗牙拉针

花样A
（帽子图解）

这是1片的图解，帽子共6片，白色3片，蓝色3片，将这6片相间缝合

符号说明：
+　短针
├　长针
∞　锁针

花样B
（帽沿图解）

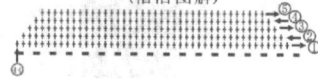

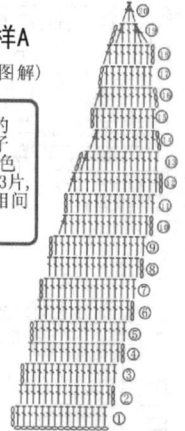

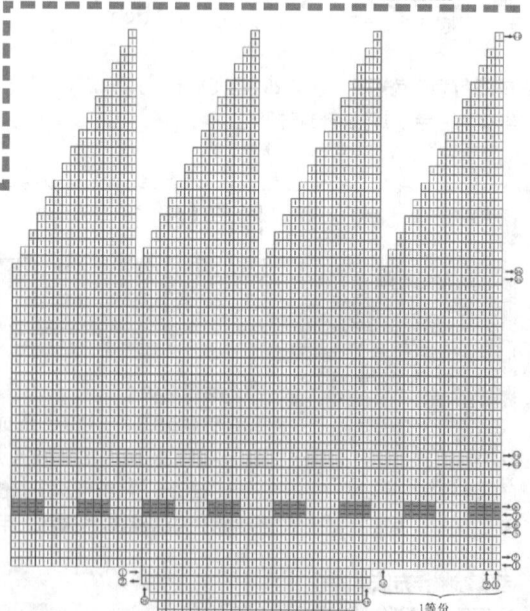

花样A
（帽子图解）
（一共8等份）
粉色线
白色线

作品19

【成品规格】帽高17cm，帽围42cm
【工　具】12号环形针，12号棒针
【编织密度】28针×38行=10cm²
【材　料】宝宝绒线50g

帽子制作说明：

1. 棒针编织法与毛线球制作方法结合。

2. 从帽护耳起织，用蓝色线起织，下针起针法，起8针下针，两侧同时加针编织，加针方法为2-1-10，将帽护耳织成22行高，加成28针的大小，然后，用同样的方法再织另一侧护耳，然后两护耳之间，起针32针，连接两护耳的一侧，另一侧也起32针下针与另一侧护耳连接。然后往上环织，编织第1行下针，再织4行下针，然后进行第一层的配色，图解见花样A，再用蓝色线编织4行下针，然后进行第2层的配色，完成后，至帽顶，都用蓝色线编织，不加减针织22行的高度后，将针数分成8等份进行减针，每等份减1针，一圈减完8针，依照花样A的减针顺序去编织，织至最后剩余8针，收为1针，将线藏于帽内。

3. 再按毛线球制作方法去制作两只小球。系于两护耳的尾端。这步全用蓝色线制作。

4. 帽顶也制作1只小球。用蓝色线。最后沿着帽沿钩1圈狗牙拉针。

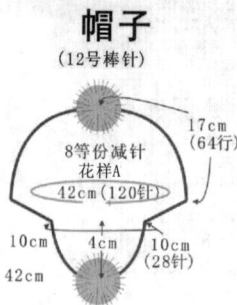

帽子
（12号棒针）

17cm（64行）
8等份减针
花样A
42cm（120针）
10cm　4cm　10cm
42cm　（28针）

符号说明：
□　上针
□=□　下针
⊡　镂空针
⊠　左并针
⊠　右并针
2-1-3　行-针-次
+　短针
├　长针
∞　锁针

帽护耳
8针

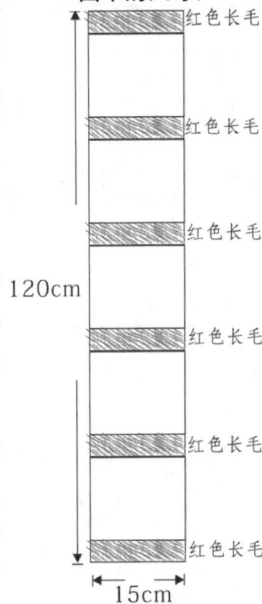

作品20

【成品规格】围巾长120cm，宽15cm；帽高17cm，帽围46cm

【工　　具】2.0mm可乐钩针

【材　　料】红色长毛线50克左右，黄色、绿色、天蓝色、蓝色、紫色各少许

【编织要点】　儿童帽子按照帽子的钩法，从帽顶起针，先钩15行，加针方法参照图解，再用长毛线钩10行短针。围巾先用长毛线起4行长针，再钩14行花样，重复4次，最后再钩4行长针。具体做法参照如下图解。

帽子的尺寸：

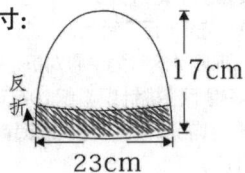

17cm

反折

23cm

围巾的尺寸：

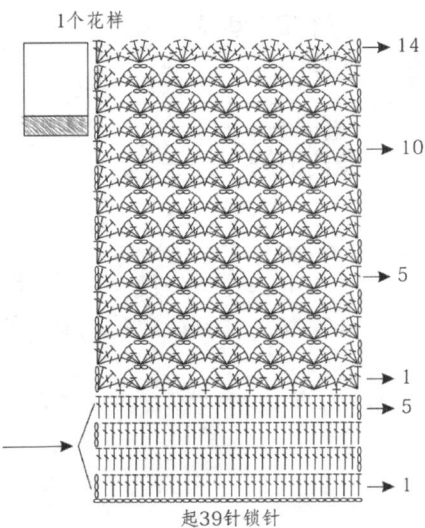

围巾的钩法：

1个花样

红色长毛

红色长毛

红色长毛

120cm

红色长毛

红色长毛

红色长毛

15cm

起39针锁针

(行)	(颜色)
1	红色
2	黄色
3	黄色
4	绿色
5	天蓝色
6	蓝色
7	紫色
8	红色
9	黄色
10	黄色
11	绿色
12	天蓝色
13	蓝色
14	紫色

帽子的钩法：

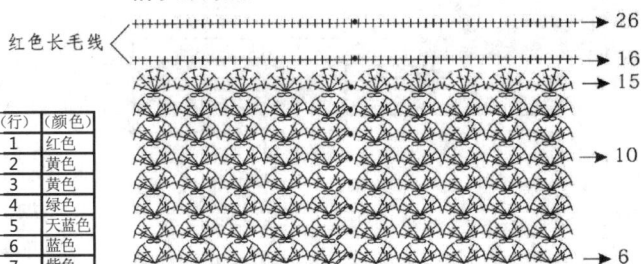

红色长毛线

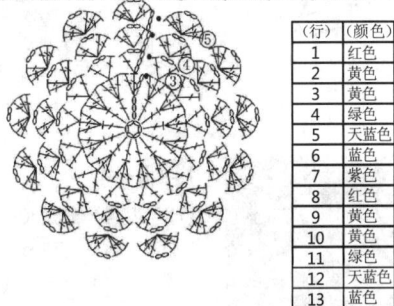

(行)	(颜色)
1	红色
2	黄色
3	黄色
4	绿色
5	天蓝色
6	蓝色
7	紫色
8	红色
9	黄色
10	黄色
11	绿色
12	天蓝色
13	蓝色

作品21

【成品规格】帽子高17cm，帽围44cm

【工　　具】12号棒针

【编织密度】28针×37行=10cm²

【材　　料】宝宝绒线30g

帽子

（12号棒针）
（全下针编织）

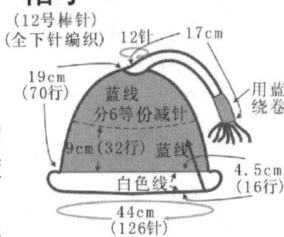

12针　17cm

19cm（70行）

蓝线
分6等份减针

9cm（32行）　蓝线

白色线

4.5cm（16行）

44cm（126针）

用蓝线缠绕卷尾

帽子制作说明：

1. 棒针编织法，环织。帽子全织下针，白色线与蓝色线搭配编织。

2. 从帽沿起织，起126针，先用白色线起织，织16行下针，然后改用蓝色线编织，无加减针织成32行，然后将针数分为6等份，进行减针编织，每2行减1次针，每圈减少的针数为6针，连续编织，最后针数余下12针时，改用白色线编织，继续减针编织，将针数减少余下12针，连续编织这12针，用白色线，织成1条17cm长的管状带子，在里面塞些丝棉，将管口收闭，剪数段蓝线，分布于管尾，再用蓝色线缠绕系紧。

符号说明：

□	上针
□=□	下针
◎	镂空针
⊠	右并针
2-1-3	行-针-次

花样

（帽子配色和减针图解）
（共6等份）

■ 天蓝色线
□ 白色线

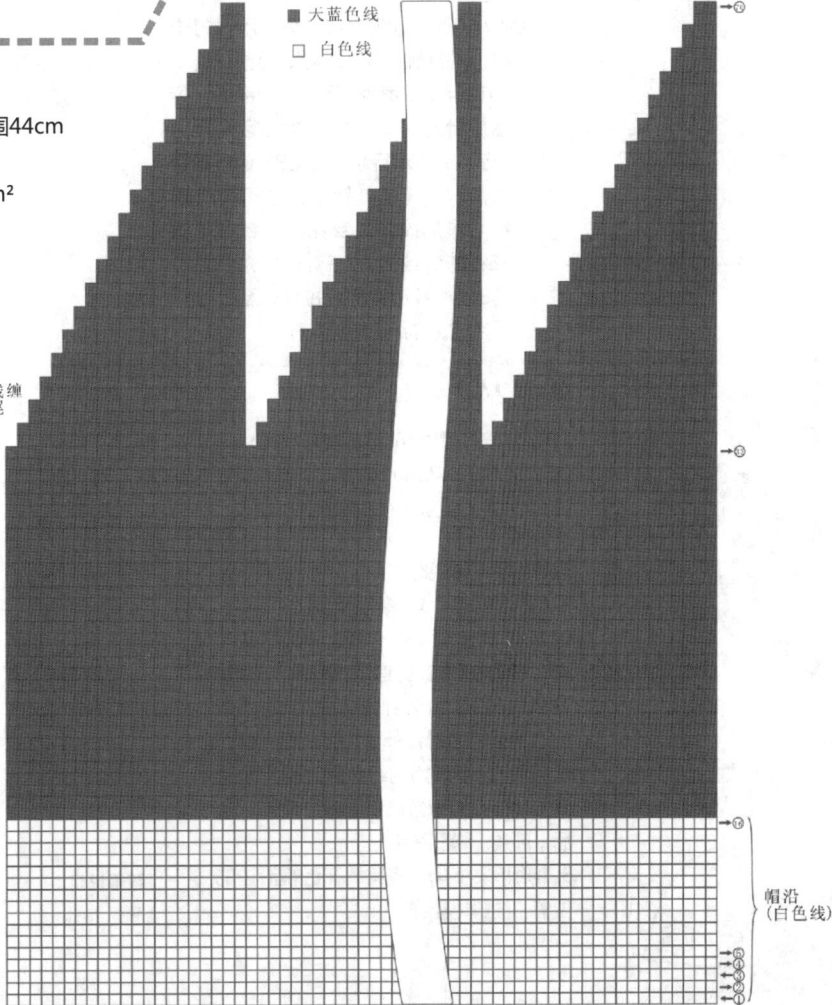

1等份
余2针

帽沿
（白色线）

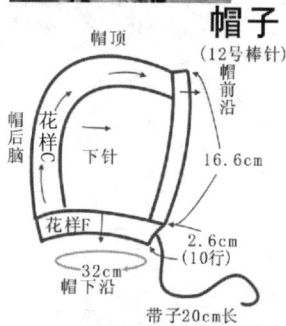

作品22

【成品规格】帽高19.2cm，帽围32cm
【工　具】12号棒针，12号环形针
【编织密度】25针×39行=10cm²
【材　料】宝宝绒线30g

帽子制作说明：

1. 棒针编织法。从帽后脑起织，至帽前沿，再织帽下沿。
2. 下针起针法。起29针，编织花样C，往返编织，共40行，然后用针沿帽子平展图中的虚线部分挑针编织，两侧各挑27针编织，这27针全织下针，而中间的花样C继续编织，将织片织成30行，然后全部改织下针，织花样A，先织6行下针，再织1行狗牙针，再织6行下针，然后以狗牙针这行为中心对折，折回帽内缝合。
3. 沿着帽下沿挑针织，织10行花样B单罗纹针，收针断线，再用钩织2段20cm长的锁针辫子作系带，缝合于帽前沿外侧。

符号说明：

符号	说明
曰	上针
□=□	下针
	右上3针与左下3针交叉
	元宝针
2-1-3	行-针-次
∞	锁针

帽子 (12号棒针)

帽顶
帽后脑
花样C
花样F
帽前沿
下针
16.6cm
2.6cm (10行)
32cm
帽下沿
带子20cm长

平展图
33.2cm (83针)
双层花样A
下针 10.8cm (27针)　花样C　下针 10.8cm (27针)
7.7cm (30行)
花样C
10.2cm (40行)
11.6cm (29针)
以这行为中心对折

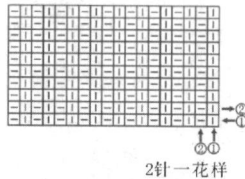

花样A

花样B（单罗纹）
2针一花样

花样C
（帽子中间花样图解）
7　6　5　4　3　2　1

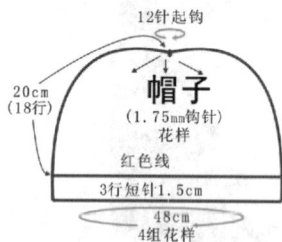

作品23

【成品规格】帽高20cm，帽围48cm
【工　具】1.75mm钩针
【材　料】宝宝绒线50g

帽子制作说明：

1. 钩针编织法，从帽顶起钩，花样与披肩的花样相同。
2. 先钩织帽顶，用红色线钩织，用线打个圈，3针锁针起高，钩织第1圈长针，共12针，从第2行起，加针钩织，每圈加针方法见花样，加针行钩至第9行，从第10行起，照第9行的针数继续钩织，无加减针，将帽子钩成18行，最后改钩短针花样，针数与第18行的针数相同，钩成2行短针后，第3行短针加钩狗牙拉针。至此，帽子完成。详细图解见花样。

帽子 (1.75mm钩针)
花样
红色线
12针起钩
20cm (18行)
3行短针1.5cm
48cm
4组花样

花样
（帽子图解）

作品24

【成品规格】帽围46cm，帽高17cm
【工　具】1.75mm钩针
【材　料】宝宝绒线100g

钩针帽子制作说明：

1. 钩针编织法，环形钩织而成。
2. 从帽顶起钩，打个圈起钩第1圈花样，每间隔5针锁针钩1针枣形针，共钩24针，第2层钩36针长针，第3层间隔钩3针锁针和4针锁针，共钩12组花样，从第4层起，开始钩织鱼网针和狗牙针间隔，详细钩织方法见图解。钩成22层后，断线，隐藏线头。
3. 钩织6朵小花，将其缝在近帽沿边的位置，图解见花样。

帽子 (1.75mm钩针)
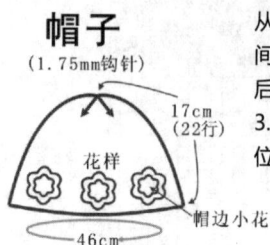
花样
帽边小花
17cm (22行)
46cm

花样
（帽子图解）

帽边小花

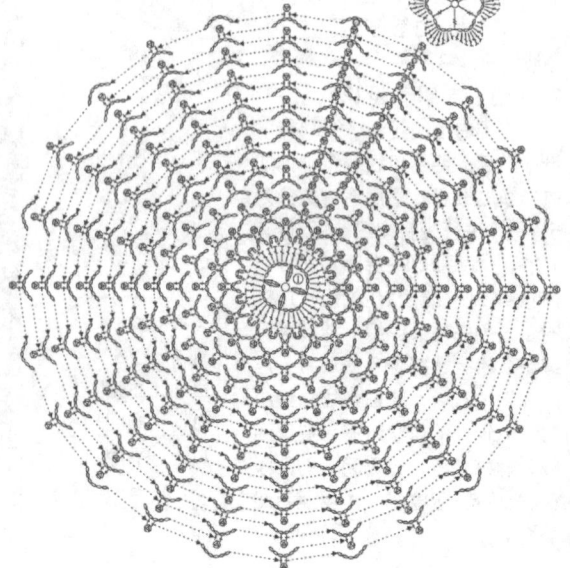

符号说明：

符号	说明
+	短针
↑	长针
∞	锁针

98

作品25

【成品规格】帽围46cm，帽高18cm
【工　　具】1.75mm钩针，10号棒针
【材　　料】宝宝绒线180g

帽子制作说明：

1. 钩针编织法与棒针编织法结合，棒针编织帽后片及帽身片。帽沿用钩针编织法，用白色线钩边。

2. 棒针起织2针上针2针下针钩帽后片，起36针，编织14行，两侧同时收针，收针方法为2-2-2，2-1-3，共编织26行，完成帽后片，帽顶处断线不收针。起针从帽后片起织一侧横向挑织帽身片，连织帽顶留针，挑织到另一侧。共挑织80针，然后编织14行，完成帽身片的编织，最后沿着帽沿反面挑钩帽沿花边，共钩8行，完成后换白色线钩最后一行短针装饰。编织方法见花样。

3. 同样的方法再编织另一袖片。

4. 缝合方法：将袖山对应前片与后片的袖窿线，用线缝合，再将两袖侧缝对应缝合。

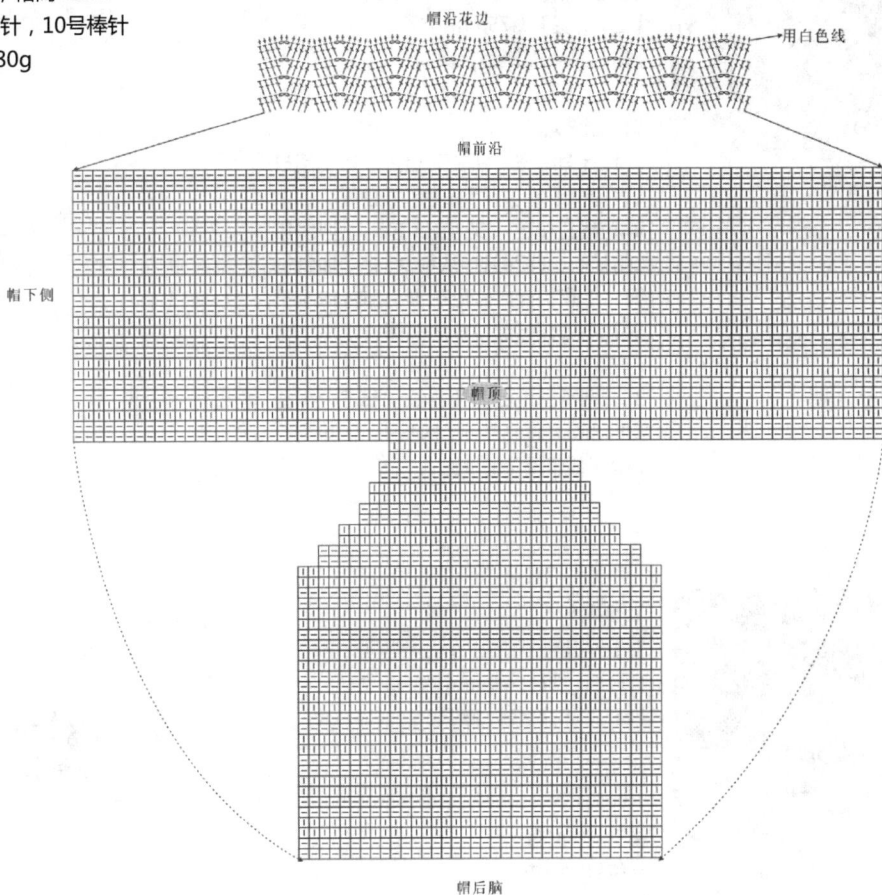

花样
（帽子图解）

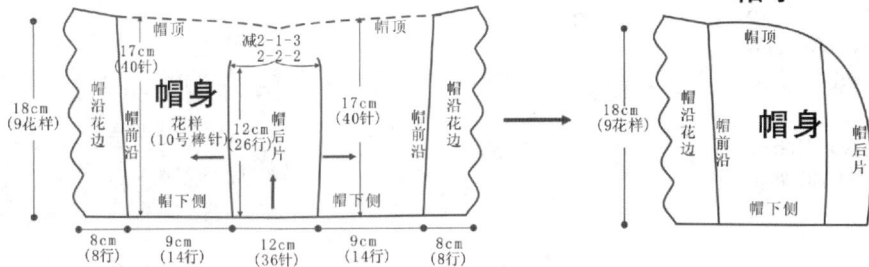

帽子

作品26

【成品规格】帽高20cm，帽围48cm
【工　　具】1.75mm钩针
【材　　料】宝宝绒线40g

帽子制作说明：

1. 钩针编织法，从帽顶起钩，用玫红色线与白色线搭配钩织。

2. 用线打个圈，3针锁针起高，钩织第一圈长针，共18针，从第2行起，加针钩织，每圈加针方法见花样，加针行钩至第11行，从第12行起，不再加针，照第11行的针数往下钩织，钩成14行，前14行用玫红色线钩织，第15行和第16行，用白色线钩织，仍然是钩织长针行，暂不断线，再用玫红色线钩织一行长针行，即第17行用玫红色线钩织，完成后，玫红色线断线，藏好线尾，最后几行全用白色线钩织，照花样的图解编织帽沿花边。完成后，白色线断线，藏好线尾。帽子完成。

花样
（帽子图解）

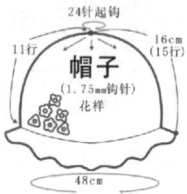

作品27

【成品规格】帽高16cm，帽围48cm
【工　　具】1.75mm钩针
【材　　料】宝宝绒线50g

帽子制作说明：

1. 钩针编织法，从帽顶起钩，帽子用玫红色线钩织，小花用白色和黄色线钩织。

2. 用线打个圈，3针锁针起高，钩织第1圈长针，共24针，从第2圈起，加针钩织，每圈加针方法见花样，加针钩至第6行，从第7行起，依照图解将帽子钩至边缘15行。

3. 分别用白色线和黄色线，参照花样给出的小花图解，并按结构图所示的排列，将花朵缝于帽子的一侧。

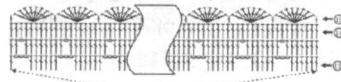

花样
(帽子图解)

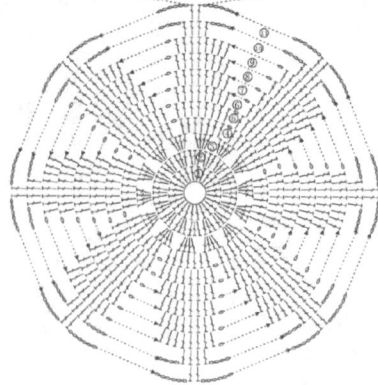

→白色一朵，黄色一朵

→白色一朵，黄色一朵

→白色一朵

→白色一朵，黄色一朵

符号说明：

2-1-3　行-针-次

十　短针

│　长针

∞∞∞　锁针

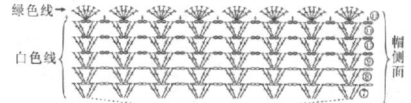

作品28

【成品规格】帽高17cm，帽围48cm
【工　　具】1.75mm钩针
【材　　料】宝宝绒线50g

帽子制作说明：

1. 钩针编织法。

2. 从帽顶起钩，起16针长针起钩，从第2行起加针，第2行共32针，每行加16针，加至第6行，然后改钩花样A中的第7行至第12行花样，第12行花样需要用绿色线钩织，完成后断线。

3. 花朵的钩织，先用黄色线起18针长针，然后用粉色线钩花瓣，详细图解见花样B。

帽子
(1.75mm钩针)
花样

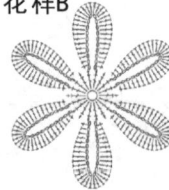

花样A
(帽子图解)

绿色线
白色线

帽侧面

帽顶
白色线

花样B

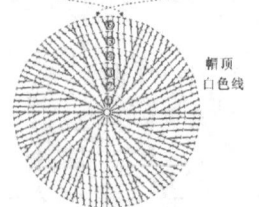

作品29

【成品规格】帽高16cm，帽围40cm
【工　　具】12号棒针，12号环形针，1.75mm钩针
【材　　料】宝宝绒线30g

帽子制作说明：

1. 棒针编织法与钩针编织法，环织，用钩针钩花边。

2. 从帽沿起织，起112针，用粉色线织，下针起针法，先编织6行搓板针，然后全织下针，至帽顶，不加减针织下针，织成28行后，将针数分成8等份进行减针编织，每等份减1针，一圈共减少8针，每2行进行1次减针，织至最后剩余8针时，将这8针1次性收紧为1针，将线藏于帽内。

3. 用钩针钩织帽沿边的花边，沿着相似于结构图中的曲线轨迹，钩短针，每2针短针之间，钩5针锁针，将这轨迹首尾连接即可，无固定的规定路线，图解见花样B。花边用白色线钩织。

4. 钩织2朵小花，别于花边上面的边缘上。用粉色线钩织。

帽子
(12号棒针)
花样A
粉色线

8针收为1针
16cm
(60行)
5cm
40cm

→粉色小花

→白色线钩
花样B
(1.75mm钩针)

花样A
(帽子图解)
(共8等份)

花样B
(帽沿花边图解)

→5针锁针是立体的
2行短针是钩在帽子上的

1等份

作品30

【成品规格】帽围46cm，帽高14cm
【工　　具】1.50mm钩针
【材　　料】粉红色奶棉绒50g

帽子制作说明：
1. 钩针编织法，环形钩织而成。
2. 从帽顶起钩，打个圈起钩第1圈花样，为长针，共16针，第2层加针1倍，为32针，第3层仍为长针行，也加1倍针数，为48针，第4层仍为长针行，共64针，从第5层起改钩织长针组花样，如花样A所示，图中的数字表示层数，第5层的长针组针数为2针，第6层的针数为3针，从第6层至第16层，均为针数3针的花样层，第17层至第20层，均为短针行，第17行钩织短针时，针数要尽量密实，而后适量加针，让短针行形成卷曲的形状，钩成帽沿。
3. 钩织3朵小花，用粉色线，花样图解见花样B，花朵中间各用1粒珍珠装饰，将3朵小花缝于帽侧面边缘。再钩一段比帽围要长的锁针辫子，穿过第16行的花样孔，作系带，并打成蝴蝶结。

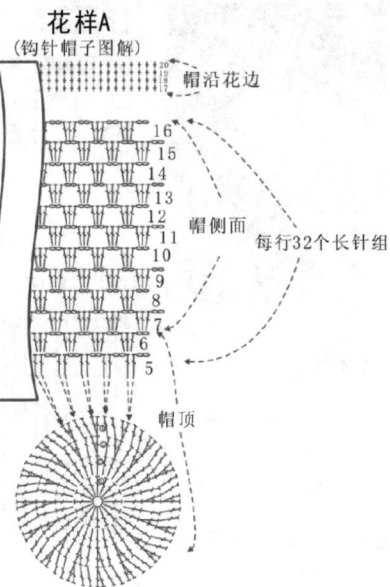

帽子
(1.5mm钩针)
14cm（16圈花样）
1cm（4圈短针）
46cm

花样A
(钩针帽子图解)
帽沿花边
帽侧面
每行32个长针组
帽顶

花样B
(小花图解)

符号说明：
回	上针	
回=回	下针	
	滑针	
2-1-3	行-针-次	
+	短针	
	长针	
∞	锁针	

作品31

【成品规格】帽长23cm，宽15cm；围巾长55cm，宽9cm
【工　　具】3.5mm可乐钩针
【材　　料】紫色毛线150g左右，黑色、白色毛线各少许

【编织要点】 儿童帽子连围巾。首先钩帽子，然后在缺口位置钩长针6行，在长针左右延伸17行为围巾，最后钩兔子装饰在围巾上，具体做法参照如下图解。

帽子的尺寸：

对折线
23cm
15cm
55cm
9cm

从第6行起不加针，留下缺口
缺口
② ③ ④ ⑤ ⑥ ⑦ ⑧
帽顶

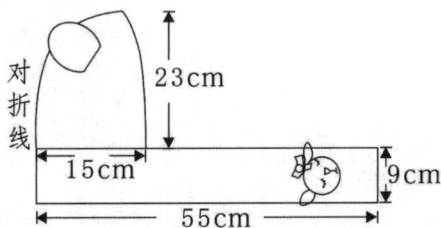

在粗线处钩长针6行，每行27针

（行）	（针数）
1	12
2	24
3	36
4	48
5	53

17　　1　　1　　17

兔子的做法：

帽子的耳朵的做法：
2个
7cm

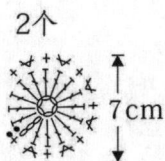

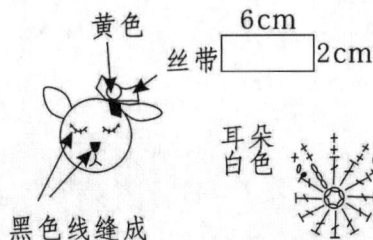

黄色
丝带
6cm
2cm

耳朵
白色

黑色线缝成

头部 白色
9cm
在头部凹位塞棉花

101

作品32

【成品规格】围巾长106cm，宽15cm；帽子高17cm，帽围46cm
【工　　具】4.5mm可乐钩针
【材　　料】圈圈毛线200g左右

【编织要点】 儿童帽子按照帽子的钩法，使用比较粗的钩针钩7行长针，加针方法参照图解。耳朵钩2个，参照耳朵的做法钩8行，每行7针。儿童围巾按照围巾的钩法，共钩37行，每行14针长针。具体做法参照如下图解。

帽子尺寸

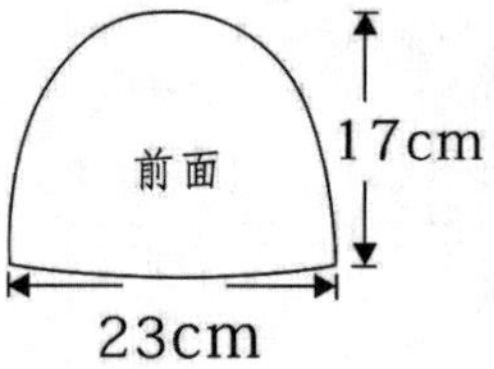

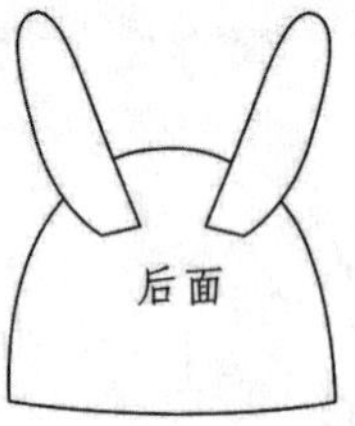

17cm

前面

23cm

后面

围巾的钩法：

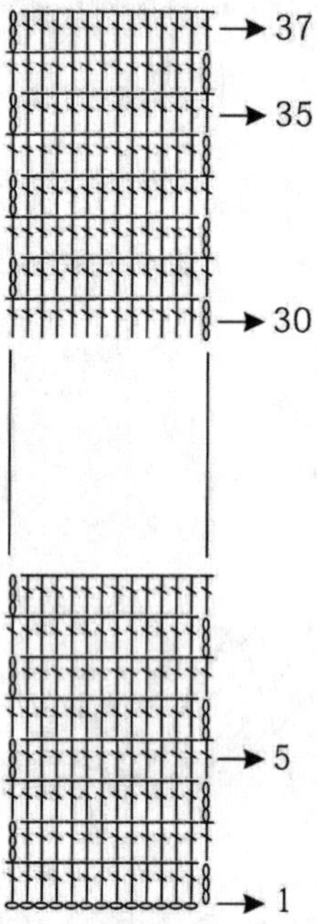

→37
→35
→30
→5
→1

起16针锁针

围巾的尺寸：

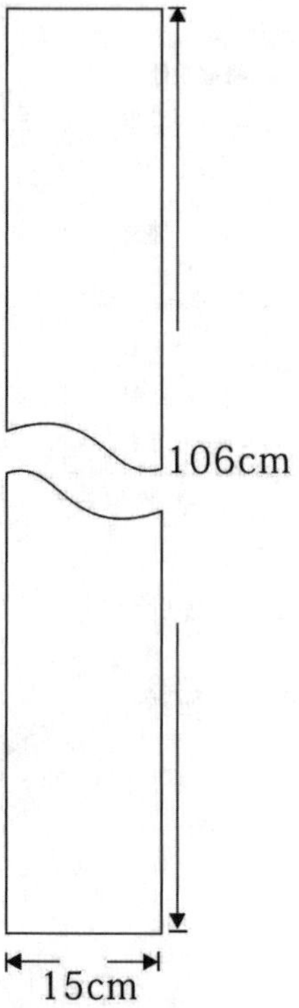

106cm

15cm

帽子的钩法：

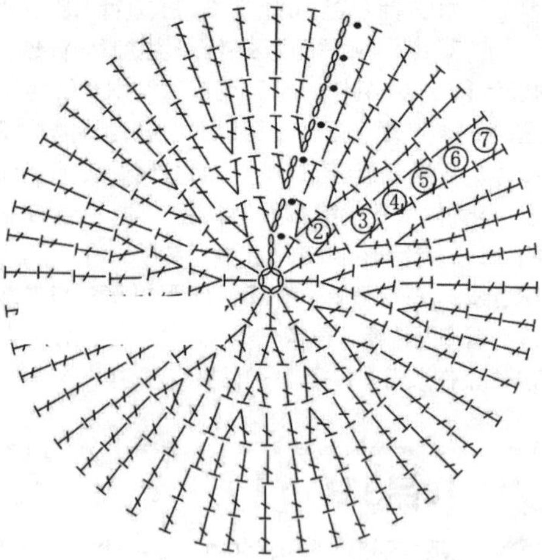

耳朵的钩法：
（2个）
（7针/行） 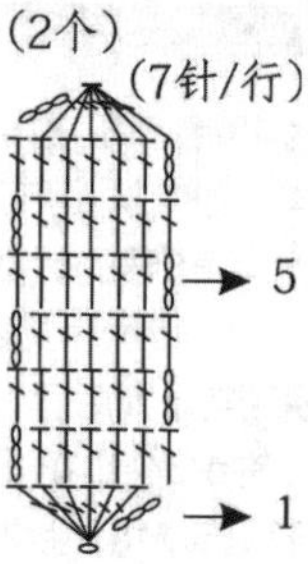

→5
→1

（行）	（针数）
1	12
2	24
3	36
4	48
5	48
6	48
7	48

作品33

【成品规格】帽高17cm，帽围48cm，连帽围巾长50cm
【工　　具】1.75mm钩针
【材　　料】宝宝绒线80g，少量深红色线

帽子制作说明：

1. 钩针编织法，从帽顶起钩，深红色线与粉红色线搭配钩织。
2. 用线打个圈，3针锁针起高，钩织第1圈长针，共16针，从第2行起，加针钩织，每圈加针方法见花样，加针行钩至第8行，从第9行起，不再加针，照第8行的针数往下钩织，钩成10行，然后依照花样图解，往下钩织连帽围巾部分的花样，一圈共6组，只钩1层花样，然后选其一组的宽度，继续钩织花样中的灰色标注的花样，共钩8层，最后钩1层花边，断线，藏好线尾。在帽子的对称侧，以同样的方法钩织另一段连帽围巾。
3. 依照帽侧小花图解，用深红色线和粉红色线搭配钩织2朵小花，系于连帽围巾的上端。在帽侧同方向，也分别钩织2朵大型点的花朵装饰。

帽子
16针起钩
（1.75mm钩针）
花样
10cm
（10行）
48cm
7cm
（7行）
50cm
（50行）
8cm

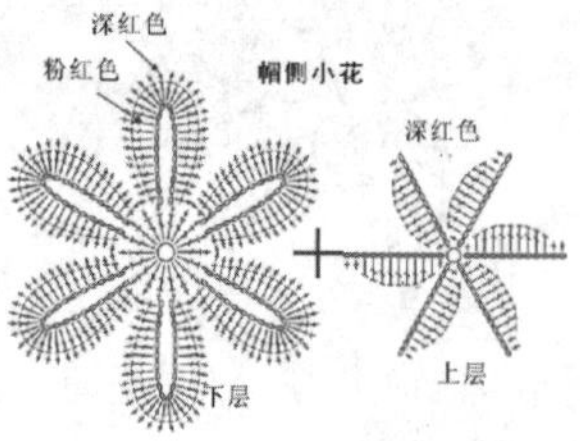

深红色
粉红色
深红色
帽侧小花

下层　上层

花样
（帽子图解）

围巾边小花

粉红
深红
粉红

粉红

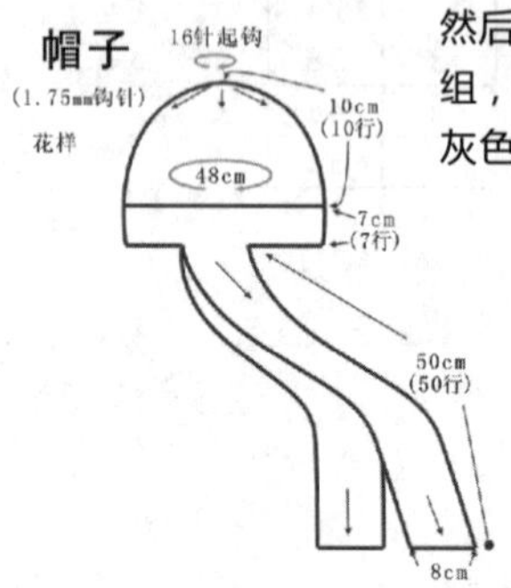

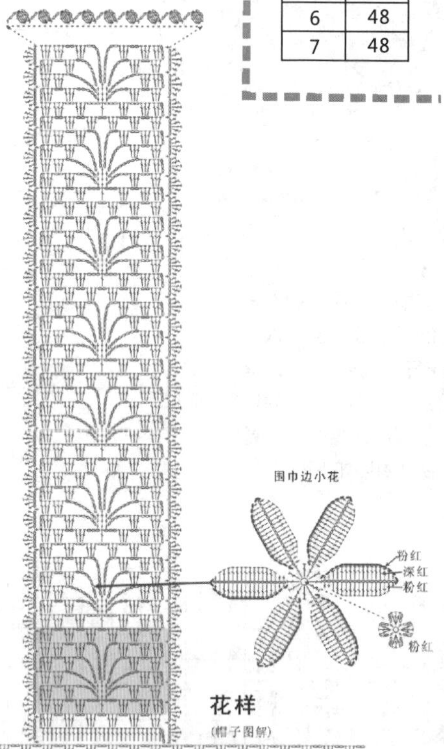

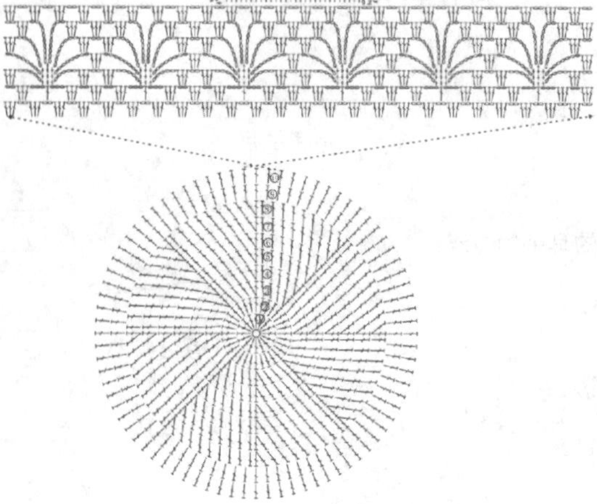

作品34

【成品规格】帽高15.5cm，帽围46cm

【工　　具】12号棒针，12号环形针

【编织密度】28针×42行=10cm²

【材　　料】宝宝奶棉绒线40g

帽子制作说明：

1. 棒针编织法，环织。从帽沿起织。

2. 从帽沿起织，起144针，起织花样D双罗纹针，编织16行后，改织花样B，将140针分配成7组花样B，余下的4针编织花样A搓板针，将花样B编织28行的高度后，改织花样C，144针可分配成12组花样C编织，编织30行的高度后，将帽子对折，在帽内一线缝合。

3. 另根据毛线球制作方法，制作2只毛线球，分别别于帽子的2个尖角上。

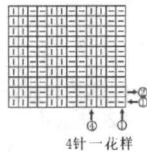

帽子
(12号棒针)　对折缝合

花样C　7cm(30行)

花样B　5cm(28行)

花样D　3.5cm(16行)

46cm(144针)

符号说明：

□	上针
□=□	下针
⊠	右上2针并1针
▣	镂空针
2-1-3	行-针-次
+	短针
┬	长针
∞∞	锁针

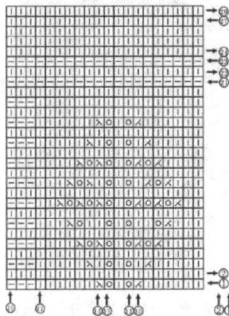

花样B

花样D（双罗纹）

4针一花样

花样A（搓板针）

2行一花样

花样C

作品35

【成品规格】帽高16cm，帽围48cm

【工　　具】1.75mm钩针

【材　　料】宝宝绒线80g，其他颜色的线少许

帽子制作说明：

1. 钩针编织法，从帽顶起钩，深红色线与粉色线搭配钩织。整个帽子全由短针钩织而成。

2. 用线打个圈，1针锁针起高，钩织第1圈短针，共8针，从第2行起，加针钩织，分成8等份进行加针，每等份加1针短针，共加针钩成14行的宽度，从第15行起，照第14行的针数往下钩织，用粉色线钩成29行的高度，然后改用深红色线钩织5行短针，再改用粉色线进行帽沿钩织，帽沿要加针钩织，加针幅度要大，钩织8行的高度，最后用深红色线沿着帽边缘钩织一圈短针，完成后，断线，藏好线尾。

3. 用5种颜色的线：白色、黄色、深红色、黑色、棕色，根据花样的图解，钩织1个蝴蝶，斜缝合于帽子侧边上。

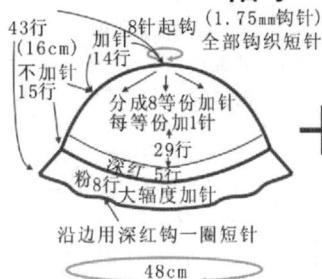

帽子

(1.75mm钩针)
全部钩织短针

43行(16cm)　8针起钩　加针14行　不加针15行

分成8等份加针 每等份加1针 29行

深红 5行　粉8行大幅度加针

沿边用深红钩一圈短针

48cm

蝴蝶结 花样D

花样D
（帽上蝴蝶结图解）

从内至外
第1行：白色
第2行：深红色
第3行：黄色
第4行：深红色

从内至外
第1行：深红色
第2行：黄色
第3行：深红色

符号说明：

2-1-3	行-针-次
+	短针
┬	长针
∞∞	锁针

作品36

【成品规格】帽围46cm，帽高17cm

【工　　具】1.75mm钩针

【材　　料】宝宝绒线100g

帽子制作说明：

1. 钩针编织法，环形钩织而成。

2. 从帽边起钩，起112针锁针，重复环钩花样，每4行为1层，钩3层，第4层全部钩长针，第5层每7针减1针，第6针每6针减1针，如此钩至第9层，每3针并1针，最后全部捆收紧。断线，隐藏线头。

3. 沿帽子边缘钩织一圈花边。

4. 钩织2朵小花装饰，图解见花样，缝于帽侧。

花样
（草莓钩法）（红色）

帽子
(1.75mm钩针)

17cm(18行)

花样

帽边小花

46cm

帽子花样

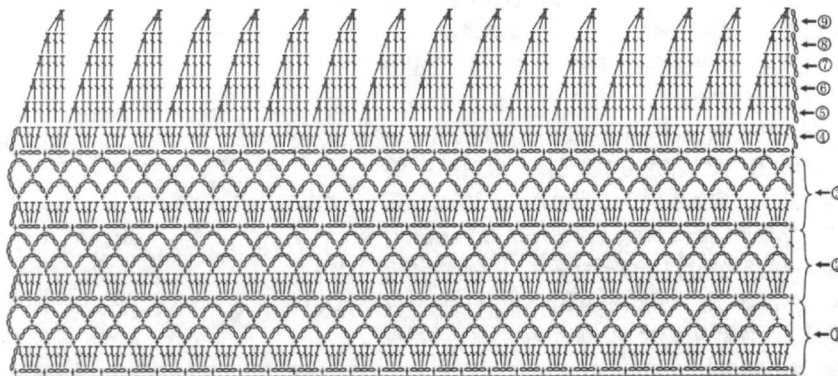

103

作品37

【成品规格】帽高18cm，帽围38cm

【工　　具】1.75mm钩针

【材　　料】宝宝绒线50g，其他颜色线少许

帽子制作说明：

1. 钩针编织法，钩织1个帽子，1个猪鼻子，2个小耳朵。

2. 见花样A，用黄色线起钩，钩6针锁针后打个圈，加钩3针锁针后，圈钩长针行，第1行钩织16针长针，第2行钩织针数加倍，共32针，第3行钩织48针，第4行钩织64针，第5行钩织80针，第6行钩织96针，而第7行不再加针，照96针继续圈钩，随着钩织的行数增加，帽子向下弯成帽侧面，将长针行钩成13行，此时黄色线完成，断线，改用白色线钩织帽子边缘，不加减针，钩织4行短针行，第4行加钩狗牙拉针，然后断线。藏好线尾。

3. 钩织2个小耳朵，用棕色线钩，图解见花样B，起10针锁针，起钩10针长针，再加钩1行长针后，两边同时减针，钩成10行，余下2针。收针断线，将之缝在帽子的上端，再用棕色线，按照花样C图解，钩织1个鼻子，缝于帽子侧面的中间，用2段黑线钩出眼线。

帽子
(1.75mm钩针)

花样A
(帽子图解)

花样B
(帽子耳朵图解)
(棕色线)

花样C
(帽子鼻子图解)

符号说明：

2-1-3　行-针-次

□	上针	+	短针
□=□	下针	┼	长针
⊠	右上2针并1针	∞	锁针
⊡	镂空针		狗牙针

作品38

【成品规格】围巾长90cm，帽围38cm

【工　　具】2.00mm钩针

【材　　料】宝宝绒线80g，其他颜色线少许

帽子制作说明：

1. 钩针编织法，钩织1个帽子，1个蝴蝶结，2个小耳朵。

2. 见花样D，用黄色线起钩，钩6针锁针后打个圈，加钩3针锁针后，圈钩长针行，第1行钩织12针长针，第2行织针数加倍，共24针，第3行钩织36针，第4行钩织48针，第5行钩织60针，第6行钩织72针，而第7行不再加针，照72针继续圈钩，随着钩织的行数增加，帽子向下弯成帽侧面，将长针行钩成11行，此时黄色线完成，断线，改用白色线钩织帽子边缘，不加减针，钩织3行短针，然后断线。藏好线尾。

3. 钩织2个小耳朵，图解与花样C的小猫耳朵图解相同，将之缝在帽子的上端，再用红色线钩织一个蝴蝶结，图解见花样C中的蝴蝶结图解，中间扎紧线，缝于帽子的左上端。再用黑色线穿出3段胡须，两侧各3段。

围巾制作说明：

1. 钩针编织法，先钩织围巾部分，再在围巾的一端加上毛线球，一端缝上小猫织片。

2. 钩织锁针起针，起32针，首尾连接，进行环钩，加钩3针锁针起高，第1行花样全钩长针，共32针1行，这样重复钩长针行，共钩织13行，第14行改钩织花样A中第14行至第49行的花样，然后第50行改钩织长针行，不加减针钩织成58行后，将32针长针分为4等份进行减针，即2针并成1针长针，一圈共减少16针长针，共减4行，最后余下8针，将开口用短针缝合成一线。围巾用黄色线钩织。

3. 按照毛线球制作方法，制作1毛线球缝合在围巾有收针行的那端。

4. 围巾的另一端制作1个小猫织片，钩织两片，见花样B，用白色线钩织小猫脸图案，起6针锁针起钩，从中心向外钩织，按照图解钩成3圈长针花样，然后再钩织2个耳朵缝在脸的左上端和右上端，再用红色线钩织一块短针织片，从中间用线扎紧，做成蝴蝶结。小猫的胡须用黑色线，穿出3段胡须。小猫脸钩织2片，边缘用短针缝合。再将头那侧缝在围巾上。

帽子
(2.0mm钩针)

花样G

与花样小猫耳朵的钩法相同

17cm
17行长针(黄线钩织)
10cm
6cm
1cm
3行短针(白线钩织)
38cm

花样A
(围巾图解)

连接毛线球

两侧长针是连接的

符号说明：

2-1-3　行-针-次

□	上针
□=□	下针
+	短针
┼	长针
∞	锁针
◊	长针2针的枣形针

花样C
（钩2片）
（用黄色线）

花样B
（围巾小猫图解）
（钩2片）
（用白色线）

（蝴蝶结图解）
（用红色线）

花样D
（钩针帽子图解）

用白色线沿边钩织3行短针，不加不减针

从第7行起不加针钩至11行

用黑线穿成3段胡须

用线在这中间扎紧

第1针与32针连接钩织
围巾是环钩

围巾
(2.0mm钩针)

花样A

90cm

9cm
分解后

8针
13行
36行
13行
花样A 32针
起32针
花样B

第58行至62行减针
一行减少8针长针
最后余下8针

104

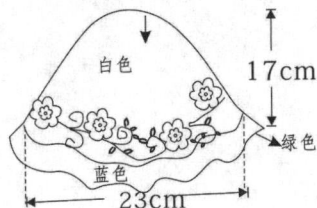

作品39

【成品规格】帽高17cm，帽围46cm；围巾长110cm，宽15cm
【工　　具】2.0mm可乐钩针
【材　　料】白色毛线140g左右，绿色、蓝色、黄色、天蓝色、红色、粉色、紫色毛线各少许

【编织要点】儿童帽子按照帽子的钩法，从帽顶起针，钩26行花样。接着在帽沿绣花。儿童围巾钩90行，钩立体花装饰围巾。具体做法参照如下图解。

帽子的钩法：

围巾的钩法：

帽子尺寸：

围巾的尺寸：

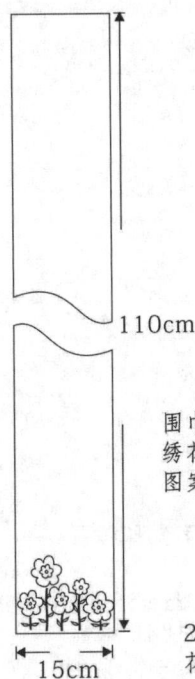

110cm

15cm

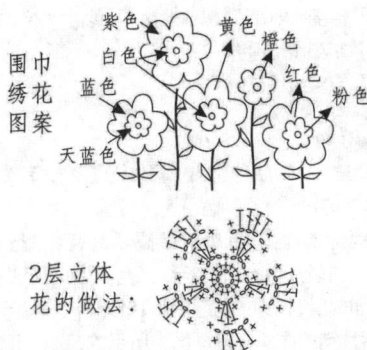

围巾绣花图案

2层立体花的做法：

外围钩花边1行

作品40

【成品规格】帽高16cm，帽围40cm
【工　　具】12号棒针，12号环形针，1.75mm钩针
【材　　料】宝宝绒线30g

帽子制作说明

1. 钩针编织法，从帽顶起钩。白色线与粉红色线搭配钩织，蝴蝶结用粉色线钩织。

2. 从帽顶起钩，起15针长针，用白色线钩织，从第2行起，至第9行，行行加针，加针方法见图解花样A，然后改用粉色线钩织图解加的第10行和第11行花样，再改用白色线钩织2行长针，无加减针，然后再改用粉色线钩织与第10行及第11行相同的花样，最后改用白色线钩织1行长针，这行长针的针数要增加，尽量紧密点，让这行长针卷曲形成向外翻卷的帽沿，最后用粉色线钩织一行短针锁边。

3. 用粉红色线，起22针锁针，起钩22针短针，不加减针钩织10行的高度，钩成一块长方形织片，用线在长边的中间扎紧。别于帽沿的一边。

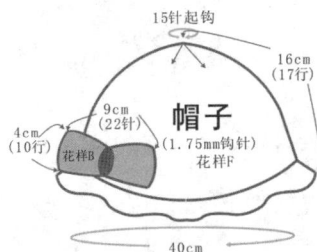

符号说明：

十　短针
丨　长针
∞∞∞　锁针

花样B
（蝴蝶结图解）
（用粉红色线）

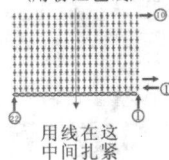

用线在这中间扎紧

花样A
（帽子图解）

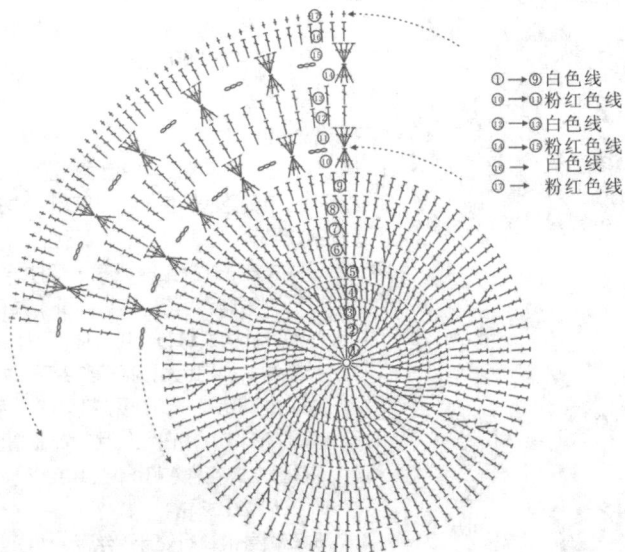

①→白色线
②→粉红色线
③→白色线
④→粉红色线
⑤→白色线
⑥→粉红色线

作品41

【成品规格】帽围42cm，帽高21cm

【工　　具】1.75mm钩针

【材　　料】白色宝宝绒线100g，粉色丝带

帽子制作说明：

1. 钩针编织法。

2. 从帽顶起织，打个圈后，钩3针锁针起高，钩第1圈长针，共16针，第2圈加针，加16针，共32针，第3圈不加针，依然钩32针，第4圈加针并变换为3针长针加1针锁针花样，共16组，第5圈在3针长针上加钩1针，每组花样为4针长针加1针锁针，依此方法共加至第8圈，每组花样加至5针长针加1针锁针，第9圈不加减针，照钩第8圈花样，总共钩20行，第21行，在每1针长针内钩出5针长长针作帽沿。

3. 在帽沿花样变换处系粉色丝带。

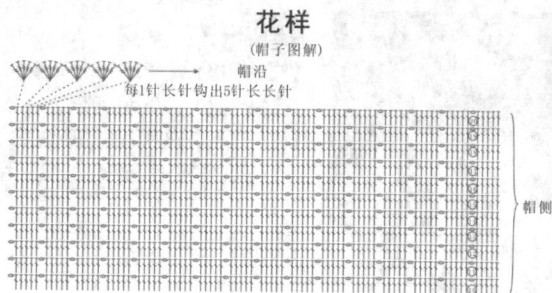

花样
（帽子图解）

每1针长针钩出5针长长针

帽沿

帽侧

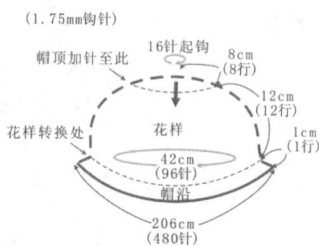

（1.75mm钩针）

帽顶加针至此

16针起钩

8cm
（8行）

12cm
（12行）

1cm
（1行）

花样转换处

花样

42cm
（96针）

帽沿

206cm
（480针）

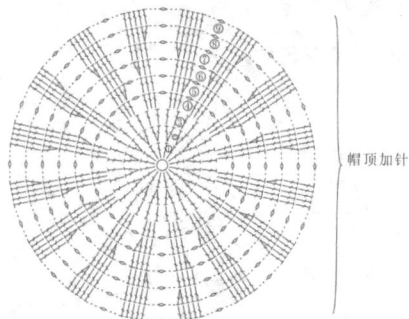

帽顶加针

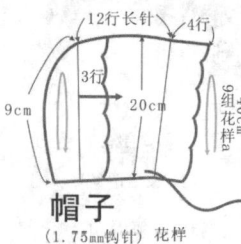

作品42

【成品规格】帽围40cm，帽高15cm

【工　　具】1.75mm钩针

【材　　料】宝宝绒线50g

帽子制作说明：

1. 钩针编织法，从帽后片起钩，帽体沿边钩，下端开口，再钩两条立体花边。

2. 起29针锁针，再钩3针锁针起高，起钩第1行长针，共28针，在最后1针加6针，转弯至对侧，再钩28针长针，在最后1针里再加成6针长针，与起始第1针闭合，第2行加针法参照花样帽后片钩织图解，沿着图中所示的范围，沿边钩织长针，无加减针，共钩织12行的高度，下一行改钩织帽前沿花样，共9组花样，共钩织4行，再用黄色线沿边钩织1行短针锁边。沿着脑后片边缘，挑针钩织花边，共3行花样，同样用黄色线沿边钩织1行短针锁边。帽子完成。

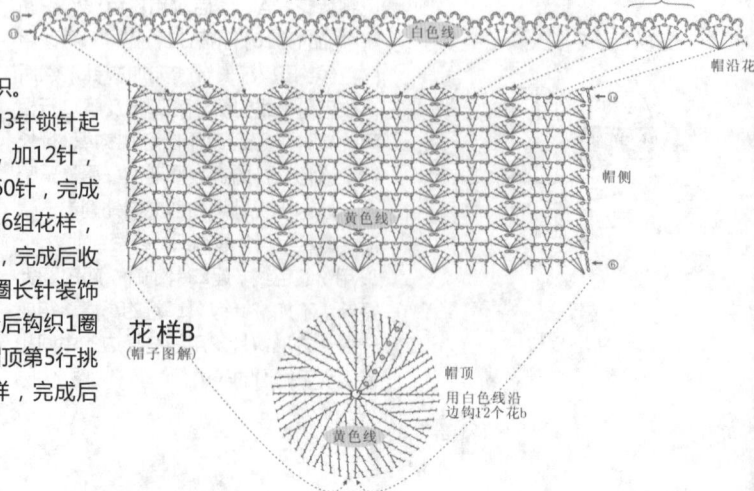

外层短针用黄色线钩织

帽前沿

帽体

帽后

花样
（帽子图解）

沿边钩织

帽后沿花边

外层短针用黄色线钩织

花样A　（花边）

帽子
（1.75mm钩针）花样

12行长针　　4行

3行

9cm　　　3行
20cm

40cm
组花样a

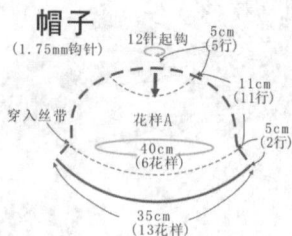

作品43

【成品规格】帽围40cm，帽高21cm

【工　　具】1.75mm钩针

【材　　料】宝宝绒线60g，黄色丝带

帽子制作说明：

1. 钩针编织法，用黄色线与白色线搭配钩织。

2. 从帽顶，用黄色线起织，打个圈后，钩3针锁针起高，钩第1圈长针，共12针，第2圈加针，加12针，共24针，同样方法加针至第5圈，一圈共60针，完成帽顶。第6行变花样钩织帽身，共6组花样，不加减针钩织11行，见花样B图解，完成后收针断线，换白色线钩织第12行一圈长针装饰边，共13组花样，详见花样A，最后钩织1圈狗牙针装饰。用白色线另起针在帽顶第5行挑钩1圈立体花样A花b，共12组花样，完成后断线，藏好线尾。

3. 在帽身第11行处穿入丝带。

1个花b

白色线

帽沿花

帽侧

黄色线

花样B
（帽子图解）

帽顶

用白色线沿边钩12个花b

黄色线

帽子
（1.75mm钩针）

12针起钩　　5cm
（5行）

11cm
（11行）

穿入丝带

花样A

5cm
（2行）

40cm
（6花样）

35cm
（13花样）

作品44

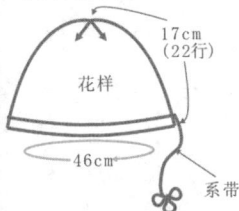

【成品规格】帽围46cm，帽高17cm
【工　　具】1.75mm钩针
【材　　料】黄色宝宝绒线80g

帽子制作说明：

1. 钩针编织法，环形钩织而成。
2. 从帽顶起钩，打个圈起钩第1圈长针，第1层钩12针，第2层每1针钩出2针，共24针，第3层每间隔1针加钩1针，共36针，第4层每间隔2针加钩1针，共48针，从第5层起开始钩织花样，钩1束中分4针长针，再钩1针长针间隔，如此重复钩织，详细图解见花样。从第6层起开始钩织帽围。
3. 先钩1束中分4针长针，再钩1针锁针，1针长针，再1针锁针间隔，如此重复钩织，详细图解见花样D。钩成13层，第14层与第5层的钩织方法相同，完成后断线，隐藏线头。
4. 钩织1条系带，穿入帽檐，图解见花样系带图解。

帽子
（1.75mm钩针）

花样
17cm
（22行）

46cm

系带

花样
（帽子图解）

系带图解

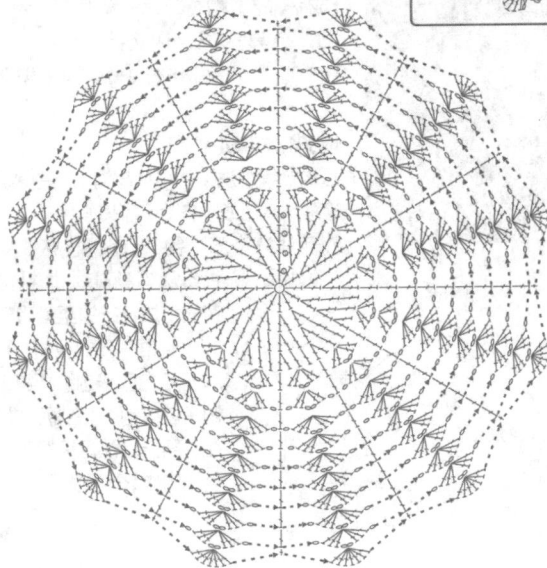

作品45

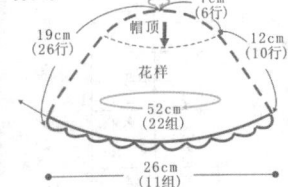

【成品规格】帽围52cm，帽高19cm
【工　　具】1.75mm钩针
【材　　料】橘红色宝宝绒线100g

帽子制作说明：

1. 钩针编织法，用橘红色线钩织，白色线钩边，粉色系带装饰。
2. 从帽顶用橘红色线起织，打个圈后，钩3针锁针起高，钩第1圈长针，共15针，第2圈加针，加15针，共30针，用同样方法加到第6圈，共加至90针，第7行变换花样钩织，变为1束放4针，共钩22组，钩织5圈后变换花样加针，变为1束放6针，钩2圈，换白色线继续钩织，并变花样为1束放8针，钩2圈，至此共钩15行，第16圈换橘红色线钩5针锁针锯齿花，花样及加减针方法详见花样图解。
3. 在帽沿橘红色线与白色线变换花样处穿入粉色系带。

帽子

20针起钩
7cm
（6行）
帽顶

19cm
（26行）

12cm
（10行）

花样

52cm
（22组）

26cm
（11组）

花样
（帽子图解）

作品46

【成品规格】帽围44cm，帽高18cm
【工　　具】1.75mm钩针
【材　　料】宝宝绒线60g

帽子制作说明：

1. 钩针编织法，用白色线与黄色线搭配钩织。
2. 从帽顶起织，用白色线起织，打个圈后，钩3针锁针起高，钩第1圈长针，共12针，从第2圈起加针，加12针，共24针，同样针数加针至第6圈，第7行只加6针。见花样图解，1圈的针数为78针，第8行起不再加针，向下钩织至14圈长针，收针断线。从帽边反面换黄色线挑钩花样，共挑16组花样，共4行，最后钩1圈狗牙针。
3. 在帽顶缝上黄色毛线球。

帽子
（1.75mm钩针）
花样

12针起钩
帽顶

18cm
（14行）

46cm
（72针）

5cm
（4行）
帽沿

22cm
（16组花样）

花样
（帽子图解）
1圈共16组花　　1组花

帽沿

帽侧

帽顶

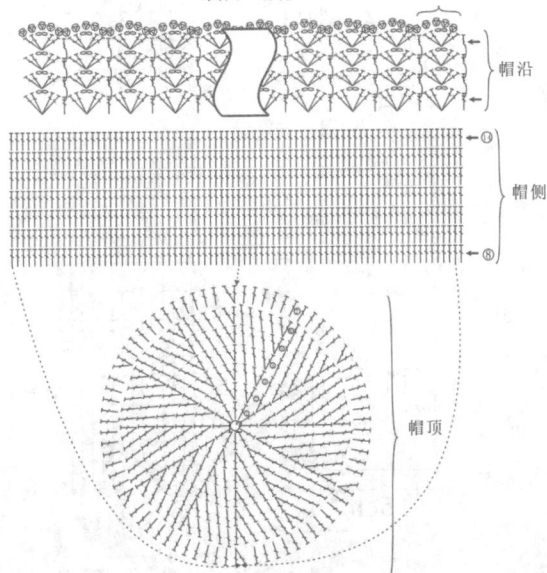

作品47

【成品规格】帽高22cm，帽围55cm

【工　具】1.75mm钩针

【材　料】宝宝绒线50g，黑色线10g

帽子制作说明：

1. 钩针编织法，从帽顶起钩，用白色线与黑色线搭配钩织，帽顶用黑色线制作1个毛线球。

2. 用线打个圈，钩3针锁针起高，钩织第1圈长针，共12针，从第2行起，加针钩织，每圈加针方法见花样，加针行至第7行，从第8行起，不再加针，照第7行的针数往下钩织，钩成21行，前21行用白色线钩织，第22行用黑色线钩，沿着帽子边缘钩织1圈短针锁边，将3行长针的高度往上翻折。最后根据毛线球的制作方法，用黑色线制作1个毛线球，系于帽顶上。

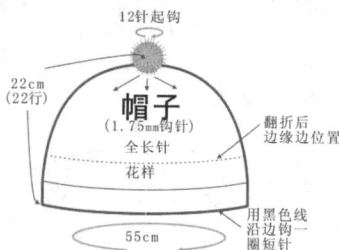

12针起钩

22cm
（22行）

帽子
(1.75mm钩针)
全长针
花样

翻折后
边缘边位置

用黑色线
沿边钩一
圈短针

55cm

花样
（帽子图解）

帽前沿

帽体

帽顶

黑色线

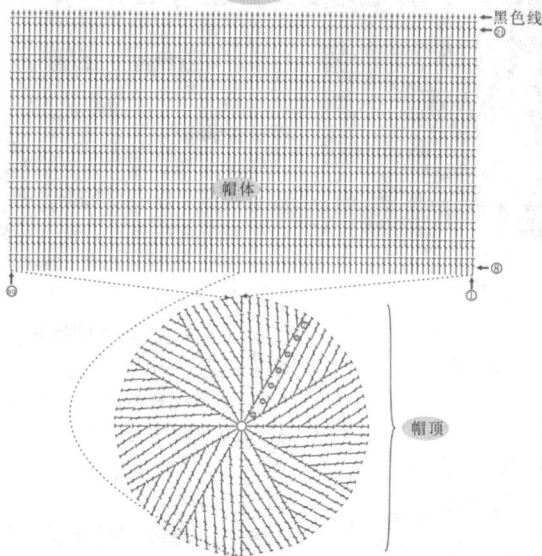

作品48

【成品规格】帽高16cm，帽围48cm；围巾长100cm，宽15cm

【工　具】2.5mm可乐钩针

【材　料】段染毛线100g左右，粉色、白色毛线各少许

【编织要点】　儿童帽子按照帽子的钩法，从帽顶起针钩7行，反折2行。钉立体花1朵。围巾按照围巾的钩法，钩40行，钉1朵立体花。具体做法参照如下图解。

帽子尺寸：

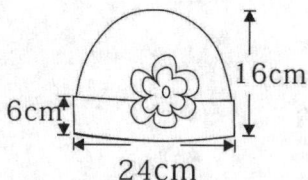

16cm
6cm
24cm

围巾的尺寸：

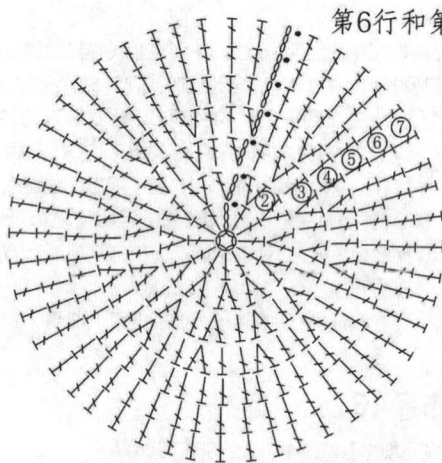

100cm
15cm

围巾的钩法：

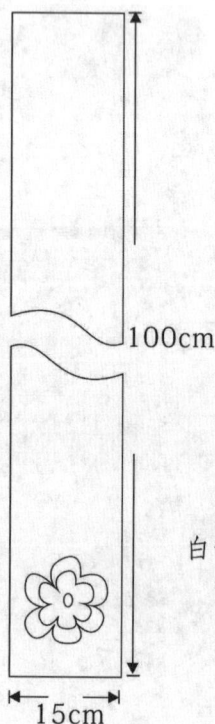

→40
→35

白色
→5
→1

起16针锁针

帽子的钩法：

第6行和第7行反折

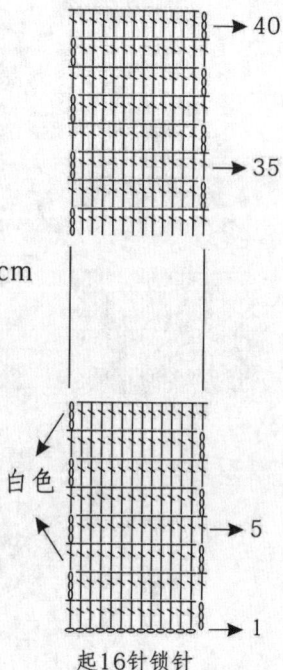

（行）	（针数）
1	12
2	24
3	36
4	48
5	48
6	48
7	48

帽和围巾的装饰花的做法：

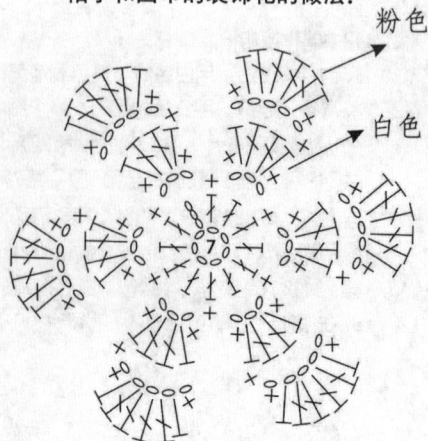

粉色

白色

作品49

【成品规格】围巾长150cm，宽13cm；帽高17cm，帽围46cm
【工　　具】5.0mm可乐钩针
【材　　料】段染粗毛线200g左右

【编织要点】儿童帽子按照帽子的钩法，使用比较粗的钩针钩15行短针，加针方法参照图解。儿童围巾按照围巾的钩法，共钩42行长针。钩4个单元花装饰在围巾的头尾和帽檐，具体做法参照如下图解。

围巾的钩法：

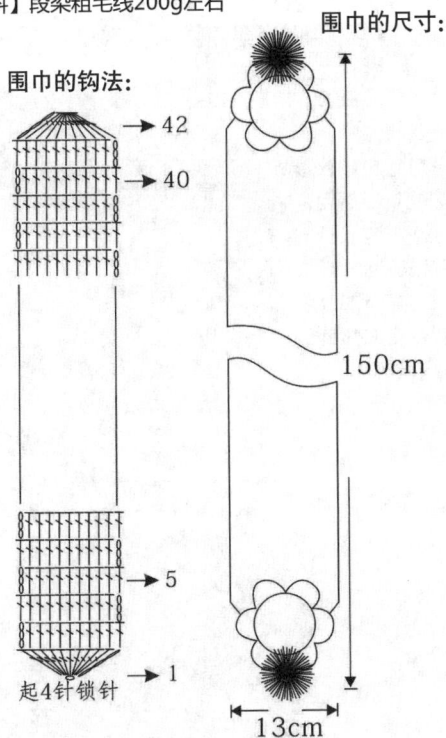

→ 42
→ 40

→ 5
→ 1

起4针锁针

围巾的尺寸：

150cm

13cm

帽子的尺寸：

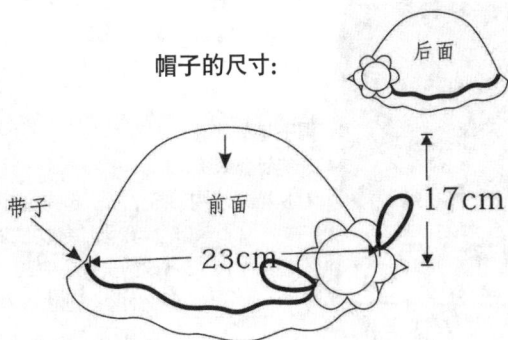

后面

带子
前面
23cm
17cm

带子的做法

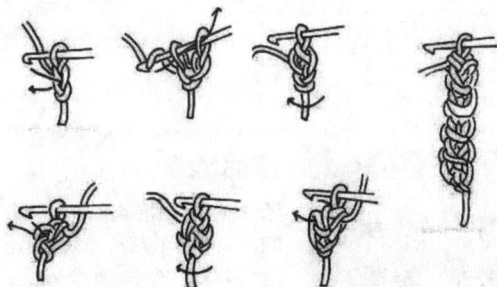

带子长度约75cm

帽子的钩法

帽沿

→ 15
→ 11
→ 8

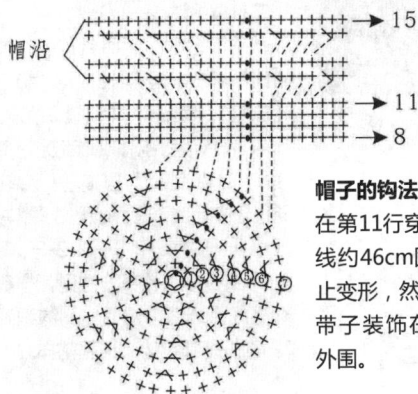

帽子和围巾的单元花：

（4个）

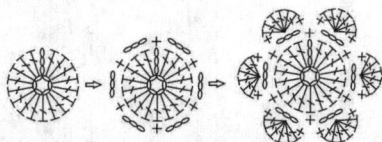

帽子的钩法：
在第11行穿1条白色毛线约46cm固定头围防止变形，然后把钩好的带子装饰在第11行的外围。

作品50

【成品规格】帽高12cm，帽围47cm
【工　　具】1.75mm钩针，12号棒针
【材　　料】宝宝绒线60g

帽子制作说明：

1. 钩针编织法，从帽顶起钩，用红色线与绿色线搭配织。
2. 用红色线打个圈，钩3针锁针起高，钩织第1圈花样，图解见花样。依照图解1圈圈进行加针织，加针钩至第7行，第8行不加减针。针数如同第7行。第2行至第8行的花样，采用长长针钩织。完成8圈钩织后，断线，藏线尾。
3. 用绿色线，沿边钩织长针行，共挑80针编织，编织4行的高度，完成后，断线，藏好线尾，将两端的2个角，弯起对折成三角形，用扣子钉住。最后用绿色线钩织1片叶子，缝于帽顶上。

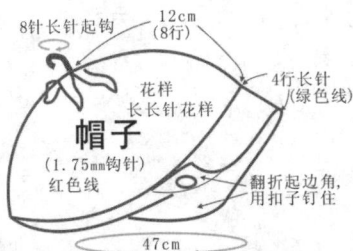

8针长针起钩
12cm
（8行）

4行长针
（绿色线）

花样
长长针花样

帽子
（1.75mm钩针）
红色线

翻折起边角，
用扣子钉住

47cm

将这个角翻起到箭头所示的位置缝合，用扣子固定

花样D
（帽子图解）

将这个角翻起到箭头所示的位置缝合，用扣子固定

帽前沿

80针

符号

长长针

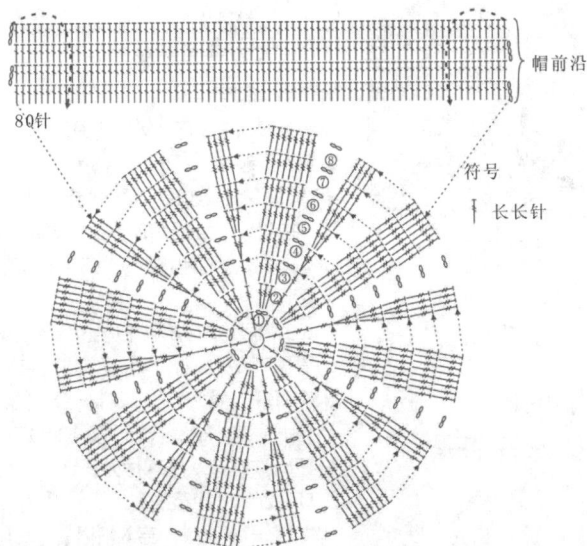

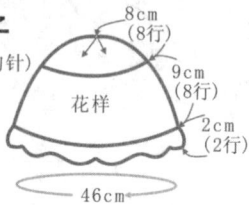

作品51

【成品规格】帽高19cm，帽围46cm
【工　　具】12号棒针，12号环形针，
　　　　　　1.75mm钩针
【材　　料】宝宝绒线30g

帽子制作说明：

1. 钩针编织法。

2. 从帽顶起钩，打个圈，起钩短针，第1行起10针短针，第2行加针钩成20针短针，然后第3行改钩长针，钩20针，第4行钩长针，在20针的基础上，每2针长针加1针长针，将针数加成30针，在第4行加针所在的位置上再加1针，针数变成40针，如此重复，再钩2行，共6行长针行。

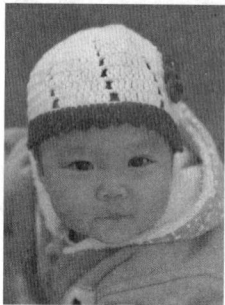

帽子
(1.75mm钩针)

花样
8cm(8行)
9cm(8行)
2cm(2行)
46cm

花样A

花样B（搓板针）

2行一花样

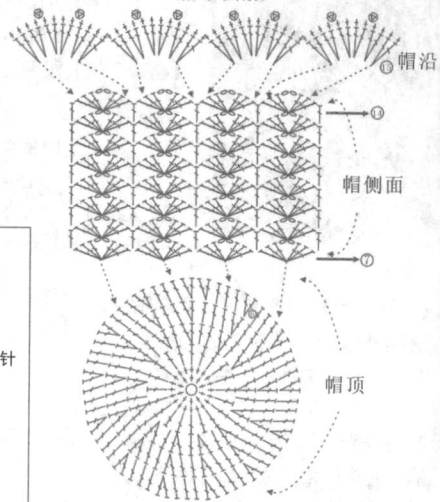

花样C
(帽子图解)

帽沿
帽侧面
帽顶

符号说明：

符号	说明
□	上针
□=回	下针
区	右上2针并1针
回	镂空针
2-1-3	行-针-次
+	短针
￥	长针
∞	锁针

狗牙针
下针左加1针
3针并1针
右上4针与
左下4针交叉

作品52

【成品规格】帽围42cm，帽高15cm
【工　　具】1.75mm钩针，10号棒针
【材　　料】宝宝绒线白色80g，红色20g

帽子制作说明：

1. 钩针编织法。

2. 从帽沿起织，起81针锁针，或者42cm长的锁针辫子，起钩长针行，第1圈，每8针长针加钩1针锁针，共81针，第2圈，不加减针钩，1针锁针前移，依此方法共钩6圈，第7圈，在1针锁针位置减2针，共减18针，第8圈不加针钩长针，从第9圈减针到第13行，方法为1-2-9，2-2-9，1-2-9，1-2-9，收针断线。钩织方法见花样E帽子图解。

3. 换红色线沿帽沿另一侧钩织1圈长针，第2圈钩织装饰花边，详见花样。

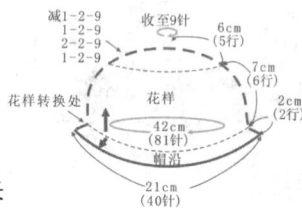

帽子
(1.75mm钩针)

减1-2-9
1-2-9
2-2-9
1-2-9
花样转换处
收至9针(5行)
6cm(5行)
7cm(6行)
2cm(2行)
花样
42cm(81针)
21cm(40针)

花样
(帽子图解)
帽顶
全收为1圈

小花图解

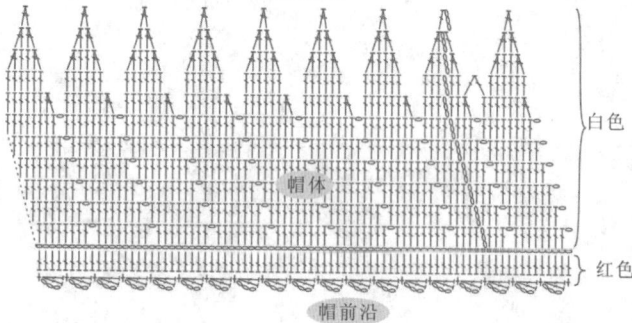

白色
帽体
红色
帽前沿

作品53

【成品规格】帽围46cm，帽高17cm
【工　　具】1.75mm钩针
【材　　料】宝宝绒线100g

帽子制作说明：

1. 钩针编织法，环形钩织而成。

2. 从帽顶起钩，打个圈起钩第1圈长针，第1层钩16针，第2层每1针钩出2针，共32针，第3层每间隔1针加钩1针，共48针，第4层每间隔2针加钩1针，共64针，第5层每间隔3针加钩1针，共80针，第6层起开始钩织帽围。

3. 第6层均匀钩织1束钩出4针的长针，共钩24束，第7层钩96针长针，第8层钩织1束钩出4针的长针，共钩28束，第9层钩112针长针，第10层钩32束花样，第11层钩128针长针，第12针每4针加1针，第13层每5针加1针，第14层为长针，详细图解见花样A。完成后断线，隐藏线头。

4. 钩织1条系带，穿入帽檐，图解见花样系带图解。

帽子
(1.75mm钩针)

花样
17cm(22行)
46cm
系带

花样
(帽子图解)
穿系带

系带图解

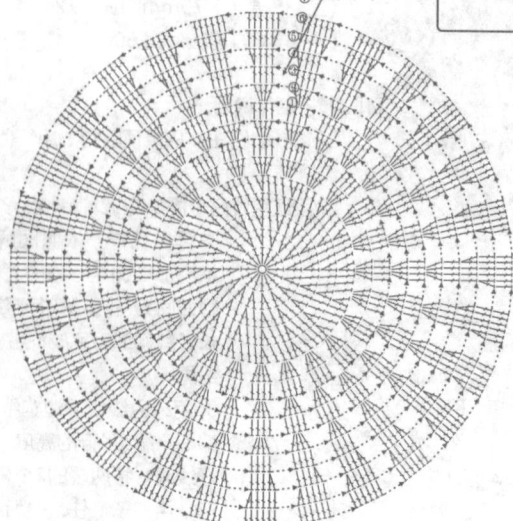

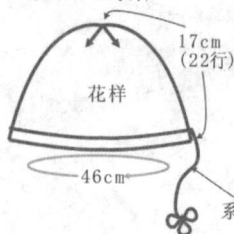

110

作品54

花样B
(帽子图解)

帽侧

帽顶

帽侧

花样A
(花边图解)

【成品规格】帽高16cm，帽围48cm
【工　　具】1.75mm钩针
【材　　料】宝宝绒线50g

帽子制作说明：

1. 钩针编织法，从帽顶起钩，简单直接的钩法。
2. 先钩织帽顶，用白色线钩织，用线打个圈，钩3针锁针起高，钩织第1圈长针，共16针，从第2行起，加针钩织，每圈加针方法见花样B，加针行钩至第5行，完成帽顶钩织。
3. 帽侧钩织花样A，在帽顶的边缘，挑针起钩21组花样A，无加减针，共钩织10行，断线，藏好线尾，最后沿着帽顶与帽侧连接线，钩织1行花样A花边装饰。帽子完成，断线，藏好线尾。

5cm　16针起钩
5圈长针
11cm
10行花样A
帽侧
白色线
帽顶
沿边钩织
花样A花边
48cm
21组花样

帽子
(1.75mm钩针)
花样B

符号说明：

2-1-3	行-针-次
+	短针
↑	长针
∞∞	锁针
	狗牙拉针

作品55

【成品规格】帽高16cm，帽围48cm
【工　　具】1.75mm钩针
【材　　料】宝宝绒线50g

帽子制作说明：

1. 钩针编织法，从帽顶起钩，用短针钩织帽子主体，帽檐钩织花边，卷曲花样。
2. 用线打个圈，钩1针锁针起高，钩织第1圈短针，共16针，从第2行起，加针钩织，每圈加针方法见花样B，加针行钩至第14行，从第15行起，不再加针，照第14行的针数往下钩织，将帽子钩成24行，完成后，改钩织花样A花边，花样位置选要紧密，形成卷曲状。

帽子

16针起钩
16cm
(24行)

(1.75mm钩针)
花样B
全短针

花边
花样A

48cm

花样B
(帽子图解)

16针起钩
加针至第14圈
共24圈

符号说明：

2-1-3	行-针-次
+	短针
↑	长针
∞∞	锁针

花样A

作品56

【成品规格】帽围40cm，帽高19cm
【工　　具】1.75mm钩针
【材　　料】白色宝宝绒线用12g，浅紫色线40g

帽子制作说明：

1. 钩针编织法，浅紫色线与白色线搭配钩织。
2. 从帽顶起织，用紫色线打个圈后，钩3针锁针起高，钩第1圈长针，共15针，第2圈加针，加15针，共30针，依此方法加到第6圈，第7圈开始照第6圈针数钩织，共钩到11圈，第12圈换白色线改为钩织5针鱼鳞花针，钩5圈，最后1圈钩织1针放5针，最后1圈不要钩得过紧。详见花样图解。
3. 用白色线打圈钩织小花花心，完成后用浅紫色线从花心底部钩织立体小花花瓣，钩织方法见花样帽侧小花图解。在帽沿处缝实。

帽子
(1.75mm钩针)

15针起钩
19cm　　12cm
(17行)　　(11行)
花样
(浅紫色)
40cm
(36组)
白色线
7cm
(6行)
42cm
(36组)

帽侧小花

花样
(帽子图解)

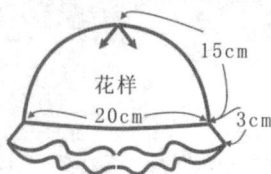

作品57

【成品规格】帽围40cm，帽高15cm
【工　　具】1.75mm钩针
【材　　料】宝宝绒线30g

帽子制作说明：

1. 钩针编织法，环形钩织而成。

2. 从帽顶起钩，打个圈起钩第1圈花样，为长针，共16针，第2层加针一倍，为32针，第3层仍为长针行，也加1倍针数，为48针，第4层起改钩织长针组花样，如花样所示，图中的数字表示层数，第4和第5层的长针组针数为2针，第6层的针数为3针，从第7层至第17层，均为针数4针的花样层，第18层钩织不含锁针的5针一组的长针花样，然后沿这行的边钩1圈5针网眼，然后在每个网眼里，钩织花样中的帽沿花边，每组花样逐渐扩展，将帽沿形成卷曲状，最后用浅黄色线钩织1圈短针锁边。

帽子
（1.75mm钩针）

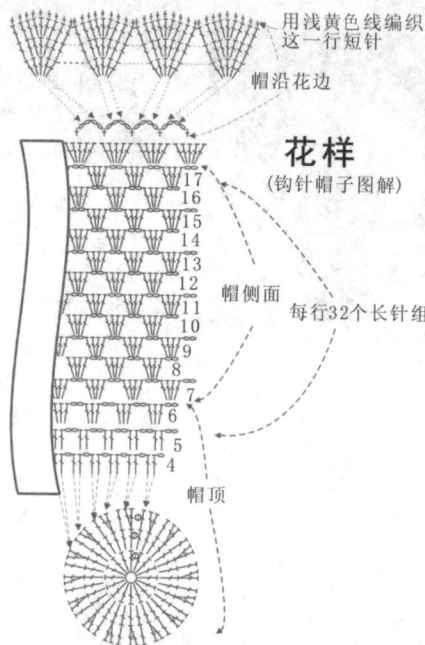

用浅黄色线编织这一行短针

帽沿花边

花样
（钩针帽子图解）

帽侧面　每行32个长针组

帽顶

符号说明：

符号	说明
冂	上针
口=冂	下针
冈	右上2针并1针
⊡	镂空针
2-1-3	行-针-次
+	短针
⊤	长针
∞	锁针

作品58

【成品规格】围巾长90cm，宽15cm；帽高22cm，帽围44cm
【工　　具】2.0mm可乐钩针
【材　　料】蓝色线150g左右，白色、天蓝色毛线各少许，眼珠2个

【编织要点】儿童帽子按照帽子的钩法，从头围起72针锁针，共钩12个花样15行高度，从起针处往下钩帽沿7行，在帽沿上绣图案。围巾先用蓝色线钩63行，再用白色线钩到第87行，第88行为蓝色，再钩1条鱼装饰在围巾白色部分，在鱼的下面绣出海浪，具体做法参照如下图解。

帽子的尺寸：

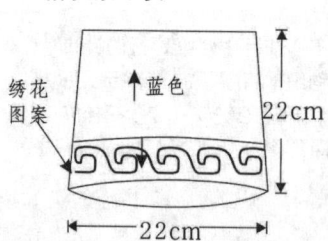

绣花图案

蓝色

22cm

22cm

帽子的钩法： 帽子需要12个花样,钩完后对折在帽顶用短针拼合。

蓝色

蓝色

→ 15

→ 5

→ 1

1个花样

帽沿的钩法

白色

→ 7

→ 1

1个花样

围巾的钩法： 宽度5个花样

→ 88蓝色

第64行到87行都为白色

→ 63

第1行到63行都为蓝色

→ 5

→ 1

6
1个花样

绣花图案 用蓝色线在帽沿上绣1圈

围巾的钩法： 宽度5个花样

鱼鳞

→ 15

→ 10

→ 5

→ 5

→ 1

→ 1

围巾的尺寸：

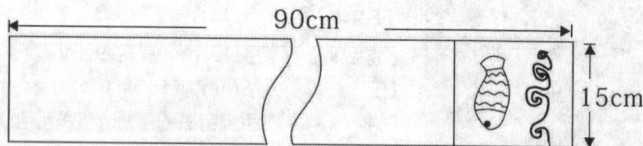

90cm

15cm

海浪　用蓝色线绣花

鱼的钩法：

第1步，鱼的头部是天蓝色。

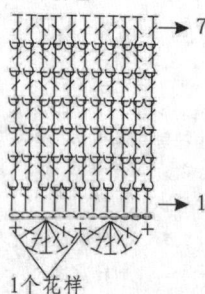

第2步，鱼腮是天蓝色，对折鱼的头部，在第7行挑针，钩左右鱼腮。

第3步，在鱼头的最后1行短针上钩鱼鳞，1行白色1行天蓝色。

第4步，鱼的尾巴是天蓝色。

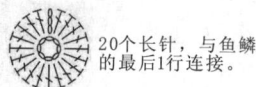

20个长针，与鱼鳞的最后1行连接。

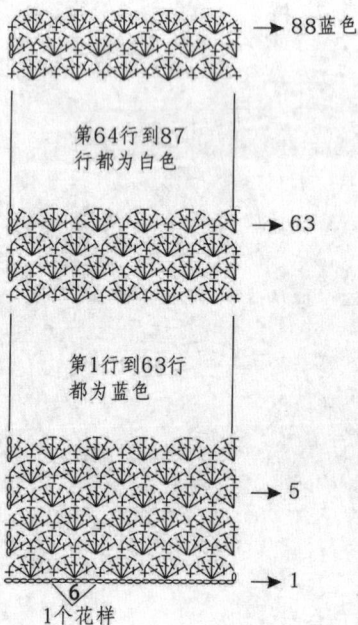

作品59

【成品规格】帽高17cm，帽围34cm
【工　　具】12号棒针，12号环形针，1.75mm钩针
【编织密度】26针×41行＝10cm²
【材　　料】宝宝绒线20g

帽子制作说明：
1. 棒针编织，圈织而成。
2. 从帽围起织，起102针织单罗纹针，织10行，织花样A，织30行后，将102针分成6份，每份17针，将第17、34、51……针用记号针作上记号，作为分散收针的位置。织38行后，将剩余的6针穿起来收拢系紧。钩织1朵立体小花，将其缝在帽上，图解见花样B，小花用黄色线钩织。

帽子
（12号棒针）

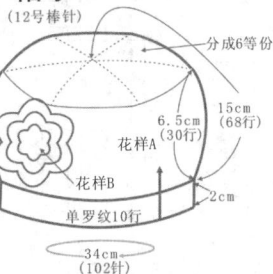

分成6等份
15cm
6.5cm（30行）
花样A
花样B
单罗纹10行
2cm
34cm
（102针）

花样A

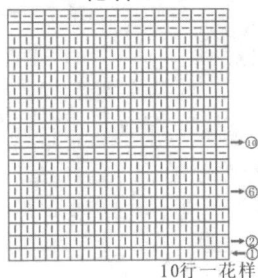

10行一花样

符号说明：

□	上针
□=□	下针
⊠	上针左上2针并1针
⊡	镂空针
	左3针并1针，在这1针上又放3针
	右上1针交叉
	左上1针交叉
2-1-3	行-针-次
+	短针
┼	长针
∞	锁针

花样B
（帽上小花图解）

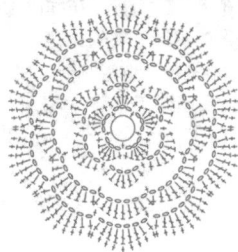

每一层花瓣的边缘用粉色线钩一行短针

作品60

【成品规格】帽高17cm，帽围46cm
【工　　具】1.75mm钩针
【材　　料】宝宝绒线20g

帽子制作说明：
1. 钩针编织法，环形钩织而成。
2. 从帽顶起钩，打个圈起钩第一圈花样，为长针，共12针，第2层加针1倍，为24针，第3层仍为长针行，也加1倍针数，为36针，第4层起改钩网眼花样，每层的网眼的锁针针数不同，第4行，每段锁针为3针，第5行，每段锁针为4针，第6行，每段锁针为5针，第7行，每段锁针为6针，第8行，每段锁针为7针，第9行，每段锁针为8针，从第9行起至第15行，都是钩织每段8针的锁针网眼，最后沿着边钩织1行短针加狗牙针。详细图解见花样A，钩织1朵立体小花，将其缝上近帽沿边的位置，图解见花样B。

帽子
（1.75mm钩针）

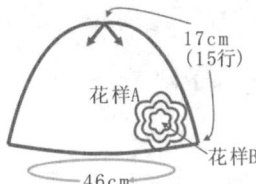

17cm（15行）
花样A
46cm
花样B

符号说明：

□	上针
□=□	下针
⊠	右上2针并1针
⊡	镂空针
	右上3针下针与左下3针下针交叉
2-1-3	行-针-次
+	短针
┼	长针
∞	锁针

花样B
（帽上小花图解）

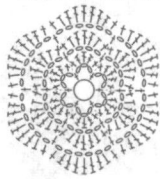

花样A
（帽子图解）

沿下面的辫子钩短针和狗牙针
从⑨～⑮行重复8针网眼花样

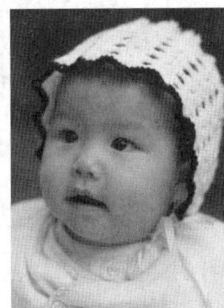

作品64

【成品规格】帽围28cm，帽高13cm
【工　　具】1.75mm钩针
【材　　料】宝宝绒线100g

帽子制作说明：
1. 钩针编织法，从帽顶起针，钩至帽沿结束。
2. 从帽顶起钩，打个圈起钩第1圈长针，第1层钩12针，第2层每1针钩出2针，共24针，第3层每间隔1针加钩1针，共36针，第4层每间隔2针加钩1针，共48针，第5层每间隔3针加钩1针，共60针，从第6层起开始钩织帽围。
3. 从第6层起，帽顶留出10针不钩，余下50针往返织花样A，共12组花样A，不加减针钩织12层，再沿帽沿及后侧缝钩1行扇形针，最后钩1行短针+狗牙针锁边。详细钩织图解见花样A。

帽子
（1.75mm钩针）

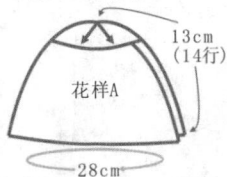

13cm（14行）
花样A
28cm

花样A
（帽子图解）

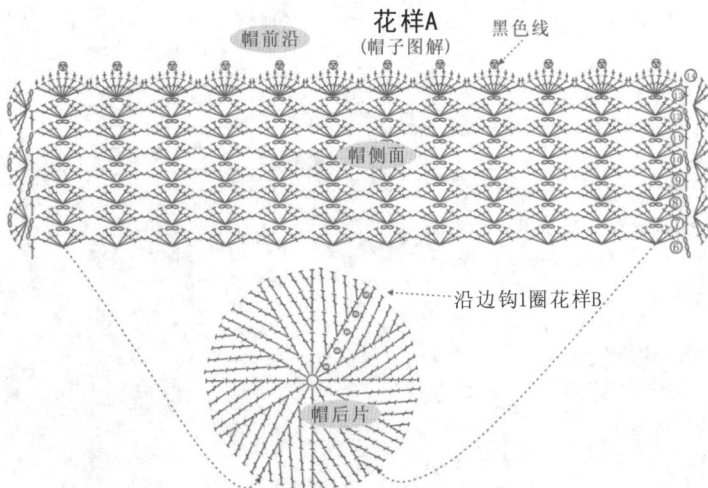

帽前沿
黑色线
帽侧面
沿边钩1圈花样B
帽后片

作品61

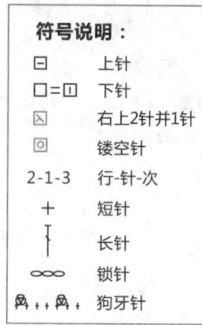

【成品规格】帽高18.5cm，帽围46cm
【工　　具】12号棒针，12号环形针
【编织密度】27针×39行=10cm²
【材　　料】宝宝绒线20g

帽子制作说明：

1. 棒针编织法，织1个帽子和制作1个小球系于帽顶。

2. 从帽沿起织，起120针，起织花样A中的起织花样，先织2行单罗纹，再织10行桂花针，然后按照花样B的方法编织带凸珠的下针花样，织30行，无加减针，完成30行后，将针数分成6等份进行减针编织，如花样A的位置进行减针，每2行减1次针，一圈共减少6针，然后织至帽顶余下24针，帽子减针部分不织凸珠花样，最后余下的24针继续编织，织至10行的高度，将这些针数一次性穿过收为1针。

3. 按照制作毛线球的方法，制作1个毛线球系于帽顶。

符号说明：

符号	说明
□	上针
□=□	下针
⊠	右上2针并1针
⊡	镂空针
2-1-3	行-针-次
╪	短针
┃	长针
∞	锁针
⌒⌒	狗牙针

帽子
（12号棒针）

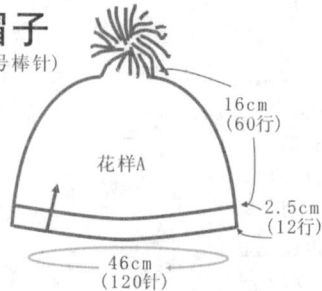

花样A
16cm（60行）
46cm（120针）
2.5cm（12行）

收为1针连接毛线球
4针

花样A
（帽子图解）
（共6等份）

花样B
凸珠织法
■ =

2针一花样
1等份

作品62

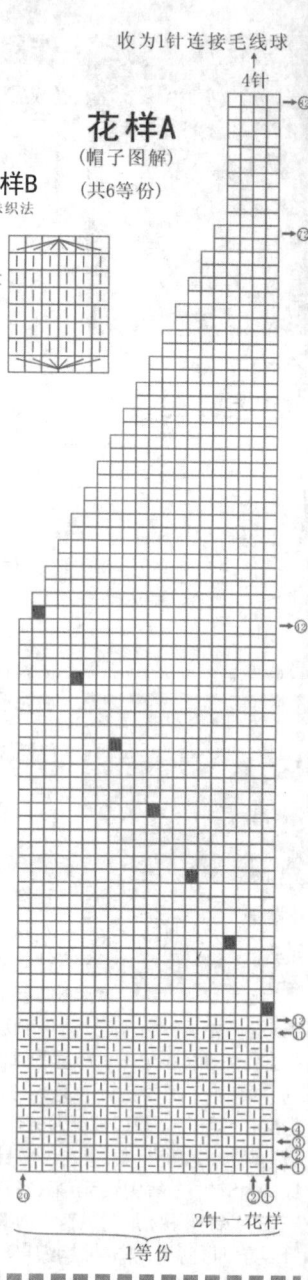

【成品规格】帽高14cm，帽围46cm
【工　　具】12号棒针，12号环形针
【编织密度】28针×42行=10cm²
【材　　料】宝宝绒线30g

帽子制作说明：

1. 棒针编织法与钩针编织法结合。

2. 从帽护耳起织，用粉色线起织，下针起针法，起8针下针，两侧同时加针编织，加针方法为2-1-10，将帽护耳织成22行高，加成28针的大小，然后，用同样的方法再织另一边护耳，然后两护耳之间，起36针，连接两护耳的一边，另一边也起36针下针与另一边护耳连接。然后往上环织，编织第1行上针，再织9行下针。这样10行作一个配色层，然后改用白色线编织10行，如图解A，依照图解的配色和针法往上编织。织成30行后，即织完第2层粉色线后，从下一行用白色线编织开始，将织片分成8等份进行减针，每等份减1针，一圈减完8针，依照花样B的减针顺序去编织，织至最后剩余8针，收为1针，将线藏于帽内。

3. 系带的编织，用钩针钩2段锁针辫子，共42针锁针，系于帽护耳下端，再按毛线球制作方法去制作2只小球。系于系带的尾端。这步全用粉色线制作。

4. 用粉色线制作1只小球，缝于帽顶。

花样A
（帽子图解）
（一共8等份）

■ 粉色线　□ 白色线

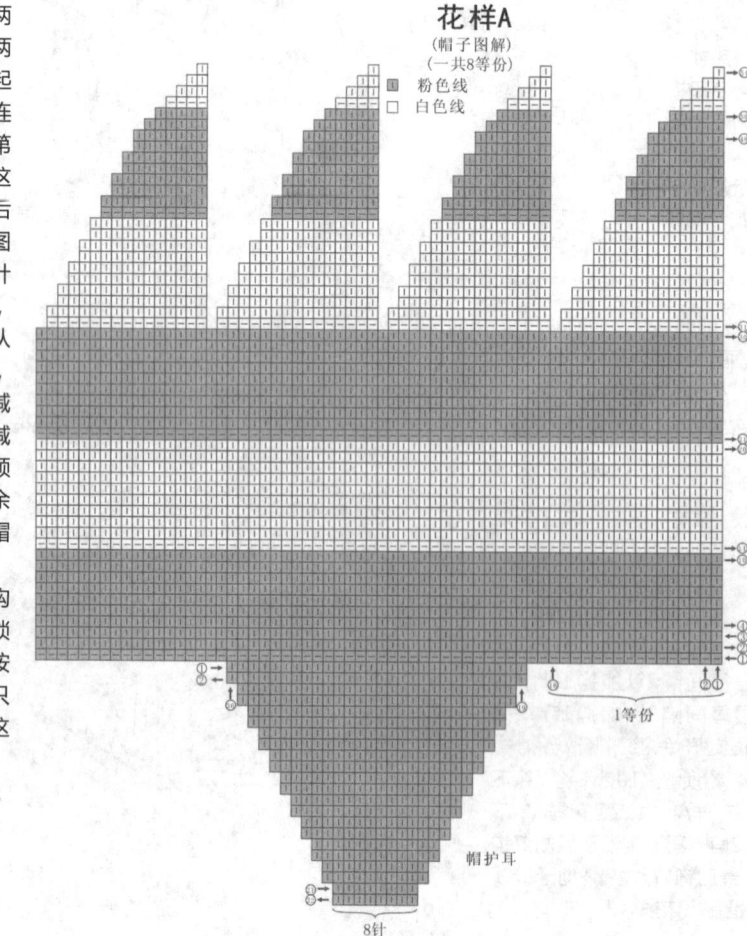

1等份

帽护耳
8针

帽子
（12号棒针）

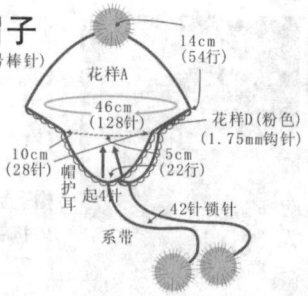

花样A
14cm（54行）
46cm（128针）
花样D（粉色）（1.75mm钩针）
10cm（28针）
帽护耳
起4针
2.5cm（22行）
42针锁针
系带

符号说明：

符号	说明
□	上针
□=□	下针
⊠	右上2针并1针
⊡	镂空针
2-1-3	行-针-次
╪	短针
┃	长针
∞	锁针

作品63

【成品规格】帽高15cm，帽围42cm

【工　具】12号棒针

【编织密度】30针×40行=10cm²

【材　料】黄色宝宝绒线50g

帽子制作说明：

1. 棒针编织法，环织。

2. 从帽沿起织，起128针，先织6行搓板针花样，再织3层凤尾花样，共18行，帽子一圈由7组花样A形成，完成帽沿花样编织后，共24行，从25行起，全改织下针，不加减针编织16行后，将针数分为8等份，每等份进行减1次针，每2行减1针，最后帽顶余下8针，将这8针并为1针打结。

3. 在帽顶装上1个小球装饰。

符号说明：

□	上针
□=□	下针
⊡	镂空针
⊠	右并针
⊿	左并针

2-1-3　行-针-次

装饰小球的制作方法：

小球的制作可用毛线球制作器制作，亦可用些简单的方法制作，用两片长方形硬纸板合并，在中间放一条长线，沿长边绕线，到适当厚度后，将纸中间的长线拉起打结，并在纸板的中间穿进剪刀去剪线团，全剪断线，取掉纸板，将毛线球胚形修整成球状。

帽子
(12号棒针)

15cm / 花样B 8层花样 / 3层凤尾花样(18行) / 6行搓板针 / 21cm / 1圈7组花样A(128针)

花样A

第4层花样 / 第3层花样 / 第2层花样 / 第1层花样 / 起始花样

前衣襟花样(搓板针) / 上衣下摆一个花样组

花样B（帽子图解）

一等份

作品65

【成品规格】帽高15cm，帽围44cm

【工　具】1.75mm钩针

【材　料】宝宝绒线50g

帽子制作说明：

1. 钩针编织法，绿色和白色搭配钩织，从帽顶起钩，钩帽体和两个护耳，制作3个绿色和白色混合的毛线球。

2. 用线打个圈，钩3针锁针起高，钩织第一圈长针，共20针，从第2行起，加针钩织，每圈加针方法见花样B，加针行钩至第6行，从第7行起，不再加针，照第11行的针数往下钩织，钩成11行，选取6个花样的宽度钩织护耳，两边减针，钩织3行的高度，断线，藏好线尾，在对应侧边，以同样的方法钩织另一只护耳。最后用白色线沿着帽子的边缘，钩织花样A花边.根据毛线球制作方法，用绿色线和白色线两色混杂，制作3个毛线球，1个系于帽顶，另两个分别用2段锁针辫子系于2只护耳下端。

帽子
(1.75mm钩针)

20针起钩 / 15cm(11行) / 花样B绿色 / 44cm / 花样A(白色) / 6cm / 4cm(3行) / 帽护耳 / 42针锁针 / 系带 / 白色线与绿色线做成的毛线球

花样B（帽子图解）

沿边用白色线钩花样E花边 / 护耳 / 帽体 / 护耳

作品66

【成品规格】帽高18cm，帽围42cm

【工　具】1.75mm钩针

【材　料】宝宝绒线20g

帽子制作说明：

1. 钩针编织法，环形钩织而成。

2. 从帽顶起钩，打个圈起钩第1圈花样，为长针，共12针，第2层加针1倍，为24针，第3层仍为长针行，也加1倍针数，为36针，第4层48针，第5层60针，第6层72针，从第7层起，改织花样A中的扇形花，每个7针，一圈钩成12个扇形花，然后第8层在2个扇形花之间插入针眼钩织，仍然是12个扇形花，如此重复钩织，将7针扇形花钩成7圈，帽子共13行，从第14行起，每个扇形花为8针，个数不变，再钩4行，帽体钩成。护耳是选取3个扇形花的宽度钩成，钩法见图解A。最后在2个护耳下端，钩织2段系带。

帽子
(1.75mm钩针)

18cm(14行) / 花样A / 42cm / 10cm(7行) / 8cm(7行)

一圈12个扇形花 / 帽顶 / 系带

符号说明：

□	上针
□=□	下针
⫞⫞⫞	右上3针下针与左下3针下针交叉

2-1-3　行-针-次

+	短针
╪	长针
∞∞	锁针

花样A

护耳 / 帽侧 / 1个扇形花

作品67

【成品规格】帽围46cm，帽高16cm
【工　　具】1.75mm钩针
【材　　料】宝宝绒线100g

符号说明：

2-1-3	行-针-次
+	短针
┃	长针
∞	锁针

花样C

小圆

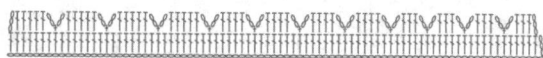

花样B

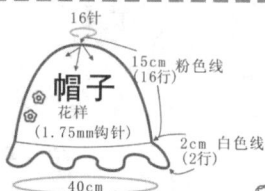

1圈共14组花样A

花样A

1组花样A

作品68(作品69略)

【成品规格】帽高15cm，帽围40cm
【工　　具】1.75mm钩针
【材　　料】宝宝绒线20g

帽子制作说明：

1. 钩针编织法，环钩。

2. 从帽顶起钩，起16针长针，从第2行起加针，每2行的针数为32针，第3行为48针，第4行为64针，第5行为80针，第6行为96针，第7行为112针，加至第7行止，第8行改织花样中的花样，不再加减针，照图中的图解钩织，钩至16行，然后改用白色线钩织帽沿花边。用粉色线钩织2朵小花别于帽侧面上，图解见小花图解。

16针

帽子
花样
(1.75mm钩针)

15cm 粉色线
(16行)

2cm 白色线
(2行)

40cm

符号说明：

□	上针
□=□	下针
⊠	右上2针并1针
⊡	镂空针
2-1-3	行-针-次
+	短针
┃	长针
∞	锁针
	右上2针与左下2针交叉
	右上3针下针与左下3针下针交叉
	左拉针（2针时）

花样
(钩针帽子图解)

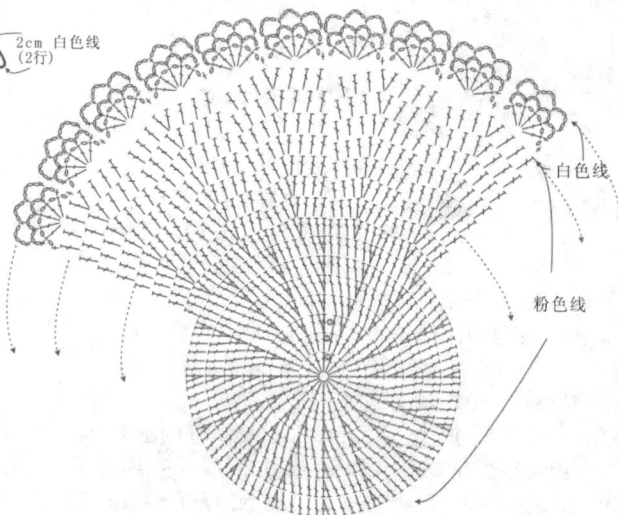

白色线

粉色线

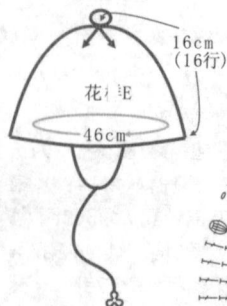

作品71

【成品规格】帽围46cm，帽高16cm
【工　　具】1.75mm钩针
【材　　料】宝宝绒线100g

帽子制作说明：

1. 钩针编织法，环形钩织而成。

2. 从帽顶起钩，打个圈起钩第1圈花样，为长针，共20针，第2层每隔1针加1针，为30针，从第3层起，将织片分为10等份。第3层每隔2针长针，钩1针锁针和1针枣形针，第4层每隔3针长针，钩1针枣形针和1针锁针，按如此方法钩成6层，第7层不加针，第8层每等份为6针长针，第9~11层不加针编织，帽顶及帽侧完成。详细图解见花样。

3. 钩织帽子护耳。取帽子的其中两个对称等份，分别钩织护耳，第12行为6针长针，中间夹1针枣形针和1针锁针，每钩1行，两侧各减1针，钩至16行，第17行全部收为1针，断线。用同样的方法钩织另一护耳。

4. 沿帽子及护耳边沿钩织1圈扇形针花边，沿护耳下端钩织1条系带及2朵小花。

5. 捆扎1个小球，缝合于帽顶。

帽子
(1.75mm钩针)

护耳

花样
(帽子图解)

16cm
(16行)

花样E

46cm

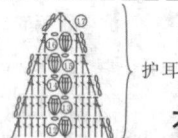

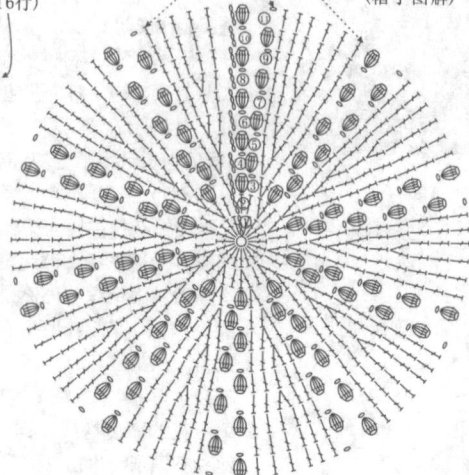

作品70

【成品规格】帽高21cm，帽宽19cm
【工　　具】2.0mm可乐钩针
【材　　料】紫色毛线100g左右，绿色、红色、白色毛线各少许

【编织要点】 儿童帽子按照帽子的钩法，首先起41针锁针，钩38行花样。接着对折拼合，然后钩2行花样可穿绑带，最后在帽沿钩1行短针。具体做法参照如下图解。

帽子的钩法：

把帽子钩完38行后对折用长针拼合，拼合后，第38行和第1行在同一直线，在这条直线上，首先钩1行短针，第2行钩1针长针1针锁针，依次重复。最后在帽沿钩1行短针。

绑带

对折线

帽子的钩法：

对折线
拼合线

19cm

帽子
尺寸

21cm

白色绑带1条，由锁针钩成，长约90cm

帽顶花的做法：

红色

绿色

起41针锁针

作品77

【成品规格】帽围42cm
【工　　具】1.75mm钩针
【材　　料】宝宝绒线80g

帽子制作说明：

1. 钩针编织法，用蓝色线钩织，白色线钩边装饰。
2. 从帽顶起织，打个圈后，钩3针锁针起高，钩第1圈长针，共16针，第2圈加针，加16针，共32针，第3圈花样加针，改钩1针放2针，长针外加钩2针锁针，共16组，第4圈变为1束放3针，外加钩2针锁针，共16组，第5圈变为1束放4针，外加钩2针锁针，共16组，不加减针，钩到第12行，第13行，改钩短针装饰边，每组花样两侧各加1针，共128针，用同样方法加钩2行，再不加减针钩织2行，至此共15行，256针，这样自然形成荷叶边。最后1圈换白色线钩织装饰边。加针方法见花样帽子图解。
3. 在帽沿变换花样处穿入丝带。

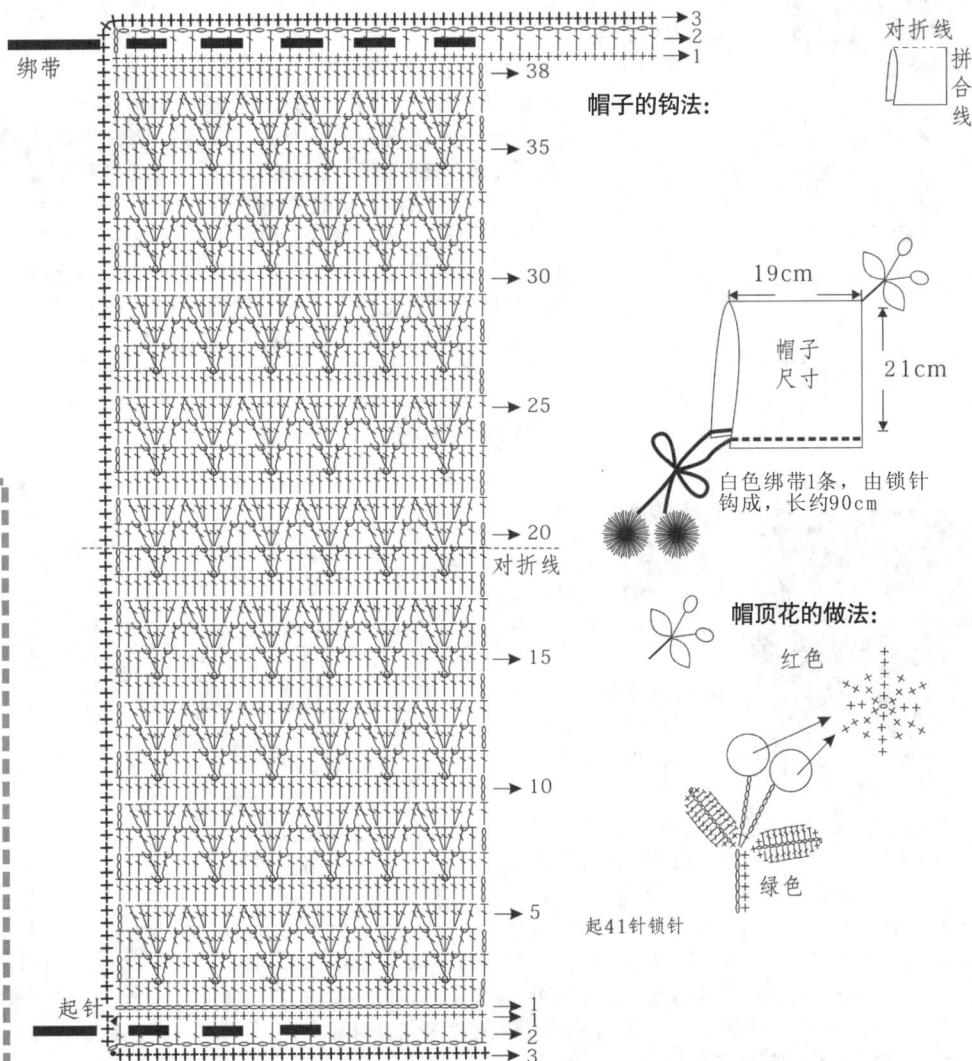

帽子
(1.75mm钩针)

12针起钩

花样

穿入丝带

11cm
(10行)

2cm
(5行)

42cm
(16组)

160cm
(256针)

沿边用白色线钩一圈短针装饰边

小花图解

最外层短针用蓝色线钩
第1层用白色线钩

最外层短针用白色线钩

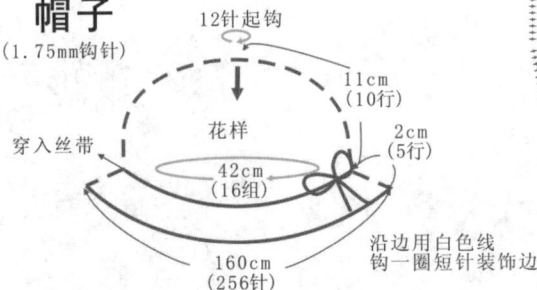

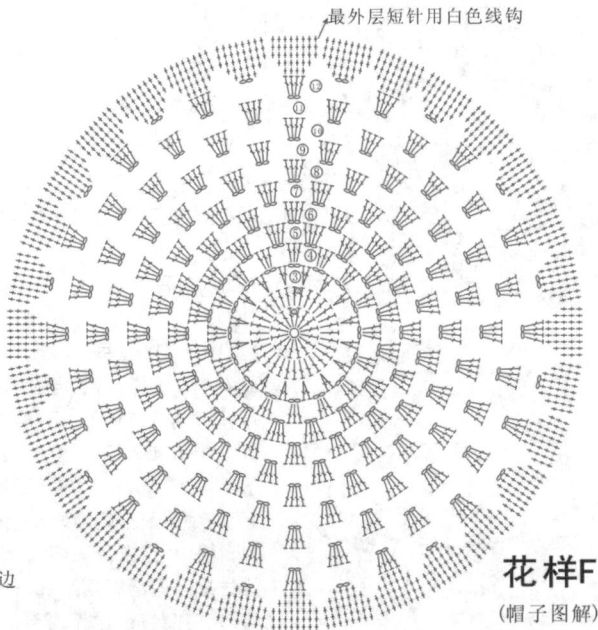

花样F
(帽子图解)

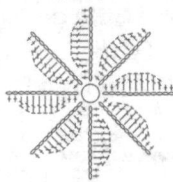

作品72

【成品规格】帽围46cm，帽高14cm
【工　　具】1.75mm钩针
【材　　料】宝宝绒线100g

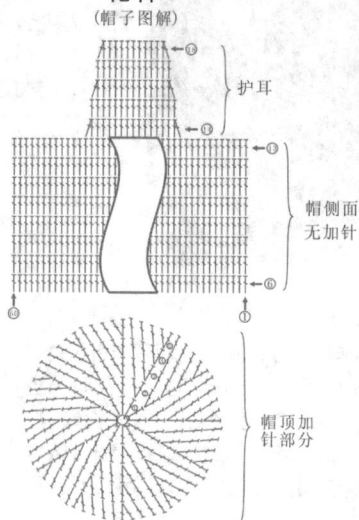

花样B

花样A
（帽子图解）

护耳

帽侧面
无加针

帽顶加
针部分

帽子制作说明：

1. 钩针编织法，用绿色线与红色线搭配钩织。
2. 从帽顶起织，用红色线起织，打个圈后，钩3针锁针起高，钩第1圈长针，共12针，从第2圈起加针，加12针，共24针，加针行加至第5圈，见花样A图解，钩至第5圈时，一圈的针数为60针，以下不再加针，照60针的针数往下钩织至13圈，然后选取17针长针的针数，继续钩织护耳，共钩织5行，两边有减针，减针方法见花样A图解，最后减剩11针。在这护耳的对称另一帽子边，同样选取17针的针数钩织另一只护耳。最后沿着帽子边缘，钩织1圈狗牙拉锁边。
3. 系带的编织，用钩针钩2段锁针辫子，共42针锁针，20cm长，系于帽护耳下端。
4. 帽顶用绿色线钩织1个叶子花样，图解见花样B。

12针起钩

帽子
（1.75mm钩针）

花样A

14cm
（13行）

46cm
（72针）

10cm
（17针）

6.5cm
（5行）

帽
护耳

42针锁针（20cm）

系带

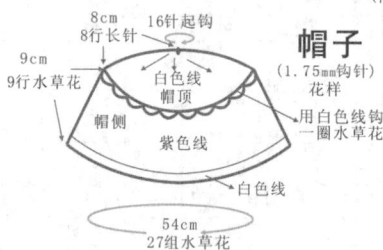

作品74

【成品规格】帽高9cm，帽围54cm
【工　　具】1.75mm钩针
【材　　料】宝宝绒线50g

帽子制作说明：

1. 钩针编织法，从帽顶起钩，用紫色线与白色线搭配钩织。

2. 先钩织帽顶，用白色线钩织，用线打个圈，钩3针锁针起高，钩织第1圈长针，共16针，从第2行起，加针钩织，每圈加针方法见花样，加针行钩至第8行，完成帽顶钩织，断线，藏好线尾。

3. 帽侧改用紫色线钩织，钩织水草花，在帽顶的边缘，挑针起钩27组水草花，共钩织8行，断线，藏好线尾，最后第9行改用白色线钩织，仍是钩织水草花，完成后，断线，藏好线尾，再用白色线，沿着帽顶与帽侧连接线，钩织1行水草花。最后用白色线，参照帽侧小花的图解，钩织1朵花，别于帽侧下边缘。

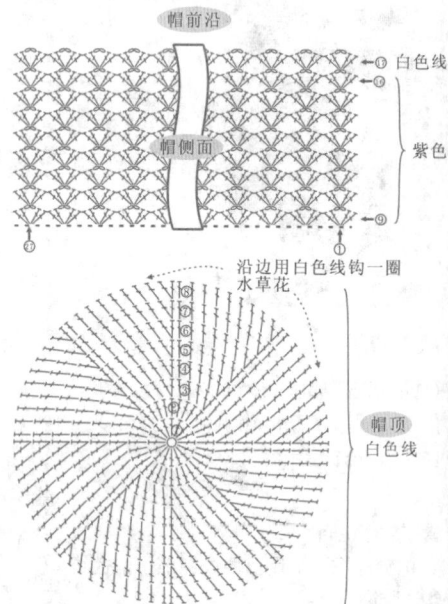

花样
（帽子图解）

帽前沿

白色线

帽侧面

紫色

8cm
16针起钩
8行长针

9cm
9行水草花

白色线
帽顶

帽侧

紫色线

白色线

54cm
27组水草花

沿边用白色线钩一圈
水草花

帽侧小花

帽顶
白色线

帽子
（1.75mm钩针）
花样

用白色线钩
一圈水草花

作品75

【成品规格】帽高16cm，帽围48cm
【工　　具】1.75mm钩针
【材　　料】白色宝宝绒线50g

帽子制作说明：

1. 钩针编织法，从帽顶起钩，帽体全由短针钩成。

2. 用线打个圈，起高1针锁针，钩织第1圈短针，共16针，从第2行起，加针钩织，每圈加针方法见花样，加针行钩至第16行，从第17行起，不再加针，照第16行的针数往下钩织，钩成36行，从第37行起，参照花样的帽沿花边钩织3行花样，完成后，断线，藏好线尾。沿着帽顶第16行的边缘，挑针钩织1圈狗牙针。

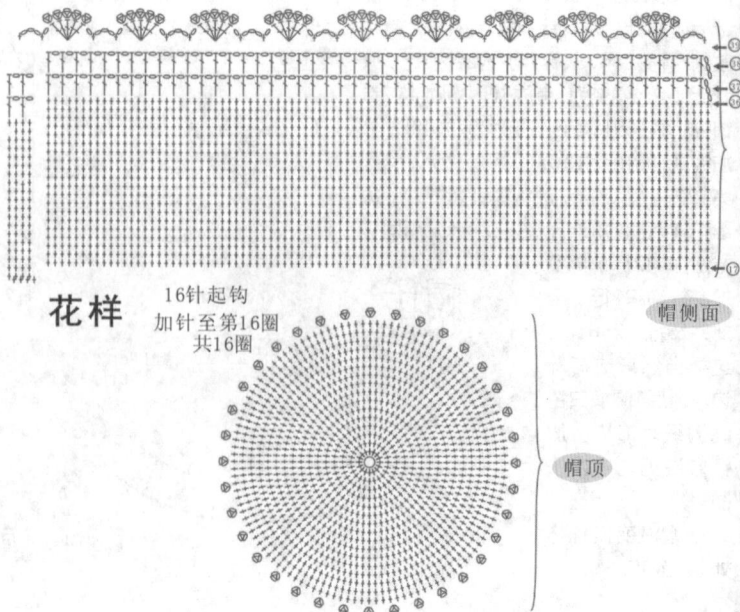

（帽子图解）

帽侧面

花样

16针起钩
加针至第16圈
共16圈

帽顶

16针起钩

16行

16cm

帽顶

20行

3行

帽子 帽侧面
（1.75mm钩针）
花样

48cm

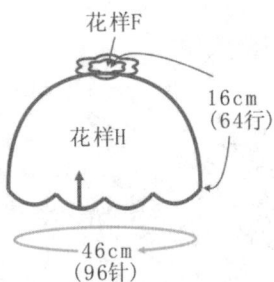

作品73

【成品规格】帽高16cm，帽围46cm

【工　　具】1.75mm钩针，12号棒针

【材　　料】宝宝绒线70g

帽子制作说明：

1. 棒针编织法与钩针编织法结合。

2. 从帽沿起织，下针起针法，起96针下针，将之分配成8组花样A与花样B的组合，共织成24行后，再织一层花样C，共8行，然后全织下针，织10行下针后，将帽子针数分成8等份进行减针，每1等份减1针，一圈减少8针，每2行减1次针，织至最后剩余8针，将之收紧为1针，将线藏于帽内。

3. 帽顶钩1朵小花装饰，图解见花样F。

符号说明：

符号	说明
□	上针
□=回	下针
⊠	右上2针并1针
⊡	镂空针
凸	3针并1针
2-1-3	行-针-次
┼	短针
┃	长针
∞	锁针

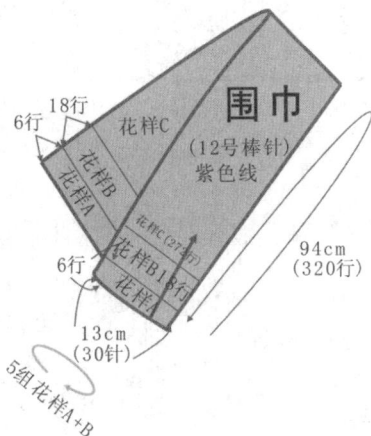

围巾
（12号棒针）
紫色线

花样C
18行
6行
花样B
花样A
花样C(272行)
6行
花样B18行
花样A6行
94cm（320行）
13cm（30针）
5组花样A+B

帽子

（12号棒针）
（1.75mm钩针）

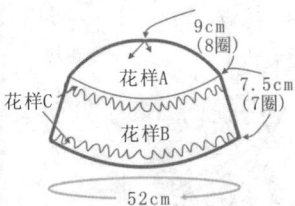

花样F
16cm（64行）
花样H
46cm（96针）

花样H
（帽子图解）
（共织8等份）

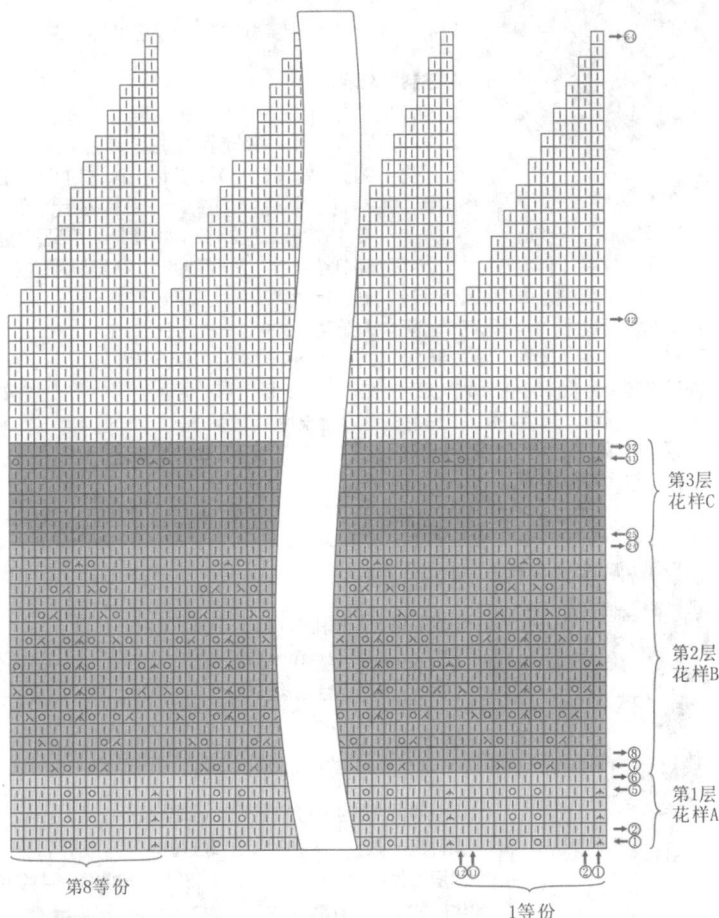

第3层花样C
第2层花样B
第1层花样A
第8等份
1等份

围巾制作说明：

1. 棒针编织法，环织成双层围巾。围巾全用浅紫色线编织。

2. 下针起针法，起60针编织，将60针分配成5组花样A与花样B组合，只织一层，共24行，然后全织花样C和花样D组合，共织272行，然后围巾尾端先织花样B，共18行，再织花样A，共6行，形成围巾首尾的对称性。收针断线。

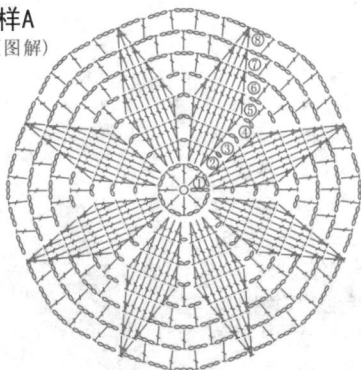

作品76

【成品规格】帽高16.5cm，帽围52cm

【工　　具】12号棒针，12号环形针，1.75mm钩针

【材　　料】宝宝绒线50g

帽子制作说明：

1. 钩针编织法，环形钩织而成。

2. 从帽顶起钩，打个圈起钩第1圈花样，起钩花样A中的第1圈花样，然后按照花样B图解一圈一圈进行钩织，共钩成8圈的帽顶，而从第9行起，依照花样B去钩织，每1圈无加减针，第9行的钩织尽量钩成与帽顶成90°角的方向。然后不加减往下钩织至15行。在第9行和第15行的表面上，钩织花样C中的b花样，锁针网眼，然后在第2行上，沿着锁针网眼钩织长针，用黄色线钩织，长针的针数尽量紧密点，使花边形成较卷曲的形状，钩成一行后，再用白色线钩短针锁边。

花样A
（帽顶图解）

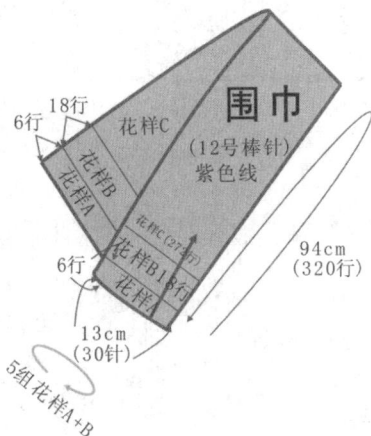

帽子（1.75mm钩针）

9cm（8圈）
花样A
7.5cm（7圈）
花样C
花样B
52cm

花样B
（帽侧面图解）

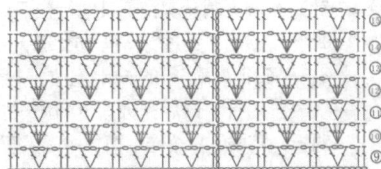

花样C
（帽花边图解）

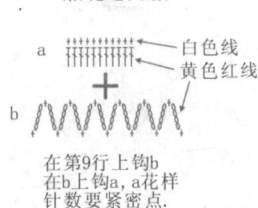

a ← 白色线
← 黄色红线
b

在第9行上钩b
在b上钩a，a花样针数要紧密点.

作品78

【成品规格】帽围46cm，帽高15cm

【工　　具】1.75mm钩针

【材　　料】紫色宝宝绒线110g，白色线少许

帽子制作说明：

1. 钩针编织法，用紫色线与白色线搭配钩织。

2. 从帽顶起织，用紫色线起织，打个圈后，钩3针锁针起高，钩第1圈长针，共12针，第2圈加针，加12针，共24针，第3圈不加针，依然钩24针，但每行长针间加钩1个锁针，第4圈加针，1针放2针，加24针，共48针，第5圈不加针，还是48针，但要在1针放2针间加钩1个锁针，第6圈加针，在第5圈的锁针中1针放3针钩织，中间加1个锁针，加24针，共72针，第7圈不加针，照第6圈，编织见花样图解，钩至第8圈时，一圈的针数为72针，以下不再加针，照72针的针数往下钩织至14圈，第15圈改钩15个锁针，第16圈在15个锁针中放出12针长针，形成荷叶边帽沿，收针断线。最后1圈，换白色线起钩1圈短针钩边装饰。

3. 系带的编织，用钩针钩锁针辫子，共120针锁针，58cm长，穿于帽沿与帽身连接处。

花样
(帽子图解)

用白色线
帽沿

帽侧面

帽顶加针

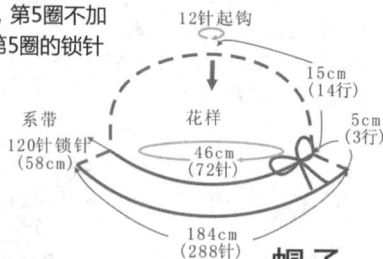

12针起钩

系带
120针锁针
(58cm)

花样

15cm
(14行)

5cm
(3行)

46cm
(72针)

184cm
(288针)

帽子
(1.75mm钩针)

作品79

【成品规格】帽围46cm，帽高17cm

【工　　具】1.75mm钩针

【材　　料】宝宝绒线100g

帽子制作说明：

1. 钩针编织法，环形钩织而成。

2. 从帽顶起钩，打个圈起钩第1圈长针，第1层钩12针，第2层每1针钩出2针，共24针，第3层每间隔1针加钩1针，共36针，第4层每间隔2针加钩1针，共48针，如此帽顶共钩成6层，共72针，详细图见花样B。从第7层起开始钩织帽侧。

3. 帽侧钩织10行长针。完成后开始钩织帽沿。

4. 帽沿先钩织2行长针，第19行1针钩成2针，第20行也是1针钩成2针，详细图解见花样A。

5. 另起线沿帽侧边沿钩织2层花样b，1圈共18组花样，详细图解见花样B。

帽子
(1.75mm钩针)

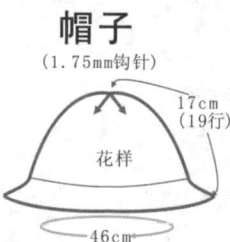

17cm
(19行)

花样

46cm

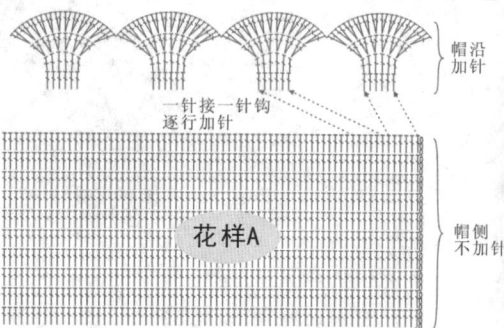

帽沿加针

一针接一针钩
逐行加针

花样A

帽侧不加针

帽顶加针

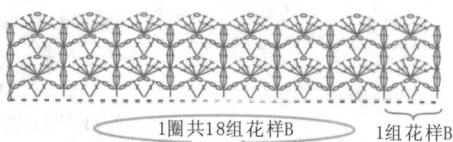

花样B
帽子白色花边图解

1圈共18组花样B

1组花样B

作品80

【成品规格】帽高19cm，帽围50cm

【工　　具】1.75mm钩针

【材　　料】宝宝绒线50g，粉色线20g

帽子制作说明：

1. 钩针编织法，从帽顶起钩，用白色线与粉色线搭配钩织，帽顶制作一段流苏，用粉色线制作。

2. 用线打个圈，起钩3针锁针，钩织第一圈长针，共12针，从第2行起，加针钩织，每圈加针方法见花样，加针行钩至第7行，从第8行起，不再加针，照第7行的针数往下钩织，钩成9行，从第10行起，将帽子分成10等份减针，减针方法见花样，第10行减一次针，第13行减一次针，其他行数不减针，长针行共钩成13行，最后改钩短针，稍微收缩，共钩织4行短针。

3. 在第3行、第6行的长针行上端，用粉色线沿边挑针钩织一圈短针。最后剪数段20cm长的粉色毛线，从中间对折，将中间打个结，再将中间系于帽顶，形成流苏。

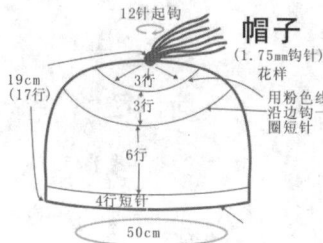

12针起钩

帽子
(1.75mm钩针)
花样
用粉色线
沿边钩
一圈短针

19cm
(17行)

3杼

3行

6行

4行短针

50cm

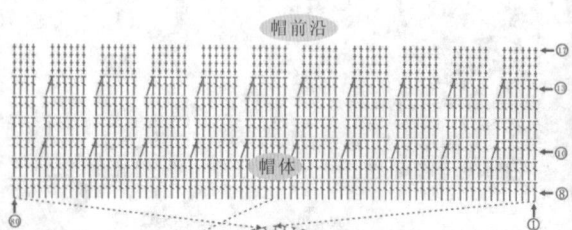

花样
(帽子图解)

帽前沿

帽体

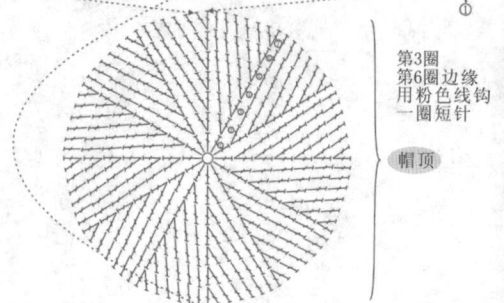

第3圈
第6圈边缘
用粉色线钩
一圈短针

帽顶

作品81

【成品规格】帽高19cm，帽围52cm
【工　　具】1.75mm钩针
【材　　料】宝宝绒线50g

帽子制作说明

1. 钩针编织法，用浅蓝色线和白色线搭配钩织。
2. 从帽顶起钩，10针长针起钩，用浅蓝色线钩织，从第2行起加针，加10针编织，加针行钩织至第8行。从第9行起不再加针，钩织16行，第17行改用白色线钩织，第18行，用浅蓝色线，第19行用白色线，第20行用浅蓝色线，最后用白色线钩1行短针锁边。

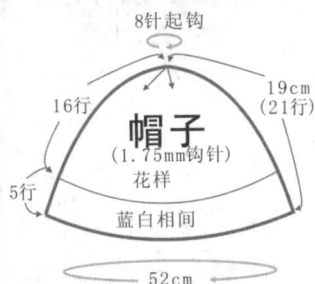

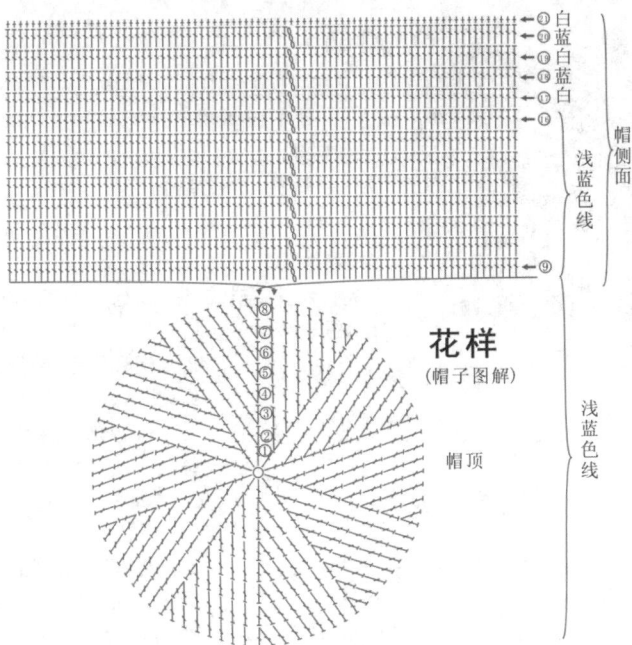

8针起钩

19cm
(21行)

16行

帽子
(1.75mm钩针)
花样

5行

蓝白相间

52cm

符号说明：
+ 短针
↑ 长针
∞ 锁针

花样
(帽子图解)

帽侧面

白
蓝
白
蓝
白

浅蓝色线

浅蓝色线

帽顶

作品83 (作品84略)

【成品规格】帽围44cm，帽高19cm
【工　　具】1.75mm钩针
【材　　料】宝宝绒线100g，白色装饰30g

帽子制作说明：

1. 钩针编织法，红色线与白色线搭配钩织。
2. 从帽顶起织，用红色线打个圈后，钩3针锁针起高，钩第1圈长针，共12针，第2圈加针，加12针，共24针，依此方法共加针到第8圈，共加84针，从第9圈开始变换花样钩织，共32组，钩织花样详见花样A帽子图解，共钩18圈，第19圈钩织1圈短针，第20圈换白色线钩织花边。
3. 用红色线打圈钩织六角单元花，单元花钩法详见花样B大单元花图解。完成后在帽顶沿各角固定。用白色线沿帽身从帽沿处隔8组花样，挑钩1行花样C花边向帽顶方向钩织，共挑钩5行。

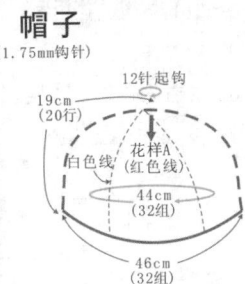

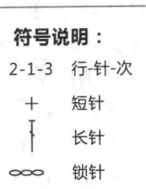

帽子
(1.75mm钩针)

12针起钩

19cm
(20行)

白色线

花样A
(红色线)

44cm
(32组)

46cm
(32组)

花样A
(帽子图解)

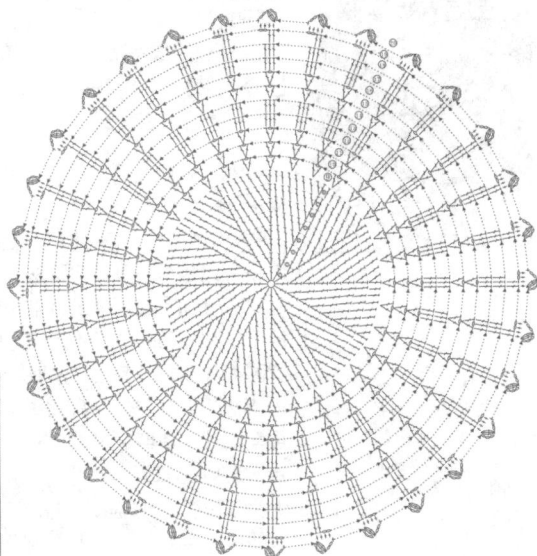

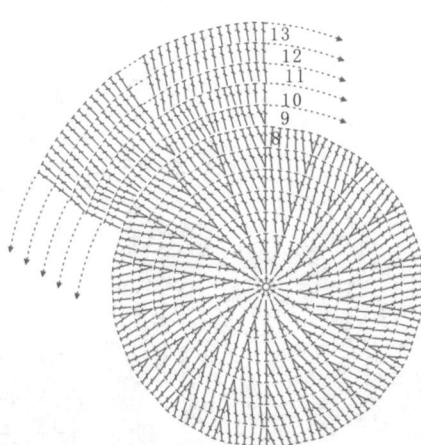

花样B
(大单元花)
(帽顶、上衣、裤子)

符号说明：
2-1-3　行-针-次
+ 短针
↑ 长针
∞ 锁针

作品85

【成品规格】帽高14cm，帽围40cm
【工　　具】1.75mm钩针，12号棒针
【材　　料】宝宝绒线30g

帽子制作说明：

1. 棒针编织法与钩针编织法结合，帽顶用钩针编织法，帽沿用棒针编织法。
2. 从帽顶起钩，起9针短针，打成圈后，起钩1圈长针，共18针，然后从第2行起加针钩织，第2行加18针，共36针，此后每行都加18针，加至第9行，从第10行起不再加减针，照第9行的针数直接钩织，将帽子钩成13行的高度。
3. 帽沿用棒针编织法，横向编织，单罗纹起针法，起10针，织花样B单罗纹花样，共织168行的高度，织40cm长，将首尾拼接一起，然后将其一边与帽顶拼接，连接处用白色线钩织1行狗牙针。

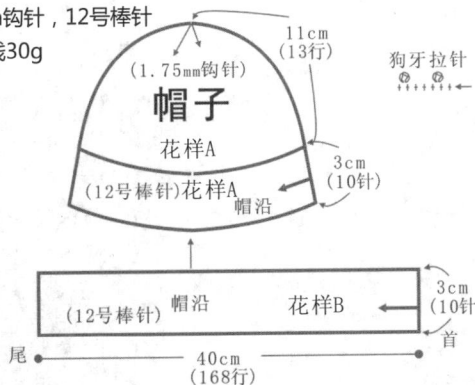

帽子
(1.75mm钩针)

11cm
(13行)

花样A

(12号棒针)花样A

帽沿

3cm
(10针)

狗牙拉针

尾

(12号棒针) 帽沿　花样B

首

3cm
(10针)

40cm
(168行)

花样A
(帽子图解)

13
12
11
10
9
8

作品82

【成品规格】帽高21cm，帽围42cm
【工　　具】12号棒针，12号环形针，1.75mm钩针
【编织密度】23针×39行=10cm²
【材　　料】宝宝绒线30g

帽子制作说明

1. 钩针编织法与棒针编织法结合，帽沿花边用钩针编织法，帽体用棒针编织法。

2. 从帽沿起织，单罗纹起针法，起96针编织，先织花样A单罗纹花样，共织6行，然后全改成织下针，见花样C，将下针织至46行时，将96针分成6等份减针编织，每2行减1次针，一圈共减少6针，重复减针编织，织至最后剩下6针时，将这6针一次性收为1针，将线藏于帽内。

3. 沿着单罗纹花样上端边缘，用钩针沿边钩织一圈花边，图解见花样B，花边上面，再用毛线刺绣针法，绣出14朵小花。

花样B

花样A（单罗纹）

2针一花样

帽子

6针
19.5cm（76行）
花样C（12号棒针）下针
花样B（1.75mm钩针）
花样A
1.5cm（6行）
42cm（96针）

花样C

（帽子图解）（共6等份）

1等份

符号说明：

□ 上针
□=□ 下针
⊠ 右上2针并1针
回 镂空针
2-1-3 行-针-次
十 短针
│ 长针
∞∞ 锁针
▨ 粉色线
□ 白色线

作品86

【成品规格】帽高15.5cm，帽围43cm
【工　　具】12号棒针，12号环形针，1.75mm钩针
【编织密度】23针×39行=10cm²
【材　　料】宝宝绒线30g

帽子制作说明：

1. 棒针编织法，用白色线与粉色线搭配编织。

2. 从帽沿起织，下针起针法，用白色线编织，起120针下针，然后织花样A搓板针，共织6行，然后改用粉色线编织，织下针，不加减针织44行后，花样图解见花样B，然后将全织片分成8等份，见花样B，花样B为1等份，每等份的减针方法是花样B的重复减针，依照花样B减针编织后，帽顶余下40针，紧缩收为1圈。

3. 用双股线，共6股，用打麻花辫的方法去制作一段系带，共制作12cm长，然后剪一扎约8cm长的线段，从中间对折，用一条线将对折后的中间打个结，再将这线团系于系带上。

帽子

12cm长
15.5cm（62行）
花样A(12号棒针)粉色线
花样B6行 白色线
43cm（120针）

花样A（搓板针）

2行一花样

花样B

（帽子花样图解）（一个帽子8等份）

1等份
剩余5针

2层减针
2层无减针
1层无减针

符号说明：

□ 上针
□=□ 下针
2-1-3 行-针-次
十 短针
│ 长针
∞∞ 锁针
▨ 3针并成1针
⊠ 向左并1针
⊠ 向右并1针
左上2针与右下2针交叉
左上3针与右下3针交叉
左上4针与右下4针交叉

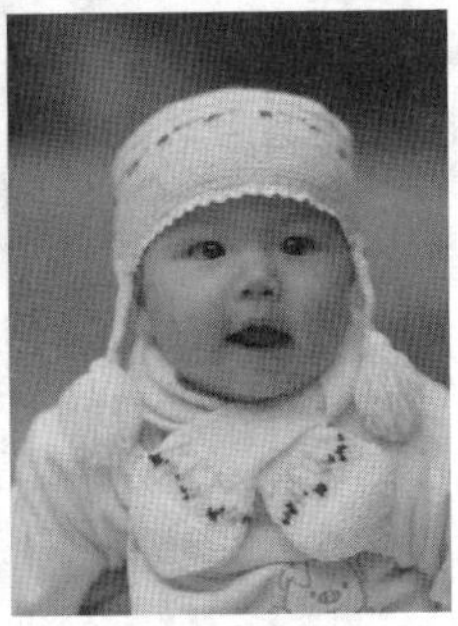

作品87

【成品规格】帽高16cm，帽围44cm；围巾长63cm，宽11cm

【工　　具】12号棒针，12号环形针

【编织密度】33针×40行=10cm²

【材　　料】白色宝宝绒线60g

棒针帽子制作说明：

1. 棒针编织法。
2. 从帽沿起织，下针起针法，起144针，首尾闭合后，起织花样A，共织20行，然后改织下针，用白色线编织4行下针，第5~8行织配色花样，图解见花样B中第2层花样，然后再织4行下针，然后改织花样A，并将针数分成8等份减针，每等份18针，每2行减1次针，一圈共减少8针，织至最后剩余8针，收为1针，将线藏于帽内。
3. 帽沿两端各制作两段辫子，用扎麻花辫的方法，用双股线绞麻花，共制作5cm长。
4. 流苏的制法：剪一扎线，在中间对折后，将中间的线打个结即可，再将流苏系在麻花辫子尾端。

围巾制作说明：

1. 棒针编织法，片织，织法两端对称，即一端加针织，另一端减针织。
2. 1针单罗针起织，两侧同时加针，行行加针，图解见花样C，如图织成32行后，改织花样D单罗纹针，无加减针，共织22行，然后两端同时加针织，每2行加1针，共加5次，织成10行，然后就不加减针织花样A，共织124行，约31cm的长度，然后就是对称的减针织法，先是织片两侧同时减针织，每2行减1次针，共减5次，共织成10行，然后织花样D单罗纹针，织成22行后，暂停这片的编织，回到单罗纹起织处，用2根棒针挑针再织相同的一片单罗纹织片，织成22行后，将2片并为1片编织，先是织花样C中的配色图案，再按花样C的减针方法减针织至最后剩下1针。

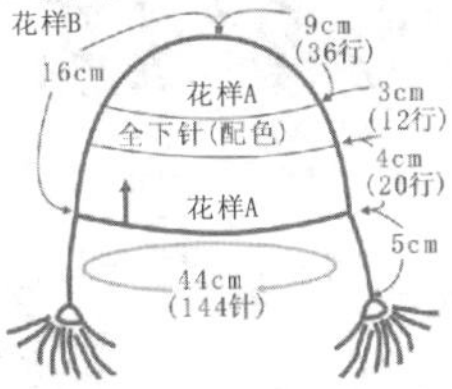

帽子

(12号棒针)
花样B
9cm
(36行)
16cm
花样A
3cm
(12行)
全下针(配色)
4cm
(20行)
花样A
5cm
44cm
(144针)

符号说明：

⊟　上针

□=⏐　下针

右上3针与左下3针交叉

2-1-3　行-针-次

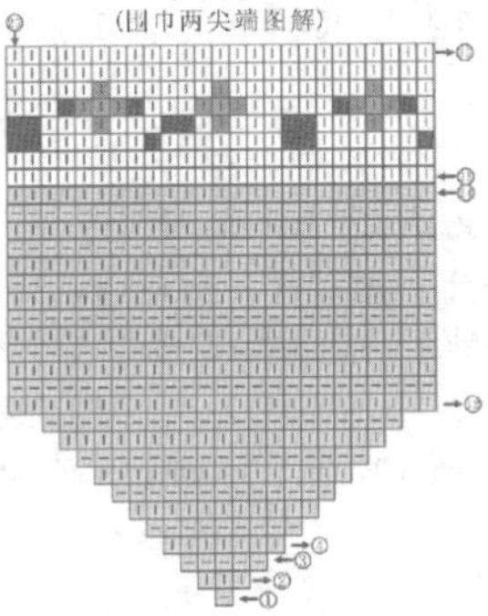

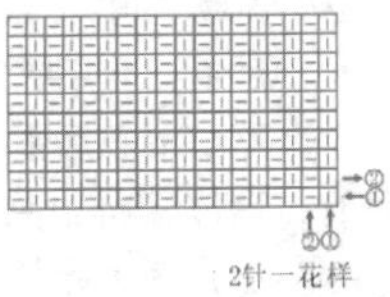

花样C
(围巾两尖端图解)

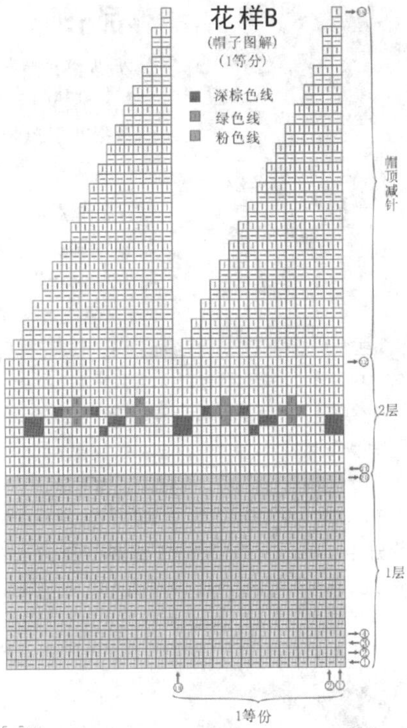

花样B
(帽子图解)
(1等分)
深棕色线
绿色线
粉色线
帽顶减针
2层
1层
1等份

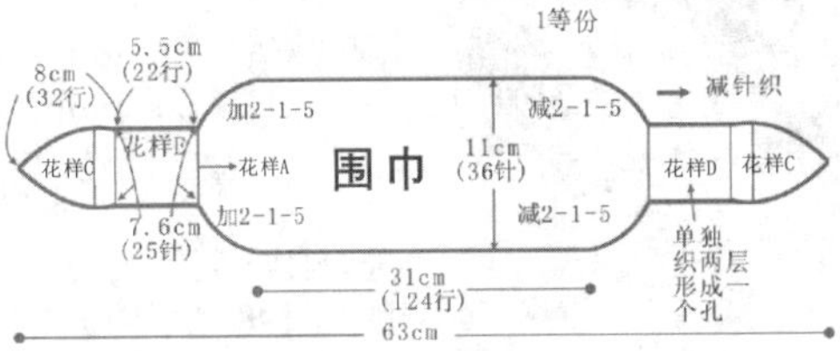

8cm
(32行)
5.5cm
(22行)
加2-1-5
减2-1-5
减针织
花样C
花样D
花样A
围巾
11cm
(36针)
花样D
花样C
7.6cm
(25针)
加2-1-5
减2-1-5
单独织两层形成一个孔
31cm
(124行)
63cm

花样D(单罗纹)
2针一花样

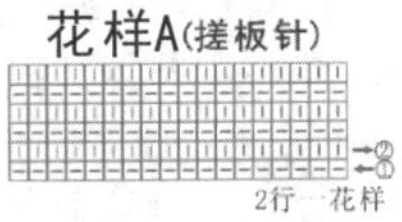

花样A(搓板针)
2行一花样

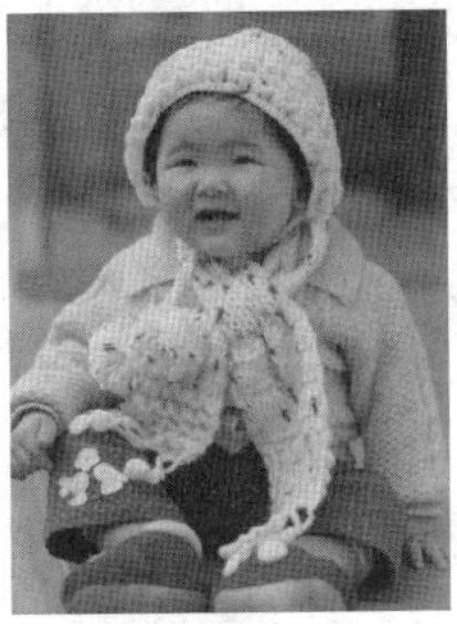

作品88

【成品规格】帽长18cm，帽宽21cm；围巾长100cm，宽15cm

【工　　具】2.0mm可乐钩针

【材　　料】段染毛线150g左右，白色毛线少许

【编织要点】儿童帽子按照帽子的钩法，首先钩5行长的针，钩成完整的圆，接着钩不完整的圆到第13行，最后在缺口3行钩花边。围巾按照围巾的钩法，在头尾钩流苏，具体做法参照如下图解。

帽子尺寸

18cm
缺口
10cm
21cm

帽子的钩法：

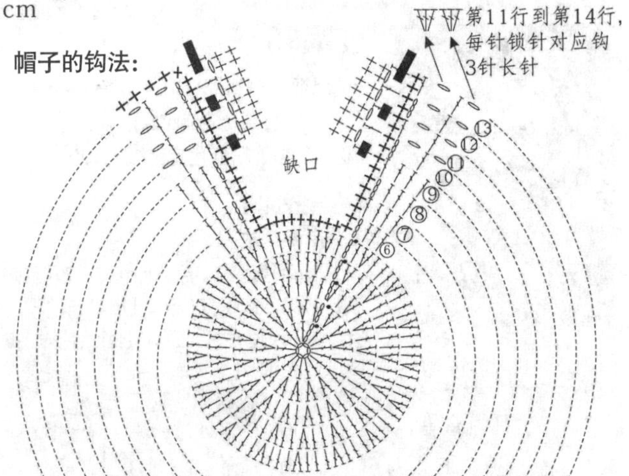

第11行到第14行，每针锁针对应钩3针长针
缺口

围巾的尺寸：

100cm
15cm

围巾的钩法：

51
22
第18到22行为双层长针
17
5
第1行到第4行，每针锁针对应钩3针长针
1 起20针锁针

第56行到第60行，每针锁针对应钩3针长针
60
56
52

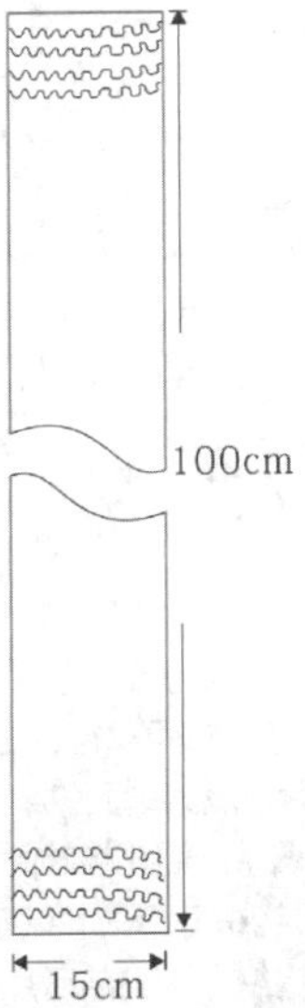

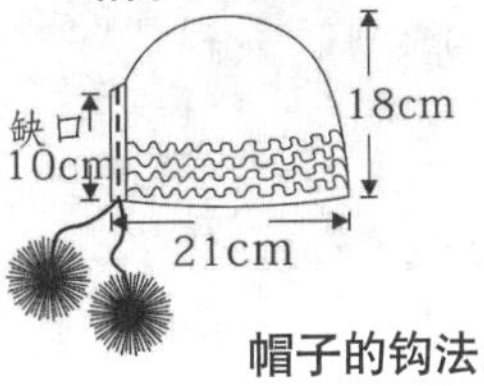

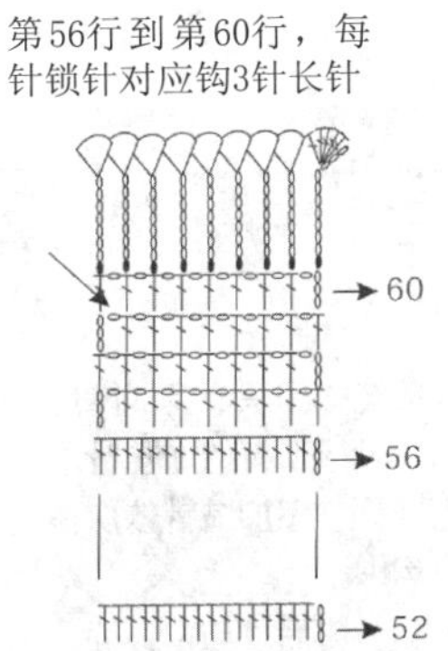

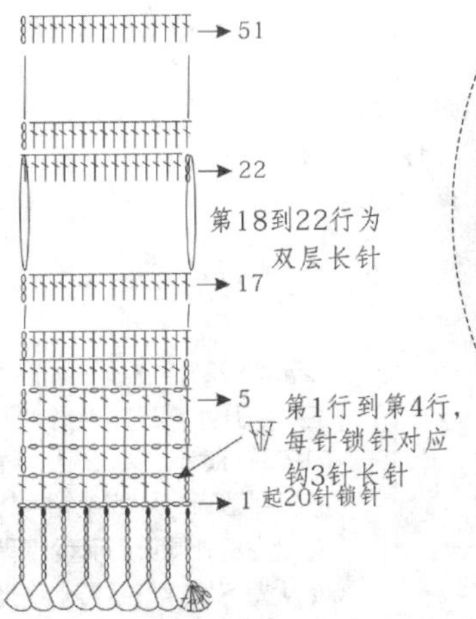

作品89

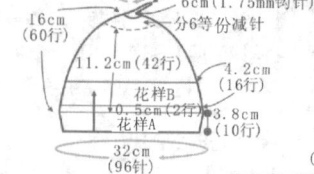

【成品规格】帽高16cm，帽围32cm；围巾长80cm，宽24cm

【工　　具】12号环形针，12号棒针，1.75mm钩针

【编织密度】30针×38行=10cm²

【材　　料】棕色宝宝绒线230g

帽子制作说明：

1. 棒针编织法，环织，全织下针。

2. 从帽沿起织，起96针，织10行单罗纹针，图样见花样A，然后往上不加减针，编织2行下针，从第13行起按花样B换线编织蜗牛花样，编织至29行完成花样B的编织，无加减针织成52行，然后将针数分为6等份，进行减针编织，每1行减1次针，每圈减少的针数为6针，连续编织，最后针数余下12针时，再缩为6针，改用1.75mm钩针圈钩短针，钩6cm长，收针断线。

围巾制作说明：

1. 棒针编织法，环织，全部编织为下针。

2. 起72针，织16行下针，第17行按图解花样B换线编织蜗牛花样，将2个蜗牛花样均匀分布，保证围巾正反面的蜗牛花样位于中间位置。继续往上编织，编织至272行后，又开始按花样B编织蜗牛花样，但要注意蜗牛花样须从蜗牛头部开始，并将2个蜗牛花样均匀分布。编织完花样B，继续编织16行后，收针断线。

符号说明：

日	上针
口＝日	下针
回図	右镂空针
＋	短针
禹,,禹	狗牙针
2-1-2	行-针-次

帽子
(12号棒针)
(全下针编织) 6针

花样A

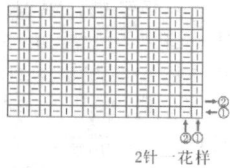

花样A（单罗纹）

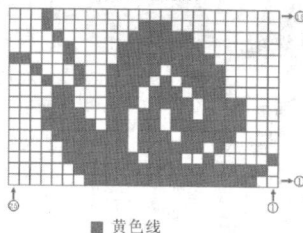

2针 一花样

花样B
(蜗牛配色花样)

■ 黄色线

围巾
(12号环形针)

作品91

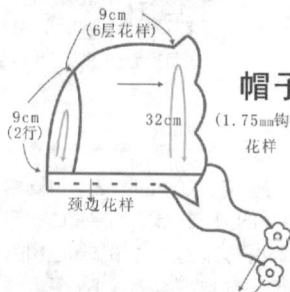

【成品规格】帽围32cm，帽高16cm

【工　　具】1.75mm钩针

【材　　料】宝宝绒线50g

帽子制作说明：

1. 钩针编织法，从帽后片起钩，再围绕帽后片边缘钩织帽体花样。

2. 起7cm长的锁针，起钩花样的帽后片花样，共钩织两行的宽度，然后围绕三边钩织帽体花样，共钩成6层，最后钩1行狗牙拉针锁边。沿着帽子下侧边缘，挑针钩织1行长针和1行短针花样，再单独钩织一段系带，穿过长针行。帽子完成。

帽子
(1.75mm钩针)
花样

帽子系带图解

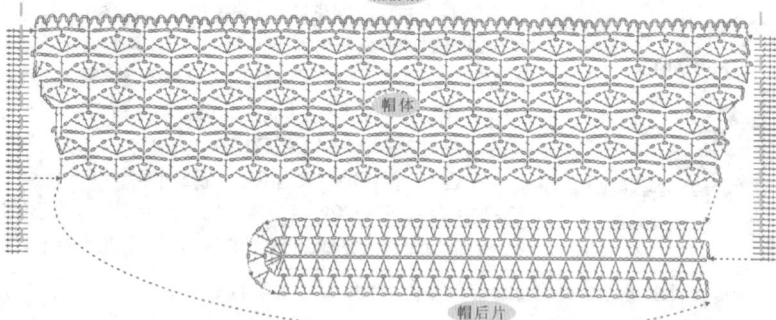

花样
(帽子图解)

帽前沿

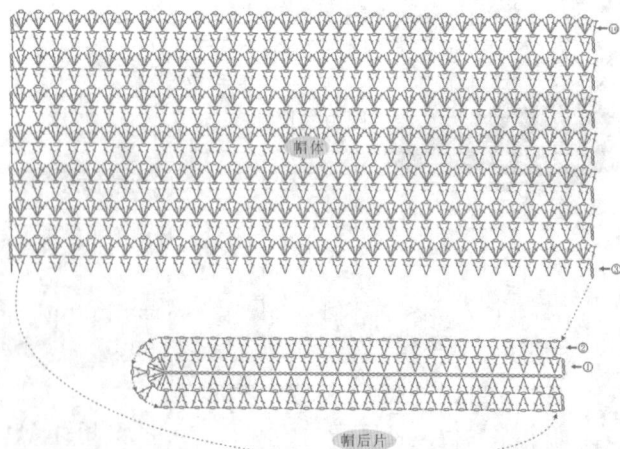

帽体

帽后片

作品90

【成品规格】帽高22cm，帽宽16cm

【工　　具】1.75mm钩针

【材　　料】粉红色宝宝绒线100g

帽子制作说明：

1. 钩针编织法。

2. 从帽后片起钩，起10cm长或77针锁针，再钩3针锁针起高，钩织第1行1针放2针花样，针内钩1针锁针，共25组，然后在尾端加4组花样完成转弧钩织，

接着钩织25组花样，返回钩织第2行，不加减针按花样钩织，完成帽后片钩织，开始帽身第3行钩织，花样同第2行钩法，第4行改钩1针放4针，针内钩1针锁针，共33组，然后重复第3行、第4行花样，不加减针依次往返钩织到第16行，完成帽身钩织，依照花样的图解钩织。

3. 沿帽身外侧第4行单独起针钩织1圈短针装饰并区分帽后片与帽身片。

4. 从帽下角穿入系带，系带钩织方法同前后片系带钩织方法。

花样 (帽子图解)

帽前沿

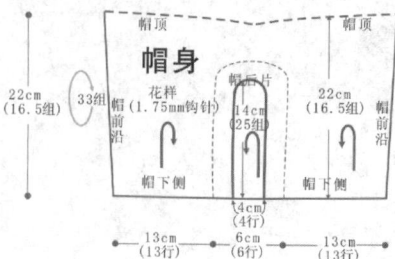

帽体

帽后片

帽子

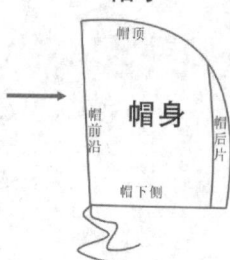

帽身

作品92

【成品规格】帽高16cm，帽围48cm
【工　具】1.75mm钩针
【材　料】白色宝宝绒线60g

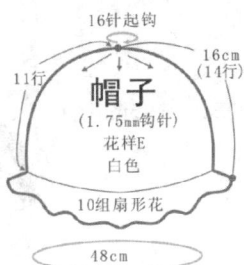

帽子制作说明：

1. 钩针编织法，从帽顶起钩，帽体钩长针花样，帽子边缘钩织扇形花。

2. 用线打个圈，钩3针锁针起高，钩织第1圈长针，共16针，从第2行起，加针钩织，每圈加针方法见花样，加针行钩至第8行，从第9行起，不再加针，照第8行的针数往下钩织，钩成11行，然后参照图解沿边钩织10组扇形花样，完成后断线，藏好线尾，再根据毛线球制作方法，制作2个毛线球，再钩织一段锁针辫子穿过扇形花第1行的孔内，在系带两端系上毛线球。

帽子
(1.75mm钩针)
花样E
白色

16针起钩
16cm
(14行)
11行
10组扇形花
48cm

花样
(帽子图解)

作品93

【成品规格】帽高14cm，宽9cm
【工　具】1.75mm钩针
【材　料】宝宝绒线50g

帽子制作说明：

1. 钩针编织法，从帽后片起钩，钩织花样A，再加上帽前沿花样和颈部花样组成。

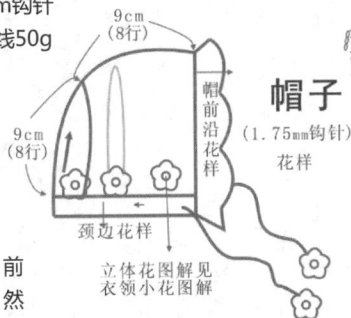

2. 起4cm长的锁针，起钩花样的帽后片花样，前四行两边有加针编织，帽后片钩成8行的高度，然后两边再起锁针加长，两边各2个花样组的宽度，无加减针继续编织，共钩成8行的帽体高度，继续编织帽前沿花样，共7个花样组。断线，藏好线尾，最后将帽后片的两侧边缘与帽体的下侧边缘对应缝合，帽子基本成型，再在帽子下侧，钩两行长针花样，即颈边花样，再用线钩一段系带，穿过颈边花样的孔内，系带两侧各钩1朵小花，图解为衣领小花的下层花样。最后单独钩织6朵立体花，别于帽子的下侧边缘。

9cm
(8行)
9cm
(8行)
帽前沿花样
颈边花样
立体花图解见
衣领小花图解

帽子
(1.75mm钩针)
花样

花样
(帽子图解)

帽颈边花边
穿过系带
沿着abcdef边钩织
帽后片
两条边缝合
帽体
帽前沿

作品94

【成品规格】帽高13cm，帽围38cm
【工　具】1.75mm钩针
【材　料】宝宝绒线30g

帽子制作说明：

1. 钩针编织法，环钩。

2. 从帽顶起钩，起16针长针，从第2圈分成8组花样组进行钩织，每组含3针长针和2针锁针，以下就以长针加针，第3圈时，3针长针加成5针长针组，第4圈时，5针长针加成7针长针组，第5圈时，7针长针加成9针长针组，此后，按照9针的针数不变，直钩至第12圈，第13圈钩织图解中的花样，用粉色线钩织，在第12圈选针眼时，可以尽量选择紧密些，这样钩出来的花边具有卷曲感，最后用白色线，钩织1圈锁针网眼花样。

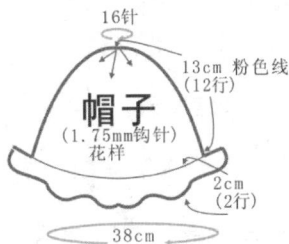

帽子
(1.75mm钩针)
花样

16针
13cm 粉色线
(12行)
2cm
(2行)
38cm

符号说明：

符号	说明
⊠	两针交叉
⊠	右上1针扭针与左下1针上针交叉
2-1-3	行-针-次
+	短针
╀	长针
∞	锁针

花样
(钩针帽子图解)

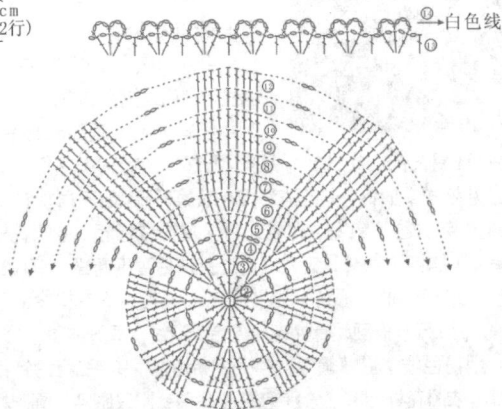

①→白色线

125

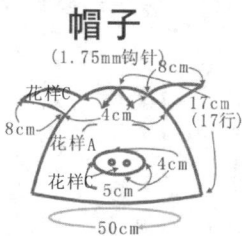

作品95

【成品规格】帽高17cm，帽围50cm
【工　　具】12号棒针，12号环形针，1.75mm钩针
【材　　料】宝宝绒线20g

帽子
（1.75mm钩针）

花样C
8cm　8cm　17cm（17行）
花样A　4cm　4cm
花样C　5cm
50cm

帽子制作说明：

1. 钩针编织法。钩2只耳朵，1只鼻子。

2. 从帽顶起钩，起6针锁针，打个圈，起钩第1行长针，共16针长针起钩，从第2行起加针，加至第6行，然后不加减针钩织长针至17行，帽子花边改用白色线钩织，先钩1圈短针，再钩织1圈花边，详细图解见花样A。

3. 分别钩织2只耳朵，耳朵由长针组成，10针起钩，往返钩织，两侧同时减针，钩织8针，图解见花样B。鼻子由2圈长针组成，图解见花样C。

花样A（帽子图解）
白色线
红色线

花样B（帽子耳朵图解）（黄色线）

花样C（帽子鼻子图解）

符号说明：
十　短针
丨　长针
∞　锁针

作品96

【成品规格】帽围46cm，帽高15cm
【工　　具】1.75mm钩针
【材　　料】白色宝宝绒线100g

帽子制作说明：

1. 钩针编织法。

2. 从帽顶起钩，打个圈后，第1圈钩1针放5针，共6组，第2圈加针，即每组花样中心针1针放5针，其余长针不加针连续钩织，此方法共钩7行，每组花样放至17针，第8行时中心针放针不变，花样两侧各越过2针不钩，自然形成锯齿状，钩5行，第13行换为5针锁针鱼鳞花，共钩3行，收针断线。详见花样帽子图解。

帽子
16针起钩（1.75mm钩针）
12cm（12行）
15cm（15行）
花样
46cm（6组）
46cm
16cm（15行）
3cm（3行）

花样（帽子图解）
外层花边紧密钩织
连接

作品97

【成品规格】帽高20cm，帽围48cm
【工　　具】1.75mm钩针，10号棒针
【材　　料】宝宝绒线50g

帽子制作说明：

1. 钩针编织法，从帽顶起钩，用红色线与白色线搭配钩织。

2. 用线打个圈，起高3针锁针，钩织第1圈长针，共16针，从第2行起，加针钩织，每圈加针方法见花样，加针行钩至第8行，从第9行起，不再加针，照第8行的针数往下钩织，钩成10行，从第11行起，依照花样的图解往下钩织，钩成19行的花样，完成后暂不断线，单独钩织锁针，约20cm的长度，针数为64针，然后钩织花样中的系带图解，共1行，折回起针处连接缝合。断线，藏好线尾。

3. 用粉色线，沿着帽沿、帽子系带边缘，钩织1行短针锁边。最后依照花样图解，分别钩织2只耳朵、2只眼睛，缝于帽子帽顶和侧面上。

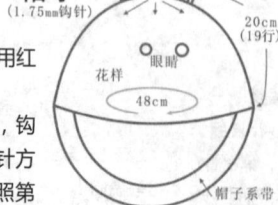

帽子
（1.75mm钩针）
16针起钩
花样
眼睛
20cm（19行）
48cm
帽子系带

白色
粉红色

眼睛图解
＊　＊

帽子系带图解

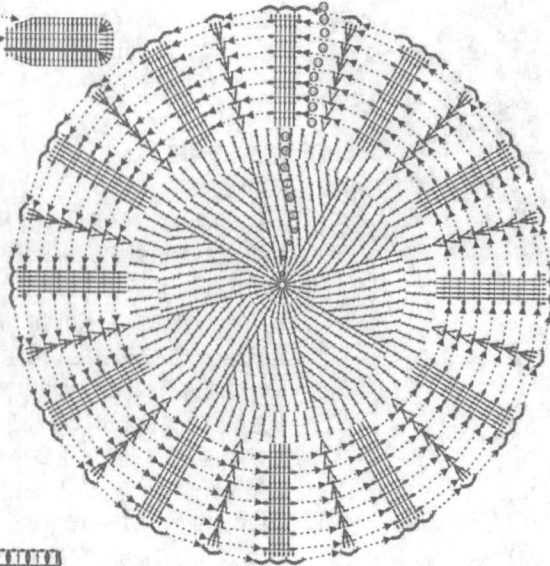

花样（帽子图解）

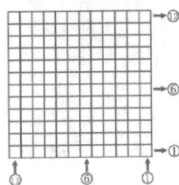

作品98

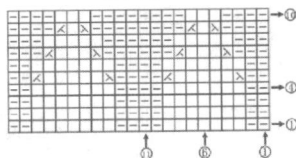
花样A

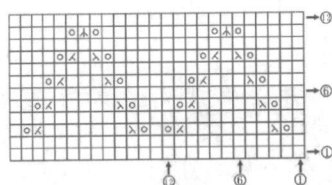
花样D
(1/8帽顶编织花样)

符号说明：
□　　上针
□=□　下针
⊠　　右上2针并1针
⊡　　镂空针
2-1-3　行-针-次
狗牙针

【成品规格】帽高21cm，帽围46cm
【工　　具】12号棒针，12号环形针
【编织密度】29针×42行=10cm²
【材　　料】宝宝绒线50g

帽子制作说明

1. 棒针编织法，从上往下织，一片编织完成。
2. 起织，起8针环织，帽顶共8个单元花，详细编织方法见花样D图解。一边织一边加针，织至34行，织片共128针。帽顶编织完成。
3. 将织片从其中2个单元花间隙处分开，将织片改为片状编织，编织花样A，一边织一边在织片的侧缝处加针，方法为20-1-2，两侧各加2针，共织42行后，改织花样B，织12行后，改织花样C，织10行，下针收针法，收针断线。
4. 编织帽带。下针起针法，起86针，编织花样A，织10行，下针收针法，收针断线。

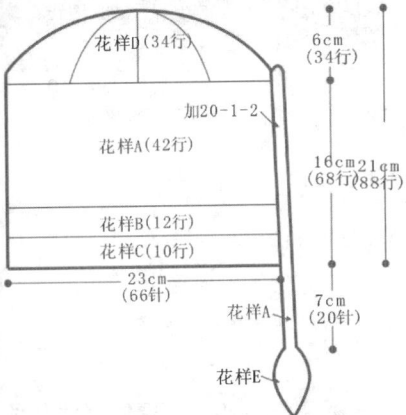

花样D（34行）
6cm（34行）
加20-1-2
花样A（42行）
16cm21cm
（68行）（88行）
花样B（12行）
花样C（10行）
23cm（66针）
花样A
7cm（20针）
花样E

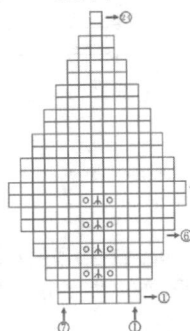
花样E

花样C

花样B

5. 沿帽带顶部挑起7针，编织花样E叶子花，详见花样E图解，织24行，收针断线。用同样的方法挑织另一叶子花。
6. 完成后，将帽带缝合于帽子开口边缘。

- -

作品99

【成品规格】帽围46cm，帽高16cm；围巾长78cm，宽10cm
【工　　具】1.75mm钩针
【材　　料】宝宝绒线帽子100g，围巾100g

符号说明：
2-1-3　行-针-次
＋　　短针
┃　　长针
∞∞∞　锁针

花样A
沿护耳边缘
钩狗牙拉针　护耳

护耳外单元花
第1圈黑色
第2圈红色
（帽子图解）

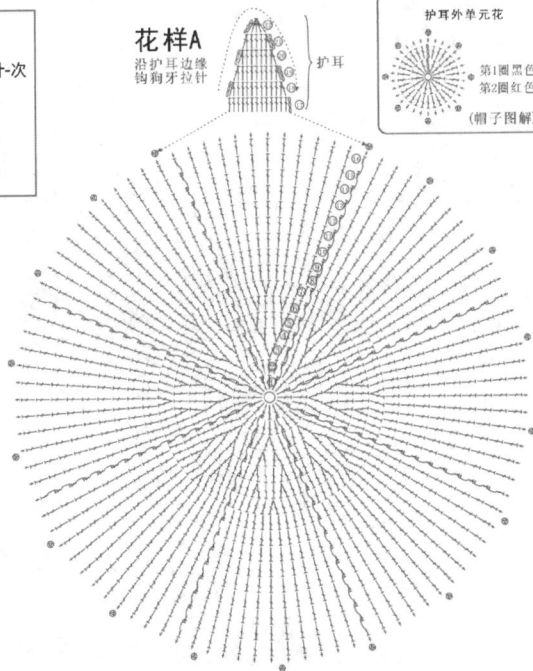

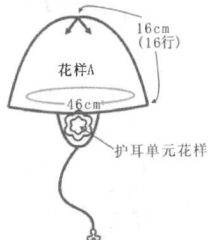

帽子
（1.75mm钩针）

16cm（16行）
花样A
46cm
护耳单元花样

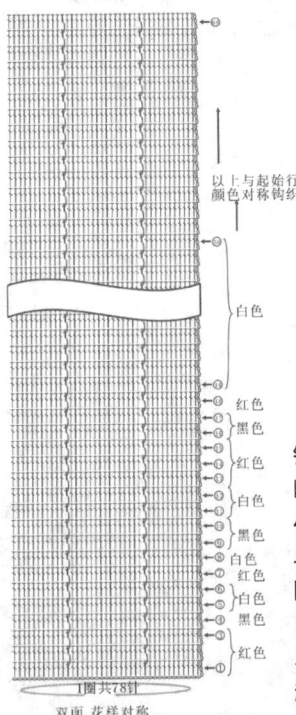

花样B
（围巾图解）

围巾片
（1.75mm钩针）
花样B

78cm（68行）

以上与起始行
颜色对称钩织

白色

10cm

白色
红色
红色
白色
黑色
红色
白色
白色
黑色
红色

1圈共78针
双面，花样对称

帽子制作说明：

1. 钩针编织法，环形钩织而成。
2. 从帽顶起钩，打个圈起钩第1圈花样，为长针，共16针，第2层加针1倍，为32针，每隔3针钩1针外钩针，将织片分为8等份。第3层仍为长针行，每等份中间加1针，为40针，第4层每等份的中间加2针，为56针，第5层和第6层的钩织方法与第4针相同，第7层每等份的中间加1针，为96针，第8层起，不再加减针，继续钩织至16层，最后沿着边钩织1层短针加狗牙针。详细图解见花样A。
3. 钩织帽子护耳。取帽子的其中2个对称等份，分别钩织护耳，为长针，每钩1行，两侧各减1针，

钩5行，最后留下5针，收针，钩30cm长锁针，最后钩1朵小花，断线。沿护耳边缘钩1层狗牙拉针。用同样的方法钩织另一护耳。
4. 分别钩织2朵立体小花，将其缝在两护耳的位置，图解见护耳外单元花。

围巾制作说明：

1. 钩针编织法，环形钩织而成。
2. 起78针锁针，沿锁针两侧环形起钩，第1行钩长针，从第2行起，正面每隔13针钩1针外钩针，共钩2针外钩针，反面钩织方法与正面相同，两侧不钩外钩针，如此重复钩织，配色方法详见花样B，钩至68行，正反面合并收针，断线。

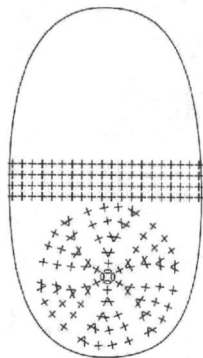

作品100

【材 料】白色线30g，黑色、粉色、红色线少许，
　　　　黑色珠子2个，小铃铛1个
【工 具】1.5mm钩针

【钩编要点】 首先按照身体的钩法，编织身体，然后钩耳朵2个，接着钩嘴巴，穿珠子作为眼睛。最后用黑色和粉色毛线拧成一股，长约30cm，系上小铃铛，两头打结绑在熊的腰间。

身体的钩法：

行数	短针针数
1	6
2	12
3	18
4	24
5-21	36
22	24
23	18
24	12
25	6

符号说明

+	短针
T	中长针
↑	长针
∞	锁针

耳朵的钩法：

行数	短针针数
1	5
2	10
3	10
4	10

耳朵钩完后，对折后第4行短针跟身体缝合

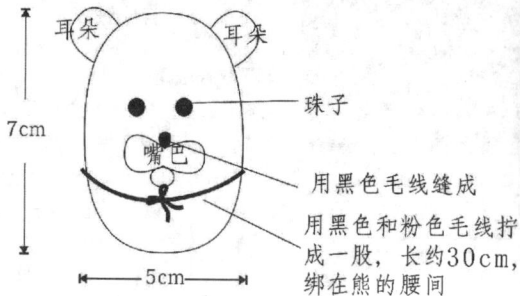

耳朵　耳朵
珠子
7cm
嘴巴
用黑色毛线缝成
用黑色和粉色毛线拧成一股，长约30cm，绑在熊的腰间
5cm

嘴巴的钩法：

黑色
用线缝出点
红色

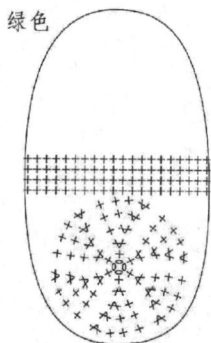

作品101

【材 料】绿色线30g，白色、黑色、黄色、深绿色线少许，
　　　　黑色珠子2个，小铃铛1个，铁线1条
【工 具】1.5mm钩针

【钩编要点】 首先按照身体的钩法，编织身体，然后钩耳朵2个，接着钩角、眼睛、须、腹部等。最后用红色和白色毛线拧成一股，长约35厘米，绑在虫的腰间，具体做法参照如下。

身体的钩法：

绿色

行数	短针针数
1	6
2	12
3	18
4	24
5-21	36
22	24
23	18
24	12

头上两个角的钩法：

黄色

行数	短针针数
1	4
2	8
3	8
4	4

角钩完后，第4行短针跟身体缝合

符号说明

+	短针
T	中长针
↑	长针
∞	锁针

眼睛的钩法：

白色

珠子

在身体的第25行延长尾巴的钩法：

行数	短针针数
25-30	10
31	8
32	6
33	4
34	2

腹部的钩法：

行数	短针针数
1-9	6
10-11	5
12-14	4
15-18	3
19-20	2

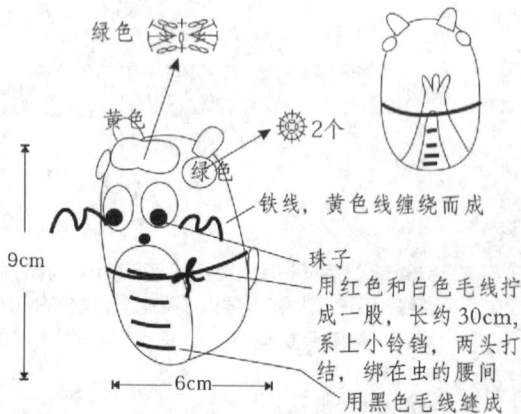

绿色
黄色
绿色
2个
铁线，黄色线缠绕而成
珠子
用红色和白色毛线拧成一股，长约30cm，系上小铃铛，两头打结，绑在虫的腰间
用黑色毛线缝成
9cm
6cm

作品102

【材 料】黄色线30g，白色、黑色、黄色、粉色线少许，黑色珠子2个

【工 具】1.5mm钩针

【钩编要点】
首先按照身体的钩法，编织身体，然后钩耳朵2个，接着钩胡须，再用黑色毛线缝出鼻子、"王"字和胡须。最后用黄色和粉色毛线拧成一股，长约35cm，绑在老虎腰间，具体做法参照如下。

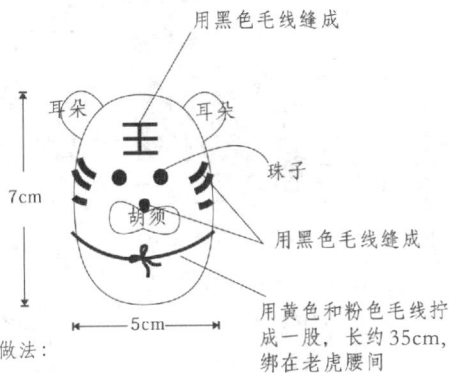

用黑色毛线缝成

耳朵　耳朵

王

珠子

7cm

胡须

用黑色毛线缝成

用黄色和粉色毛线拧成一股，长约35cm，绑在老虎腰间

5cm

符号说明

+	短针
⊺	中长针
⨡	长针
∞	锁针

胡须的做法：

白色

身体的钩法：

黄色

行数	短针针数
1	6
2	12
3	18
4	24
5-21	36
22	24
23	18
24	12
25	6

耳朵的钩法：

黄色

耳朵钩完后，对折后第4行短针跟身体缝合

行数	短针针数
1	5
2	10
3	10
4	10

作品103

【材 料】紫红色线30g，白色、粉红色、浅粉红色线少许，黑色珠子2个，小铃铛1个

【工 具】1.5mm钩针

【钩编要点】
首先按照身体的钩法，编织身体，然后钩耳朵2个，接着钩鼻子、脸腮，最后用粉色和白色毛线拧成一股，长约30cm，系上小铃铛，两头打结绑在猴子的腰间，具体做法参照如下。

身体的钩法：

紫红色

行数	短针针数
1	6
2	12
3	18
4	24
5-21	36
22	24
23	18
24	12
25	6

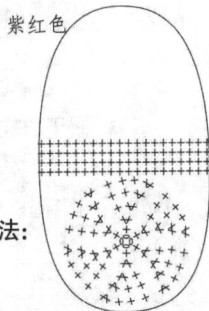

耳朵　耳朵

珠子

脸腮粉红色

粉红色鼻子

7cm

用粉色和白色毛线拧成一股，长约30cm，系上小铃铛，两头打结，绑在猴子的腰间

5cm

符号说明

+	短针
⊺	中长针
⨡	长针
∞	锁针

脸部的做法：

浅粉红色

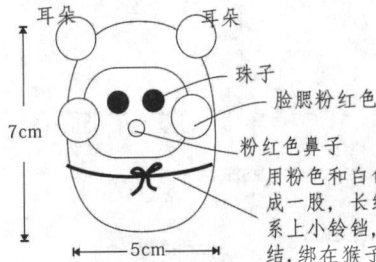

脸腮的做法：

粉红色

鼻子的做法：

粉红色

耳朵的钩法：

紫红色

耳朵钩完后，对折后第4行短针跟身体缝合

行数	短针针数
1	5
2	10
3	10
4	10

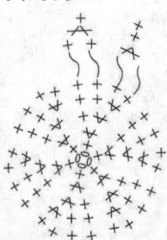

作品104

【材 料】白色线60g，绿色、灰色、红色毛线少许，珠子2个

【工 具】2.0mm钩针

行数	短针针数
1	6
2	12
3	18
4	24
5	36
6	36
7	36
8-10	40(长针)

肚子的钩法：白色

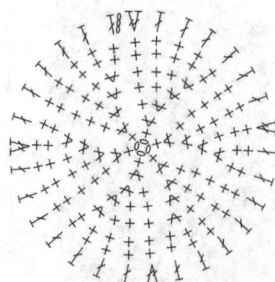

壳的钩法：

单元花的钩法

壳的拼法

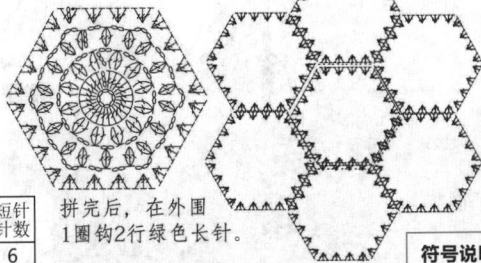

拼完后，在外围1圈钩2行绿色长针

红色围巾的做法：

5行短针的高度，30cm的长度

壳的最后1行与肚子的最后1行用手缝针拼接

头的钩法：

行数	短针针数
1	6
2	12
3	18
4-10	24
11-12	18
13-14	12

脚的做法：

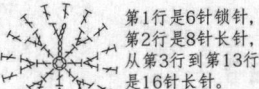

第1行是6针锁针，第2行是8针长针，从第3行到第13行是16针长针。

符号说明：

+	短针
⊺	中长针
⨡	长针
∞	锁针

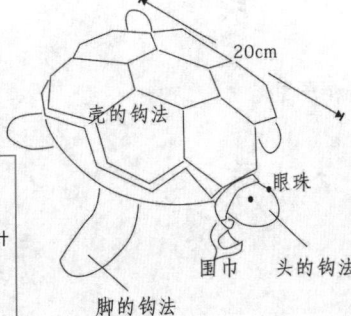

20cm

壳的钩法

眼珠

围巾

头的钩法

脚的钩法

【钩编要点】
首先按照单元花的做法，钩7个单元花拼成壳，然后编织肚子，钩头部和4个脚，最后钩红色围巾1条，在肚子、头部和脚填充棉花，具体做法参照如下。

作品105

【材 料】白色线50g，黑色、蓝色、天蓝色、黄色、橙色线少许
【工 具】2.0mm钩针、1.5mm钩针

符号说明：

+	短针
⊥	中长针
⊤	长针
∞	锁针

壳的钩法：

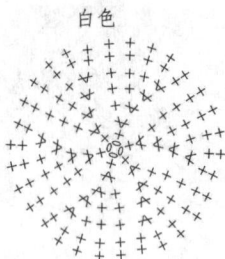

壳的最后1行与肚子的
最后1行用手缝针拼接

肚子的钩法：
白色

行数	短针针数
1	6
2	12
3	18
4	24
5	36
6	36
7	36

头的钩法：
白色

行数	短针针数
1	6
2	12
3-5	16
6	12
7	6

【钩编要点】
首先用2.0mm钩针钩出壳、肚子、脚和头，然后用1.5mm钩针钩出头上帽子，在身体、脚和头填充棉花，最后用手缝针把各个部位缝起来，具体做法参照如下。

脚的做法：

行数	短针针数
1	6
2-4	12
5	6

头上的帽子的钩法：
用1.5mm钩针

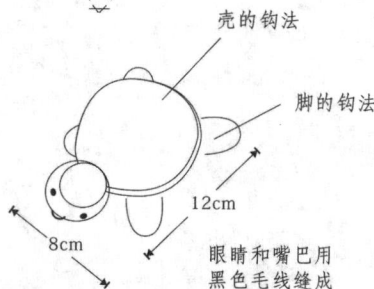

壳的钩法
脚的钩法
12cm
8cm
眼睛和嘴巴用
黑色毛线缝成

作品109

【材 料】紫色线60g，白色、黄色、红色、黑色毛线少许
【工 具】1.5mm钩针

符号说明：

+	短针
⊥	中长针
⊤	长针
∞	锁针

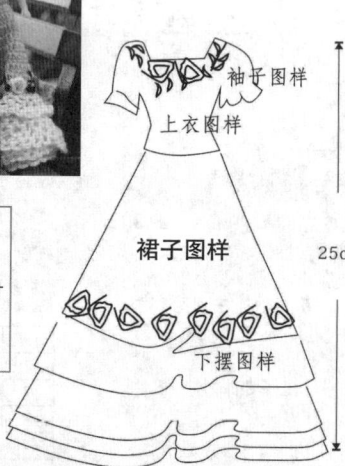

袖子图样
上衣图样
裙子图样
下摆图样
25cm

背面

钩1条长约30cm
的锁针系在背面
中线

不同颜色的玫瑰花17朵

玫瑰花做法：

下摆钩法：
下摆钩4个层次的花样，第1，2层下摆
不需要先钩2行长针。

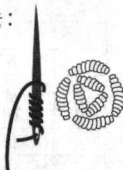

袖子图样
在上衣图样的基础上钩左右袖子2个
袖口
紫色 → 10针短针
白色 → 16针

【钩编要点】
首先按照上衣的钩法，编织1片，然后钩袖子2个，接着钩裙子和下摆4个层次的花边，最后把玫瑰花钉在胸口和第1层下摆花边上，具体做法参照如下。

上衣图样
接袖子 领口 接袖子
紫色
10行短针
背面
灰色部分为前幅
26针
24针

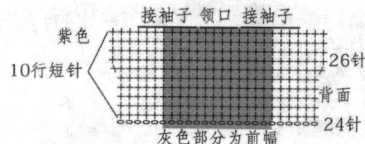

裙子图样 紫色，共11行

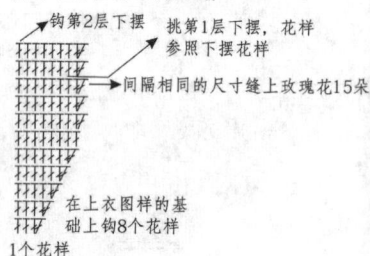

钩第2层下摆
挑第1层下摆，花样
参照下摆花样
间隔相同的尺寸缝上玫瑰花15朵
在上衣图样的基础上钩8个花样
1个花样

作品106

【材 料】蓝色线60g，白色、黄色毛线少许
【工 具】1.5mm钩针

符号说明：

+	短针
⊥	中长针
⊤	长针
∞	锁针

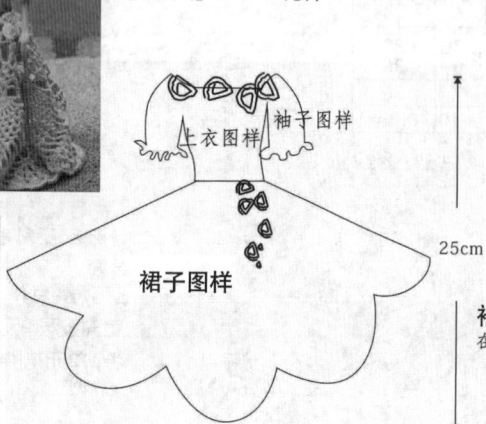

上衣图样
袖子图样
裙子图样
25cm

背面

钩1条长约30cm
的锁针系在背面
中线

不同颜色的玫瑰花9朵

玫瑰花做法：

袖子图样
在上衣图样的基础上钩左右袖子2个
袖口
10针短针
8行短针
16针

【钩编要点】 首先按照上衣图样钩衣服上半身一片，背面钩锁针打蝴蝶结，然后在上半身的基础上钩袖子和裙子，再在胸口和衣服腰部缝玫瑰花，具体做法参照如下。

上衣图样
接袖子 领口 接袖子
10行短针
背面
灰色部分为前幅
24针

裙子图样 从第1行到第7行的钩法：

从第7行到第16行的钩法：

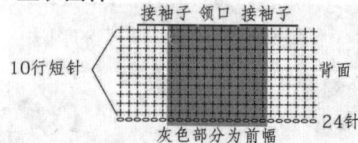

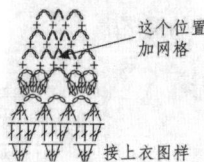

这个位置
加网格

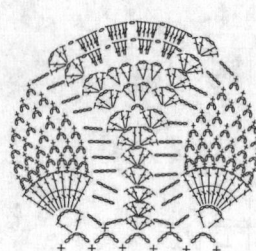

接上衣图样

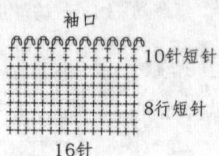

作品107

【材 料】蓝色线60g，白色、黄色、粉红色、深蓝色毛线少许
【工 具】1.5mm钩针

【符号说明：】
+ 短针
$\top$ 中长针
$\dagger$ 长针
∞ 锁针

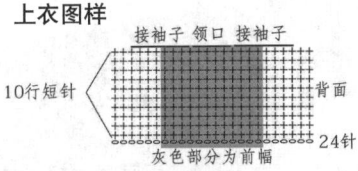

袖子图样
上衣图样
裙子图样
25cm

上衣图样
接袖子　领口　接袖子
10行短针
背面
24针
灰色部分为前幅

裙子里衬图样
白色
需要钩24个花样
钩完后用手缝针缝在裙腰，位置在裙子内部

袖子图样
在上衣图样的基础上钩左右袖子2个

袖口
16针
接上衣图样

【钩编要点】
首先按照上衣图样钩衣服上半身一片，背面钩锁针打蝴蝶结，然后在上半身的基础上钩袖子、裙子和裙子里衬，最后在胸口和裙子下摆缝玫瑰花，具体做法参照如下。

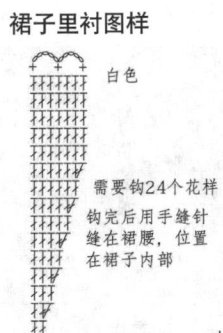
背面
钩1条长约30cm的锁针系在背面中线
白色的玫瑰花9朵

玫瑰花做法：

裙子图样
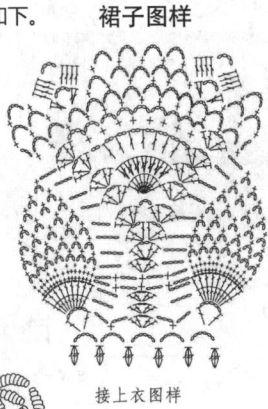
接上衣图样

作品108

【材 料】白色线60g，红色、黄色、绿色、粉色线少许
【工 具】1.5mm钩针

【符号说明：】
+ 短针
$\top$ 中长针
$\dagger$ 长针
∞ 锁针

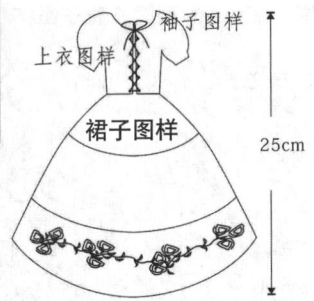

袖子图样
上衣图样
裙子图样
25cm

背面
正面
钩1条长约30cm的锁针系在前幅中线

上衣图样
前幅　袖隆　后幅　袖隆　前幅
8针　　16针　　8针

【钩编要点】
首先按照上衣图样钩衣服上半身一片，正面钩锁针打蝴蝶结，然后在上半身的基础上钩袖子和裙子，最后在胸口和裙子下摆缝玫瑰花，具体做法参照如下。

不同颜色的玫瑰花14朵

玫瑰花做法：

裙子图样
白色
第10行　第11行
第10行是在第11行上面
红色
第5行　第6行
第5行是在第6行上面
白色
接上衣图样

袖子图样
在上衣图样的基础上钩左右袖子2个
袖口
白色 10针短针
红色
16针

作品113

【材 料】黄色线60g，白色、绿色、紫色、橙色、蓝色、粉色、草绿色毛线少许
【工 具】1.5mm钩针

外套图样
袖子图样

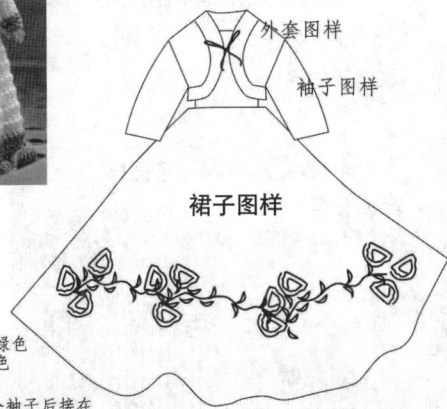
裙子图样

袖子图样
草绿色
绿色
白色
钩完2个袖子后接在上衣的袖子上，然后在上衣外围钩2行短针，第1行绿色，第2行草绿色
10针

不同颜色的玫瑰花12朵

玫瑰花做法：
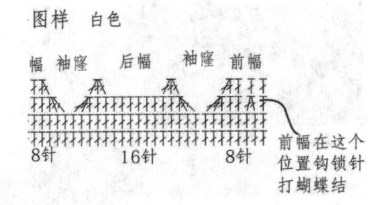

【符号说明：】
+ 短针
$\top$ 中长针
$\dagger$ 长针
∞ 锁针

25cm

裙子图样　12行
紫色
绿色
草绿色
在上衣图样的基础上，每针对应3针长针并一起
2个花样

背面
钩1条长约25cm的锁针系在背面中线

【钩编要点】
首先按照外套的前幅、后幅和袖子的钩法钩外套1件，然后先钩连衣裙的上衣，接着钩裙子，最后把12朵玫瑰花钉在裙子的前面，具体做法参照如下。

图样 白色
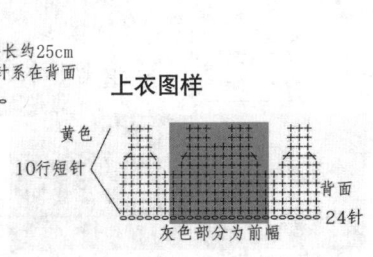
幅　袖隆　后幅　袖隆　前幅
8针　　16针　　8针
前幅在这个位置钩锁针打蝴蝶结

上衣图样
黄色
10行短针
背面
24针
灰色部分为前幅

作品111

【材 料】白色线60g
【工 具】1.5mm钩针

【钩编要点】
首先按照上衣图样钩衣服上半身一片，背面钩锁针打蝴蝶结，然后在上半身的基础上钩袖子、裙子和裙子里衬，最后在胸口缝玫瑰花，具体做法参照如下。

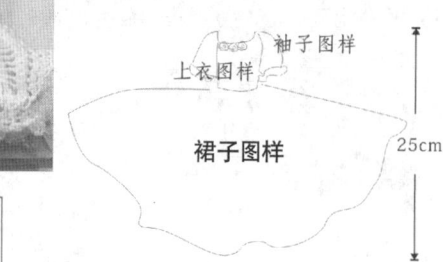

袖子图样
上衣图样
裙子图样

背面

25cm

钩1条长约30cm，的锁针系在背面中线

裙子图样
从第1行到第6行的钩法：

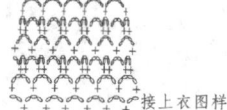

接上衣图样

从第6行起的钩法：

白色的玫瑰花3朵   裙子里衬图样

玫瑰花做法：

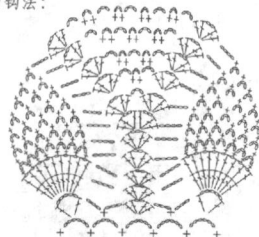

1个花样

需要钩24个花样，钩完后用手缝针缝在裙腰，位置在裙子内部

符号说明：
+ 短针
T 中长针
T 长针
∞ 锁针

上衣图样

接袖子 领口 接袖子
10行短针   背面
24针
灰色部分为前幅

袖子图样
在上衣图样的基础上钩左右袖子2个
袖口
10针短针
16针

作品110

【材 料】白色线50g，蓝色、黄色、红色、紫色、橙色、粉色、桃红色毛线少许
【工 具】1.5mm钩针

【钩编要点】
首先按照上衣图样钩衣服上半身一片，背面钩锁针打蝴蝶结，然后在上半身的基础上钩袖子和下半身，最后在胸口和衣服下摆缝不同颜色的玫瑰花，具体做法参照如下。

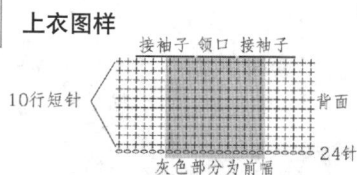

袖子图样
上衣图样
裙子图样

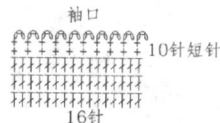

背面

23cm
10cm

上衣图样

蝴蝶结
10cm

接袖子 领口 接袖子
10行短针   26针
背面
24针
灰色部分为前幅

不同颜色的玫瑰花13朵

玫瑰花做法：

裙子图样

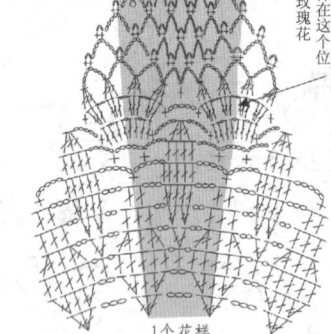

每个花样在这个位置缝一朵玫瑰花

1个花样
裙子需要10个花样

符号说明：
+ 短针
T 中长针
T 长针
∞ 锁针

袖子图样

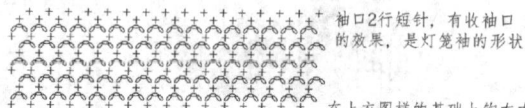

袖口2行短针，有收袖口的效果，是灯笼袖的形状

在上衣图样的基础上钩左右袖子2个

作品112

【材 料】白色线60g，红色、黄色、蓝色、粉色毛线少许
【工 具】1.5mm钩针

【钩编要点】
首先按照上衣图样钩衣服上半身一片，背面钩锁针打蝴蝶结，领口延伸荷叶领，然后在上半身的基础上钩袖子和裙子，最后在领口和裙腰缝玫瑰花，具体做法参照如下。

领子图样
袖子图样
上衣图样
裙子图样

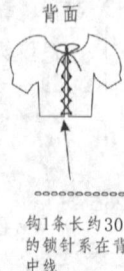

背面

25cm

钩1条长约30cm的锁针系在背面中线

各色的玫瑰花9朵
玫瑰花做法：

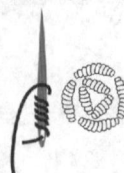

裙子图样
裙子总共4个层次

4
3
2
1

领子图样
接领口

接上衣腰部

符号说明：
+ 短针
T 中长针
T 长针
∞ 锁针

上衣图样

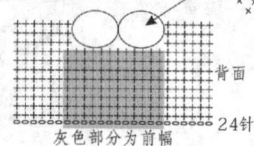

背面
24针
灰色部分为前幅

袖子图样
在上衣图样的基础上钩左右袖子2个
袖口
16针

作品114、115

【材 料】黑色线100g，红色、白色、黄色、蓝色、绿色、草绿色、橙色、紫色线少许，珠子14个
【工 具】2.0mm钩针

珠子的钩法：

总共13个珠子，有7个需要钩外衣套在珠子外面。钩到第3行的时候先把珠子包在钩的半成品里面，再继续钩到第6行，完成珠子的外衣。

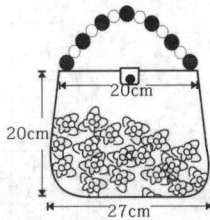

行数	短针针数
1	6
2	12
3	18
4	18
5	12
6	6

叶子的钩法：

54片叶子，草绿色和绿色各占一半

符号说明：

符号	名称
+	短针
⊥	中长针
⊥	长针
∞∞	锁针

袋口贴的钩法：

纽扣是1个珠子，按照珠子的钩法包珠子1个

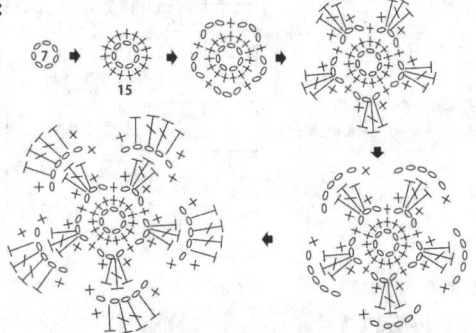

【钩编要点】

首先按照袋身的钩法钩袋身2片，然后用毛线在侧缝缝合，袋子里布比袋身的尺寸钩袋身2片，然后用毛线在侧缝缝合，袋子里布比袋身的尺寸各个边各宽1cm。然后钩8个黑色珠子，钩袋口贴1个，钩叶子54片和立体花18个，具体做法参照如下。

立体花的钩法：

红色4个，白色4个，黄色6个，紫色2个，蓝色和橙色各1个

袋身的钩法：

袋身2片，侧缝缝合。

黑色

32行花样

袋口/2

作品117

【材 料】以黄色为例，黄色线60g，白色、黑色、粉红色线、段染灰色线少许
【工 具】1.5mm钩针

【钩编要点】

首先编织身体、头部各1个，钩耳朵2个，鼻子1个，手2个，脚2个，然后用手缝针缝合，接着用黑色毛线缝出眼睛和鼻尖，最后钩马甲1件和耳朵的装饰小花1个，具体做法参照如下。

身体的钩法：身体填充棉花

行数	短针针数
1	6
2	12
3	18
4	24
5~16	30
17	24
18	18
19	12
20	6

符号说明：

符号	名称
+	短针
⊥	中长针
⊥	长针
∞∞	锁针

马甲的做法

缎染灰色

前幅　袖窿　后幅　袖窿　前幅

8针　　　16针　　　8针

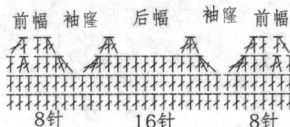

拼肩后，马甲外围钩1行短针。

头部的钩法

行数	短针针数
1	6
2	12
3	18
4	24
5~14	36
15	24
16	18
17	12
18	6

耳朵和鼻子的钩法：

鼻子填充棉花，2个耳朵不用。

行数	短针针数
1	4
2	8
3	12
4	12
5	12

手的做法

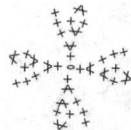

行数	短针针数
1	4
2	8
3	12
4	12
5	8

脚的做法

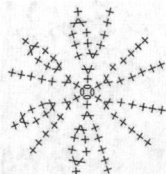

行数	短针针数
1	6
2	12
3~5	16
6~7	12

手和脚填充棉花

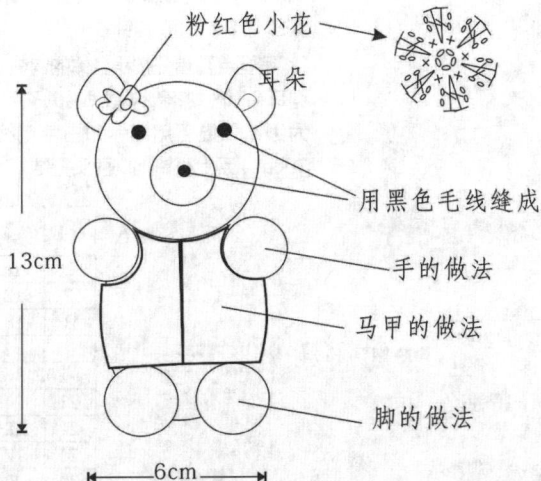

粉红色小花

耳朵

用黑色毛线缝成

手的做法

马甲的做法

脚的做法

13cm

6cm

作品116

【材 料】粉红色线60g，白色、黑色、蓝色线少许，珠子1个
【工 具】2.5mm钩针

身体的钩法：
填充棉花

行数	短针针数
1	6
2	12
3	18
4	24
5~11	30
12	24
13	18
14	12
15	1

头部的钩法：填充棉花

行数	短针针数
1	6
2	12
3	18
4	24
5~14	30
15	24
16	18
17	12
18	6

手的做法
填充棉花

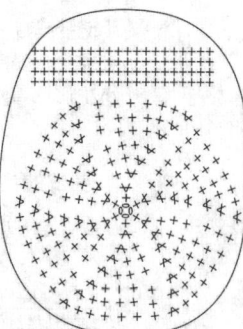

行数	短针针数
1	4
2	8
3	12
4	12
5	8

耳朵和鼻子的钩法：
鼻子填充棉花，2个耳朵不用。

行数	短针针数
1	4
2	8
3	12
4	12

脚的做法
填充棉花

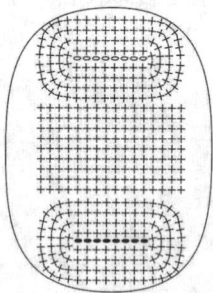

行数	短针针数
1	6
2	12
3-5	16
6	12

符号说明：
符号	说明
+	短针
T	中长针
↑	长针
∞	锁针

【钩编要点】
首先编织身体、头部、耳朵、鼻子、手和脚，然后除了耳朵不填充棉花外，其他各部位填充棉花，最后用黑色毛线缝出眼睛和鼻孔，用蓝色毛线钩1朵花装饰在耳朵旁，具体做法参照如下。

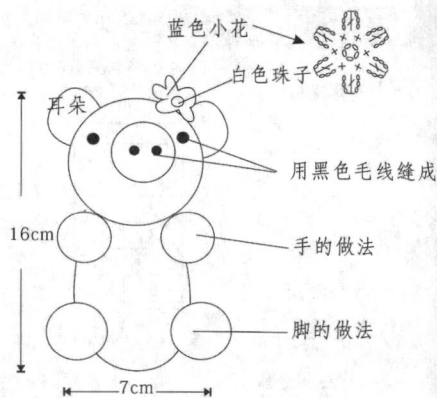

蓝色小花
白色珠子
耳朵
用黑色毛线缝成
手的做法
脚的做法
16cm
7cm

作品118

【材 料】白色线60g，红色、黄色、橙色、黑色、蓝色毛线少许
【工 具】2.0mm钩针

身体的钩法：填充棉花

行数	短针针数
1	6
2	12
3	18
4	24
5	36
6	42
7~15	48
16	42
17	36
18	24
19	18
20	12

行数	短针针数
1	4
2	8
3	12
4	12
5	8

头部的钩法　填充棉花

行数	短针针数
1	8
2	20
3	28
4	36
5~12	44
13	36
14	28
15	20
16	8

耳朵和手的做法

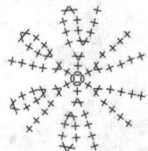

行数	短针针数
1	6
2	12
3~5	16

耳朵为白色，手的第4行和第5行为红色，其他为白色。

脚的做法　白色

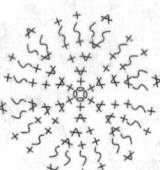

行数	短针针数
1	6
2	12
3	18
4~7	24
8	18

【钩编要点】
首先编织头部、身体，然后钩耳朵2个，手2个，脚2个，填充棉花与身体缝合，接着钩小花装饰在耳朵旁边，钩项链1条，具体做法参照如下。

花　红色
花芯橙色
黄色

在身体的第10行和第12行挑针钩花边，作为裙子。

花边做法：

项链　黑色
蓝色
5cm

作品119

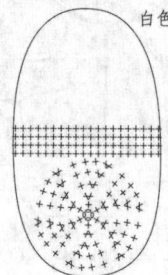

【材 料】白色线30g，红色线少许，黑色珠子2个，小铃铛1个，塑料胡须若干
【工 具】2.0mm钩针

【钩编要点】首先按照身体的钩法，编织身体，然后钩耳朵2个，接着钩脸腮，鼻子用线缝成，穿珠子作为眼睛，最后用红色和白色毛线拧成一股，长约30cm，系上小铃铛，两头打结，绑在兔子的腰间。

符号说明：
符号	说明
+	短针
T	中长针
↑	长针
∞	锁针

脸腮的钩法：
红色

❀ 8

身体的钩法：
白色

行数	短针针数
1	6
2	12
3	18
4	24
5~20	36
21	24
22	18
23	12
24	8

行数	短针针数
1	4
2	8
3	12
4	12
5	12
6	12
7	12
8	8

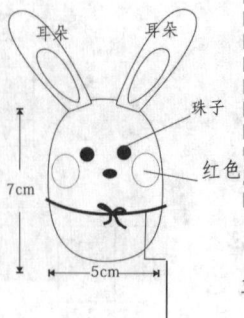

耳朵
耳朵
珠子
红色
7cm
5cm

用红色和白色毛线拧成一股，长约30cm，系上小铃铛，两头打结，绑在兔子的腰间

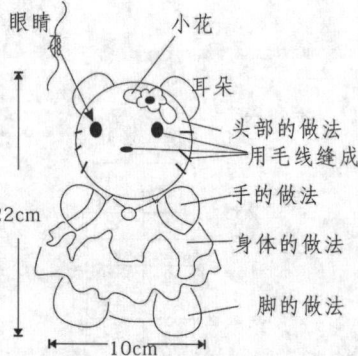

眼睛
小花
耳朵
头部的做法
用毛线缝成
手的做法
身体的做法
脚的做法
22cm
10cm

白色　粉红色

耳朵的钩法：

耳朵钩完后，缝合成

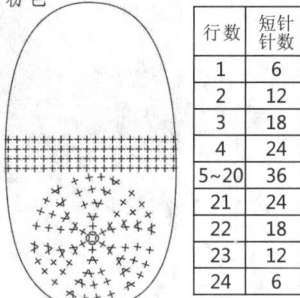

作品121

【材 料】 粉红色线30g，黄色、白色、黑色线各少许，
黑色珠子2个，小铃铛1个

【工 具】 1.5mm钩针

身体的钩法：

粉色

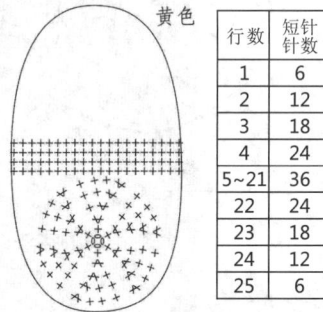

行数	短针针数
1	6
2	12
3	18
4	24
5~20	36
21	24
22	18
23	12
24	6

眼睛的钩法：

白色

珠子

耳朵的钩法：

粉色

行数	短针针数
1	5
2	10
3	10
4	10
5	5

嘴巴的钩法：

白色

用黑色毛线缝成鼻孔

用粉色毛线做成马鬃
1.5cm

用粉色毛线剪7cm长度作为马尾巴
7cm

【钩编要点】
首先按照身体的钩法，编织身体，然后钩耳朵2个，接着钩眼睛、嘴巴、马鬃等，穿珠子作为眼睛。最后用黄色和白色毛线拧成一股，长约30cm，系上小铃铛，两头打结绑在马的腰间。

马鬃的做法：

粉色

12行
每行6针

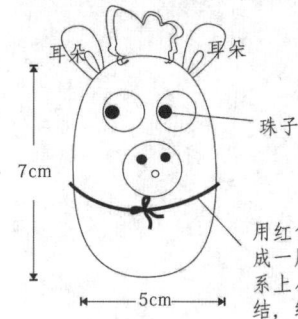

耳朵
耳朵
珠子

7cm

5cm

用红色和白色毛线拧成一股，长约30cm，系上小铃铛，两头打结，绑在马的腰间。

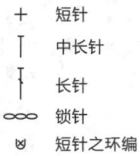

作品122

【材 料】 黄色线50g，白色、红色、桃红色线各少许，
黑色珠子2个，小铃铛1个

【工 具】 1.5mm钩针

身体的钩法：

黄色

行数	短针针数
1	6
2	12
3	18
4	24
5~21	36
22	24
23	18
24	12
25	6

羽毛的做法：

短针之环编的钩法：

表层

鸡冠

桃红色

起3针锁针

【钩编要点】
首先按照身体的钩法，编织身体，然后钩鸡冠和鼻子，穿珠子作为眼睛。最后用红色和白色毛线拧成一股，长约30cm，系上小铃铛，两头打结绑在鸡的腰间。

鸡冠
珠子
羽毛

7cm

5cm

用红色和白色毛线拧成一股，长约30cm，系上小铃铛，两头打结，绑在鸡的腰间。

鼻子的做法：

红色

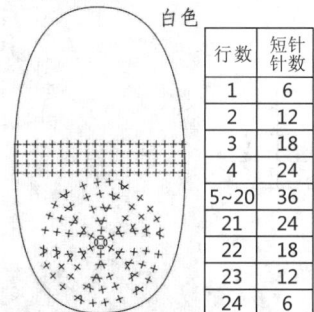

作品120

【材 料】 白色线30g，粉红色、红色线各少许，黑色
珠子2个，小铃铛1个，塑料须若干

【工 具】 2.0mm钩针，1.0mm钩针

身体的钩法：

白色

行数	短针针数
1	6
2	12
3	18
4	24
5~20	36
21	24
22	18
23	12
24	6

尾巴上小红花的钩法：

钩完小红花后，系在尾巴的中央。

尾巴的钩法：

2.0mm钩针

钩完后，第1行锁针和第4行短针缝合成尾巴

【钩编要点】
首先按照身体的钩法，编织身体，然后钩耳朵2个，接着钩尾巴，鼻子用线缝成，穿珠子作为眼睛，穿塑料须作为胡须。最后用红色和白色毛线拧成一股，长约30cm，系上小铃铛，两头打结绑在老鼠的腰间。

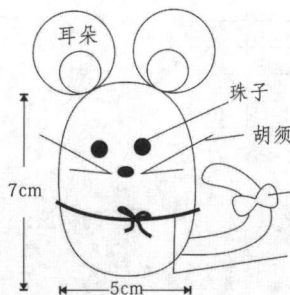

耳朵
珠子
胡须

7cm

红色

5cm

耳朵的钩法：

白色
2.0mm钩针

粉红色
1.0mm钩针

行数	短针针数
1	5
2	10
3	10
4	10
5	5

耳朵钩完后，大圆和小圆缝合成

用红色和白色毛线拧成一股，长约30cm，系上小铃铛，两头打结，绑在老鼠的腰间

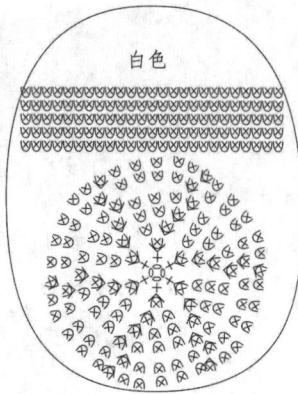

作品123

【材 料】白色线30g，黄色、红色、黑色线少许
【工 具】2.5mm钩针

【钩编要点】
首先用白色毛线编织身体和头部，然后用黄色毛线钩2个羊角和4只脚，最后用黑色毛线缝成眼睛，用红色毛线缝成嘴巴，具体做法如下。

身体的钩法：

填充棉花

白色

行数	短针针数
1	6
2	12
3	18
4	24
5	36
6~20	42
21	36
22	24
23	18
24	12

羊角的钩法：

黄色

行数	短针针数
1	3
2~12	6

用手针把第1行和第9行缝合成羊角。

脚的做法：

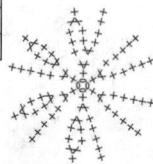

行数	短针针数
1	6
2	12
3~5	16
6~7	12

填充棉花

头部的钩法：

填充棉花

行数	短针针数
1	6
2	12
3	18
4-8	24

眼睛用黑色毛线缝成，嘴巴用红色毛线缝成

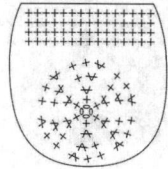

羊角 黄色

白色

10cm

12cm

4只羊脚

作品125

【材 料】白色线30g，粉红色线少许，黑色珠子2个，小铃铛1个
【工 具】1.5mm钩针

【钩编要点】
首先按照身体的钩法，编织身体，然后钩耳朵2个，接着钩嘴巴、鼻子、眼睛等，穿珠子作为眼睛。最后用红色和白色毛线拧成一股，长约30cm，系上小铃铛，两头打结，绑在仓鼠的腰间。

身体的钩法：

白色

行数	短针针数
1	6
2	12
3	18
4	24
5~20	36
21	24
22	18
23	12
24	6

耳朵
粉红色 16
白色 8

耳朵 耳朵

珠子
嘴巴

7cm

5cm

用粉色和白色毛线拧成一股，长约30cm，系上小铃铛，两头打结，绑在仓鼠的腰间。

嘴巴的做法：

粉红色 12

用黑色毛线缝鼻子

眼睛的钩法：

白色

珠子

作品126

【材 料】紫色线50g，红色、粉色、白色线少许，黑色珠子2个，小铃铛1个
【工 具】1.5mm钩针

【钩编要点】
首先按照身体的钩法，编织头部和尾巴，然后拼合卷曲成蛇的形状，接着钩眼睛、舌头，穿珠子作为眼睛。最后用红色和白色毛线拧成一股，长约28cm，系上小铃铛，两头打结绑在蛇的头部下面。

身体的钩法：

头

行数	短针针数
1	6
2	10
3~6	10
7	6
8~15	12

尾巴

行数	短针针数
1	4
2	5
3~10	6

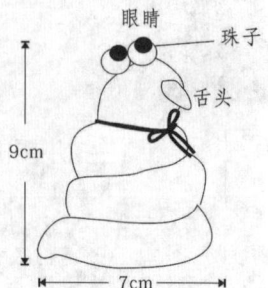

眼睛 珠子
舌头

9cm

7cm

眼睛的钩法：

白色

珠子

舌头的钩法：

红色 舌头钩完后，与身体缝合

作品124

【材 料】黄色和橙色线50g，白色、黑色、红色线少许
【工 具】1.5mm钩针

【钩编要点】
首先编织身体、头部各1个，钩耳朵2个、鼻子1个、手2个、脚2个，然后用手缝针缝合，接着用黑色毛线缝出眼睛和鼻尖，最后钩肚兜1件，具体做法参照如下。

符号说明：
+	短针
⊤	中长针
⊥	长针
∞	锁针

头部的钩法：

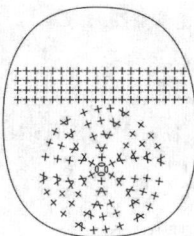

行数	短针针数
1	6
2	12
3	18
4-10	24
11	36
12	24
13	18

身体的钩法：身体填充棉花

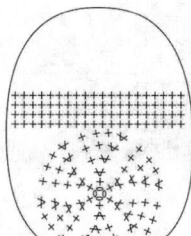

行数	短针针数
1	6
2	12
3	18
4-11	24
12-13	20
14	18
15	12

第1~8行、第11、14行为橙色，
第9、10、12、13、15行为白色。

肚兜的做法

1行白色短针
带子钩7cm长的锁针

耳朵
用黑色毛线缝成
手的做法
肚兜的做法
脚的做法
10cm
5cm

耳朵和鼻子的钩法：

行数	短针针数
1	4
2	8
3	10
4	10
5	10

鼻子填充棉花，
2个耳朵不用。

手的做法

行数	短针针数
1	4
2	8
3	10
4	10
5	8

脚的做法

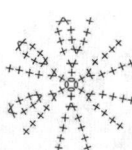

行数	短针针数
1	6
2	12
3-5	15
6	12

手和脚填充棉花

作品127

【材 料】蓝色线60g，天蓝色、深蓝色、白色、紫色、褐色、草莓的红色和绿色毛线少许
【工 具】1.5mm钩针，2.0mm钩针

【钩编要点】
首先编织老鼠的头部、身体、耳朵2个、手2只、脚2只，雌鼠与雄鼠的区别是雄鼠长和宽稍大，雌鼠有裙子。钩完2个老鼠后，钩草莓1个，最后把草莓摆在两鼠之间缝合，具体做法参照如下。

以雌老鼠为例子（雄老鼠的身体和头部的长度和宽度增加2行，耳朵、手和脚的尺寸不变）

符号说明：
+	短针
⊤	中长针
⊥	长针
∞	锁针

头部的钩法：

深蓝色
4cm

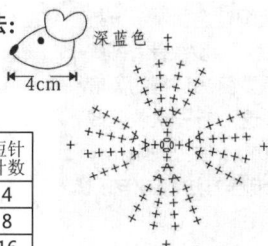

行数	短针针数
1	4
2	8
3-7	16
8	4
9	1

耳朵的钩法：直径2cm

白色　深蓝色　重叠缝合

脚的钩法：

白色　深蓝色
缝合后的效果
白色的腿
深蓝色的拳头
第4行与第1行缝合

尾巴的钩法：∞∞∞ 12针

手的钩法：深蓝色
最后1针与第8针钩合成拳头
14针

身体的钩法：身长5.5cm

天蓝色

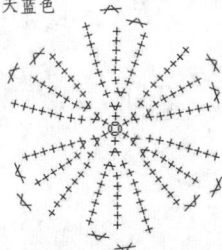

行数	短针针数
1	6
2	12
3-8	18
9	12
10	6
11	1

在身体的第8行挑针钩花边作为裙子，图样如下：

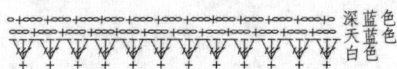

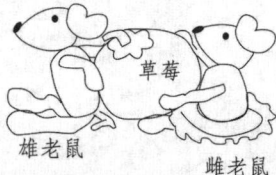

深蓝色
深蓝色
天蓝色
白色

雄老鼠　雌老鼠　草莓

草莓蒂的做法
绿色
蒂穿过花芯缝合

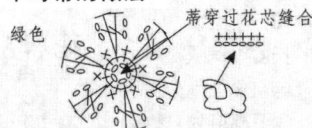

草莓的钩法：高度7.5cm
红色

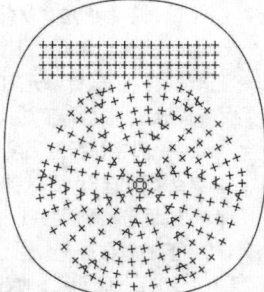

行数	短针针数
1	6
2	12
3	18
4	24
5	36
6	42
7-18	48
19	42
20	36
21	24
22	18
23	12
24	6
25	1

作品128、129

【材 料】红色线100g，黄色线少许
【工 具】1.5mm钩针

【钩编要点】
按照鞋子的结构从鞋底起针，接着钩鞋面连鞋后跟，再钩眼睛，最后钩金鱼尾巴和鞋后跟绑带（绑带由锁针钩成），具体做法参照下图。

结构图

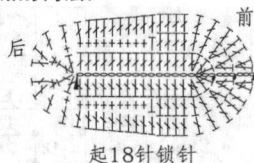

L=11cm

鞋底的钩法：

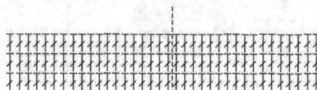

后　前

起18针锁针

鞋高的钩法：

（先围绕鞋底1圈钩3行长针）

鞋头中线

眼睛的钩法：

里层黄色，外层红色

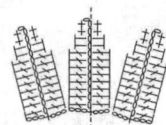

鞋面的钩法：

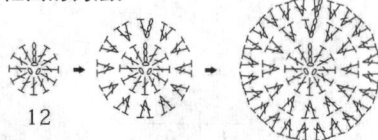

12

鞋后跟尾巴的钩法：

鞋后跟中线

符号说明：

+	短针
T	中长针
ꞁ	长针
∞	锁针

作品130

【成品规格】鞋长10cm，鞋宽5.5cm
【工 具】12号棒针
【编织密度】28针×38行=10cm²
【材 料】宝宝绒线20g

鞋子制作说明

1. 棒针编织法，从鞋底起针，每只鞋用1个红色小球装饰。编织2只小鞋。
2. 从鞋底起织，下针起针法，用红色线编织鞋底，起14针，编织花样A搓板针，织48行的高度，不收针，进行侧面编织。
3. 鞋底余下14针，另取2根棒针，沿着鞋底边缘挑针起织鞋侧面，织一行下针后，第2行将花样分配，取作鞋尖的一端，取32针编织双罗纹针，图解见花样B第1~10行，而其他针数编织花样B桂花针，重复编织16行的高度后，花样B部分暂不编织，将前面双罗纹部分，用线将这32针一次收紧成2针，然后与后面的桂花针一起，往上编织鞋筒，共40针，往上编织花样B中双罗纹针。织30行的高度后，收针断线。用毛线球制作方法，制作1只毛线球，系于鞋尖双罗纹收紧处。
4. 用同样的方法再编织另一只鞋子。

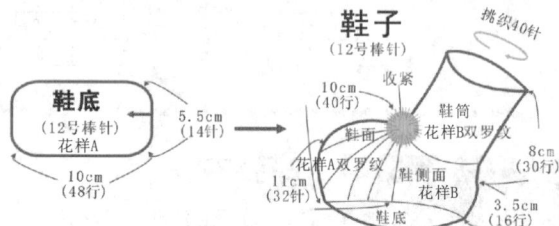

鞋子
（12号棒针）

挑织40针

鞋底
（12号棒针）
花样A

10cm
（48行）

5.5cm
（14针）

收紧

10cm
（40行）

鞋筒
花样B双罗纹

鞋面
花样A双罗纹

11cm
（32针）

鞋侧面
花样B

鞋底

8cm
（30行）

3.5cm
（16针）

符号说明：

□	上针
□=凵	下针
⟍	左上2针与右下1针交叉
⟍	左下2针与右下2针交叉
2-1-3	行-针-次

小球织法

■ = □

花样A（搓板针）

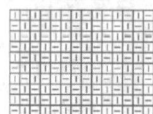

2行一花样

花样F

作品131、323

【成品规格】鞋长12cm，鞋宽6cm
【工 具】10号棒针
【密 度】35行×26针=10cm²
【材 料】宝宝绒线60g

鞋子制作说明

1. 棒针编织法，从鞋底起针。
2. 先编织鞋底，下针起针法，起16针，编织花样A搓板针，无加减织编织64行的高度，不断线，沿着鞋底边缘，挑针编织花样B单罗纹针，共织8行的高度，取鞋尖部分12针，继续编织花样B单罗纹针，编织10行的长度，编织过程与鞋侧面并针，织成10行后，与鞋侧面余下的针数一起，往上编织鞋筒，编织高度为30行，完成后，收针断线，藏好线尾。用同样的方法去编织另一只鞋子。

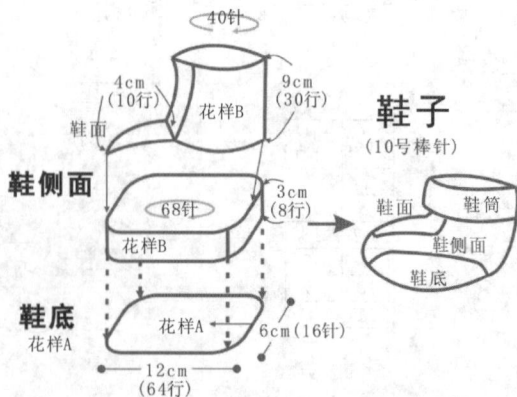

40针

4cm
（10行）

9cm
（30行）

花样B

鞋面

鞋侧面

68针

3cm
（8行）

花样B

鞋底
花样A

6cm
（16针）

12cm
（64行）

鞋子
（10号棒针）

鞋面　鞋筒
鞋侧面
鞋底

符号说明：

□	上针
□=凵	下针
2-1-3	行-针-次
+	短针
ꞁ	长针
∞	锁针

花样A（搓板针）

2行一花样

花样B（单罗纹）

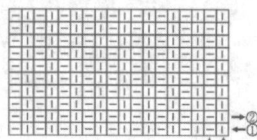

2针一花样

作品132

【成品规格】鞋长11cm，鞋高7cm，鞋宽6cm
【工　　具】12号棒针
【编织密度】30针×44行＝10cm²
【材　　料】蓝色奶棉绒线30g

符号说明：

⊟	上针
□=⊡	下针
⊠	扭针
〓〓〓〓	右上4针下针与左下1针上针交叉
〓〓〓〓	左上4针下针与右下1针上针交叉
2-1-3	行-针-次
＋	短针
∞∞∞	锁针

鞋子制作说明：

1. 钩针编织法，由8块方块拼接而成。
2. 花样为每个方块的图解，起16针锁针起钩，折回钩织1行短针，共16针，往返钩织20行。
3. 共钩织8块这样的方块，根据鞋子的平展图的数字排列顺序拼接，图中虚线双箭头表示将两对边对应拼接。
4. 鞋面钩织一段花边，沿着图解中的线迹对应缝合。

鞋面花边图解

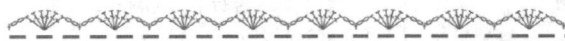

将花边沿着左图的线迹缝合在鞋面上

花样

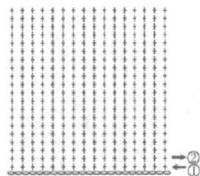

鞋

（1.25mm钩针）

7cm

11cm　　鞋宽6cm

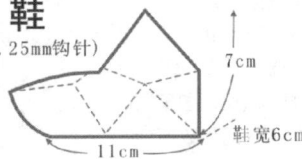

每个方块为一个花样

鞋平展图

虚线箭头表示对边相拼接

作品133

【成品规格】鞋长12cm，鞋宽7cm
【工　　具】1.75mm钩针
【材　　料】宝宝绒线50g

符号说明：

2-1-3	行-针-次
＋	短针
┼	长针
∞∞∞	锁针
↟	七宝针

鞋子制作说明

1. 棒针编织法，从鞋底起织。
2. 先编织鞋底，下针起针法，起20针，编织下针花样，无加减针编织36行的高度，不断线，沿着鞋底边缘，挑针编织花样，共织12行的高度，取鞋尖部分20针，全编织下针，编织10行的长度，编织过程与鞋侧面并针，织成10行后，与鞋侧面余下的针数一起，往上编织鞋筒，编织高度为28行，最后4行编织搓板针，完成后，收针断线，藏好线尾，用同样的方法去编织另一只鞋子。

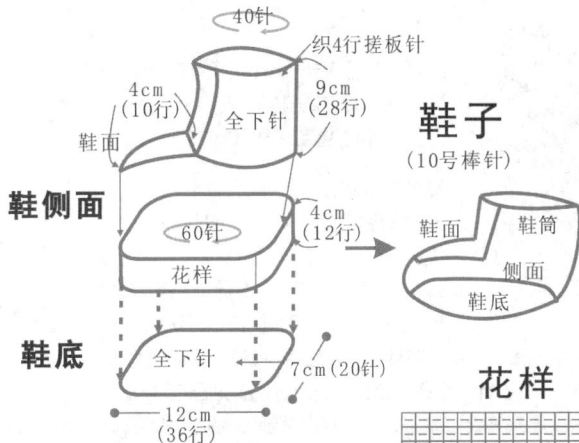

40针
织4行搓板针
4cm（10行）　9cm（28行）
鞋面　全下针
鞋侧面
60针
4cm（12行）
花样
鞋底　全下针
7cm（20针）
12cm（36行）

鞋子
（10号棒针）
鞋面　鞋筒
侧面
鞋底

花样

4行一花样

作品134

【成品规格】袜长11.5cm，袜宽5cm
【工　　具】12号环形针，1.50mm钩针
【材　　料】粉红色奶棉绒线30g

符号说明：

⊟	上针
□=⊡	下针
▯	滑针
2-1-3	行-针-次
＋	短针
┼	长针
∞∞∞	锁针

袜子
（12号棒针）

5.5cm（20行）　花样B
20行搓板针　花样C
花样A
5cm
花样A
花样A
2cm（12行）
11.5cm
花样D

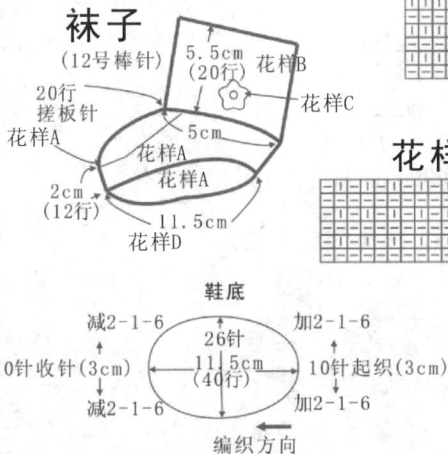

鞋底

减2-1-6　　加2-1-6
10针收针（3cm）　26针　10针起织（3cm）
11.5cm（40行）
减2-1-6　　加2-1-6

编织方向

花样A（搓板针）

2行一花样

花样B

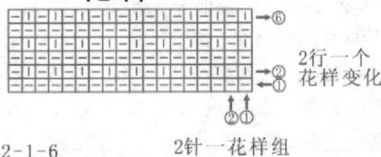

2行一个花样变化

2针一花样组

袜子制作说明：

1. 棒针编织法与钩针编织法结合，袜身用棒针编织法，袜筒边的花朵用钩针编织法。
2. 从袜底起织，起10针织，两侧同时加针，方法为2-1-6，针数加至30，不加减针织14行后，两侧减针编织，方法为2-1-6，将针数减至18针，不收针，进行下一行编织。
3. 袜底余下10针，另取2根棒针，沿着袜底边缘挑针起织袜侧面，共织12行搓板针花样。
4. 取袜底起针处的10针上面对应的鞋面边缘，取8针编织鞋面，往返编织，两侧与袜侧面的针数，2针并为1针，如此重复编织20行，最后袜子形成1个管口，往上就是编织袜筒，花样改织花样B，共织20行，最后收针断线。
5. 最后钩1段锁边辫子，约20cm长，将辫子穿过袜筒的下端，并钩织1朵小花，花样图解见花样C，缝于袜子的外侧袜筒上，用同样的方法再编织另1只袜子。

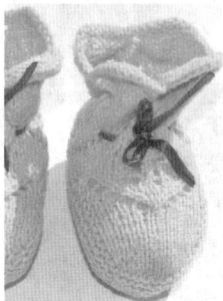

作品135

【成品规格】鞋长10cm，鞋宽5.5cm

【工　　具】12号棒针，12号环形针，1.75mm钩针

【编织密度】26针×31行=10cm²

【材　　料】宝宝绒线20g

鞋子制作说明：

1. 棒针编织法，从鞋底起织，编织2只小鞋。

2. 从鞋底起织，下针起针法，起20针，两侧同时加针，方法为2-1-3，针数加至26针，不加减针织14行后，两侧减针编织，方法为2-1-3，将针数减至20针，不收针，进行下一步编织。鞋底编织花样A搓板针。

3. 鞋底余下20针，另取2根棒针，沿着鞋底边缘挑织起织鞋侧面，编织花样A，共织8行，取鞋底一端作鞋尖，取10针编织花样A，即搓板针花样，行行编织时与鞋侧面留下的针合并，编织20行搓板针，然后连接起鞋侧面的针数继续编织鞋筒，织花样B双罗纹针，织16行的高度。

4. 用同样的方法再编织另一只鞋子。

花样A（搓板针）
（鞋底图解）

2行一花样

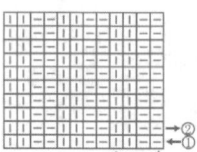
花样B（双罗纹）

4针一花样

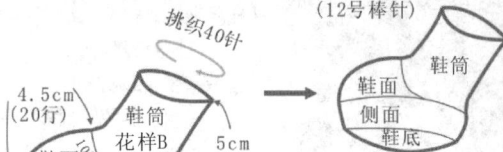
鞋子
（12号棒针）

鞋筒
鞋面
侧面
鞋底

挑织40针

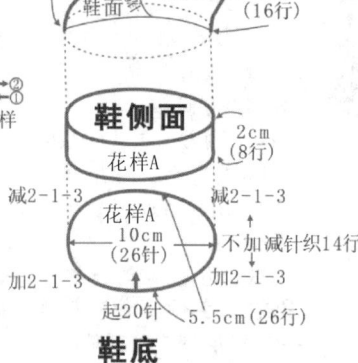

4.5cm（20行）　鞋筒花样B　5cm（16行）
鞋面
鞋底
鞋侧面
花样A
2cm（8行）
减2-1-3　　减2-1-3
花样A　10cm（26针）
不加减针织14行
加2-1-3　　加2-1-3
起20针　5.5cm（26行）
鞋底

符号说明：

□	上针
□=□	下针
⊠	右上2针并1针
▣	镂空针
⅂	逆短针
2-1-3	行-针-次
┼	短针
┤	长针
∞	锁针

作品136

【成品规格】鞋长10cm，鞋宽5cm

【工　　具】12号棒针

【材　　料】宝宝绒线30g

鞋子制作说明：

1. 棒针编织法，先编织鞋底，再织侧面和鞋筒。

2. 鞋底起织，起8针下针，编织花样B搓板针，两侧同时加针，方法为1-1-2，然后不加减针织18行，再减针织，方法为1-1-2，将鞋底织成22行，余下8针，不收针，留在棒针上，进行下一步侧面的编织。

3. 侧面的编织，原来棒针上余下8针，沿左侧鞋底边缘，挑针织，用4根针编织，全织花样B搓板针，织10行的高度。然后取鞋尖的13针编织鞋面，织至两端时，原左右2根棒针上的针数合并编织，鞋面图解见花样A的前24行花样，然后将其他棒针上的针数连在一起，往上编织鞋筒，图解为花样A中的25至42行的花样。完成后收针断线，用同样的方法再编织另一只鞋子。

花样B（搓板针）

2行一花样

花样A
（鞋面与鞋筒图解）

鞋子
（12号棒针）

7cm（24行）鞋筒花样A
6cm（18行）
2cm（10行）侧面
鞋底

鞋底

5cm（12行）
减1-1-2　　减1-1-2
4cm（8针）花样B 10cm（22行）4cm（8针）
减1-1-2　　加1-1-2

符号说明：

□	上针
□=□	下针
⊠	右上2针并1针
▣	镂空针
▤	3针并1针
2-1-3	行-针-次
┼	短针
┤	长针

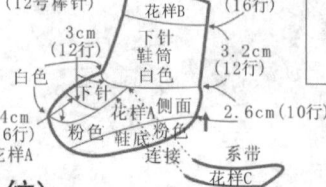

作品137

【成品规格】鞋长9cm，鞋宽5cm

【工　　具】12号棒针，12号环形针，1.75mm钩针

【材　　料】宝宝绒线20g

鞋子制作说明

1. 棒针编织法，从鞋底起织，用白色线与粉色线搭配编织，编织2只小鞋。

2. 从鞋底起织，起10针起织，两侧同时加针，方法为2-1-2，针数加至14针，不加减针织44行后，两侧减针编织，方法为2-1-2，将针数减至10针，不收针，进行下一步编织。鞋底编织花样A搓板针，用粉色线编织。

3. 鞋底余下10针，另取2根棒针，沿着鞋底边缘挑针起织鞋侧面，编织花样A，共织10行，取鞋底一端作鞋尖，取10针编织花样A，即搓板针花样，用粉色线编织，行行编织时与鞋侧面留下的合并，编织16行搓板针，然后改用白色线编织，全织下针，织12行后，连接起鞋侧面的针数继续编织鞋筒，仍用白色线编织，先织12行下针，再改织花样B单罗纹针，共36针，织16行后，收针断线。在鞋面与鞋筒连接处，用粉色线，钩织一段系带缝于两端，系带的图解见花样C。

4. 用同样的方法再编织另一只鞋子。

花样A（搓板针）

2行一花样

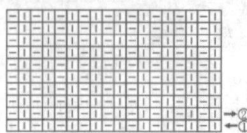
鞋子
（12号棒针）

挑织36针
4.2cm（16行）
3cm（12行）下针　花样A鞋筒白色
3.2cm（12行）
白色下针
花样A侧面
4cm（16行）粉色鞋底粉色连接
2.6cm（10行）
花样A　系带花样C

花样B（单罗纹）

2针一花样

花样C
（鞋系带图解）

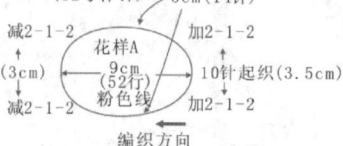

符号说明：

□	上针
□=□	下针
⊠	右上2针并1针
▣	镂空针
2-1-3	行-针-次
┼	短针
┤	长针

鞋底
（12号棒针）

减2-1-2　　加2-1-2
10针收针（3cm）花样A 9cm（52行）10针起织（3.5cm）
减2-1-2　粉色线　加2-1-2
编织方向

作品138

【成品规格】鞋长11cm，鞋宽5cm
【工　具】12号棒针
【编织密度】33针×40行=10cm²
【材　料】白色宝宝绒线20g

鞋子制作说明：

1. 棒针编织法，从鞋底起织，编织2只鞋子。

2. 从鞋底起织，起10针，两侧同时加针，方法为2-1-3，针数加至16针，不加减织32行后，两侧减针编织，方法为2-1-3，将针数减至10针，不收针，进行下一步编织。

3. 鞋底余下10针，另取2根棒针，沿着鞋底边缘挑针起织鞋侧面，先织1行下针，再加织4行下针，然后第5行至第8行，编织花样B中第2层中的配色图案，然后再织4行下针，完成鞋侧面编织，再做鞋尖部分，取10针出来，编织花样A作鞋面，编织时，两侧2针分别与鞋侧面并针，共织24行，第24行时，织完鞋面的针数，就沿着鞋侧面上面的针数连起来编织，编织花样A，环织，完成后收针断线。

4. 用同样的方法再编织另一只鞋子。在鞋筒边上缝上一段布花边。

符号说明：

□　上针
□=回　下针

右下3针与
左下3针交叉

2-1-3　行-针-次

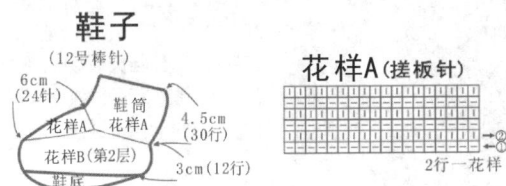

鞋子
(12号棒针)

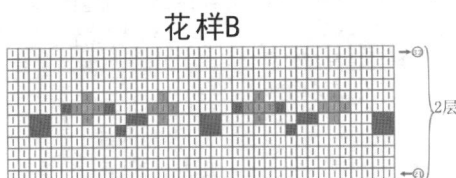

鞋底
(12号棒针)

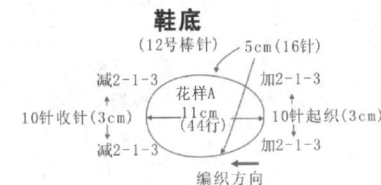

花样A(搓板针)

2行一花样

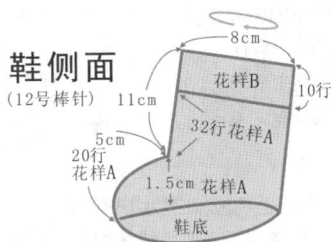

花样B

2层

作品139、257~261、263

【成品规格】鞋长11cm，鞋宽7cm
【工　具】1.25mm钩针
【材　料】宝宝绒线30g

鞋子制作说明：

1. 棒针编织法，从鞋底起织。

2. 鞋底起18针，织花样C，两侧同时加针，方法为2-1-5，然后不加减针织28行，再减针，减针方法与加针一样，将针数减至余下18针。

3. 沿着鞋底边缘，挑针起织鞋侧面，织花样A，鞋面留5cm的宽度编织花样A，共织20行，最后与鞋后跟连接起织，一起编织鞋筒，织花样A，共织32行，最后织10行花样B收针完成。

4. 用同样的方法再编织另一只鞋子。

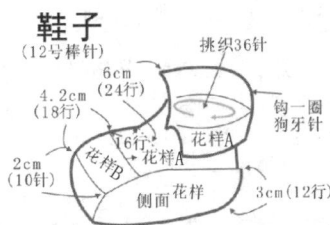

鞋底
(12号棒针)

鞋侧面
(12号棒针)

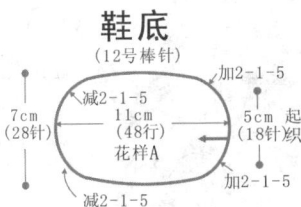

花样A

4行一花样

符号说明：

□　上针
□　下针
図　扭针
＋　短针

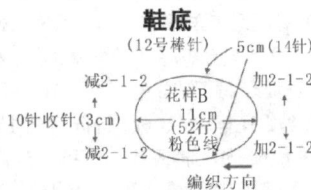

花样B(双罗纹)

4针一花样

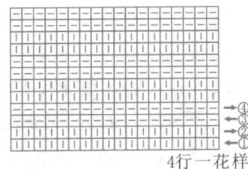

花样C(搓板针)

2行一花样

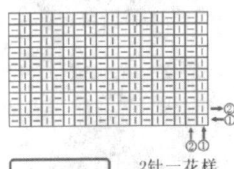

作品140

【成品规格】鞋长11cm，鞋宽5cm
【工　具】12号棒针，12号环形针
【编织密度】30针×42行=10cm²
【材　料】宝宝绒线20g

鞋子制作说明：

1. 棒针编织法，从鞋底起织，用白色线与粉色线搭配编织，白色线钩织花边。编织2只小鞋。

2. 从鞋底起织，起10针，两侧同时加针，方法为2-1-2，针数加至14针，不加减针织44行后，两侧减针编织，方法为2-1-2，将针数减至10针，不收针，进行下一步编织。鞋底编织花样B搓板针。用深粉色线编织。

3. 鞋底余下10针，另取2根棒针，沿着鞋底边缘挑针起织鞋侧面，编织花样B，共织12行，取鞋底一端作鞋尖，取10针编织花样B，即搓板针花样，行行编织时与鞋侧面留下的针合并，编织18行搓板针，然后改织单罗纹花样A，织16行后，连接起鞋侧面的针数继

续编织鞋筒，先织12行的高度，将环织变片织，在鞋筒前面的中间分开，再织12行的高度，共24行，收针断线。然后沿着鞋筒边缘和开口的边，用白色线钩织1行狗牙拉针。

4. 用同样的方法再编织另一只鞋子。

鞋子
(12号棒针)

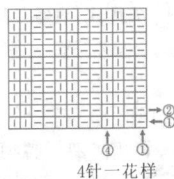

花样A(单罗纹)

2针一花样

狗牙拉针

鞋底
(12号棒针)

花样B(搓板针)

2行一花样

符号说明：

□　上针
□=回　下针
⊠　右上2针并1针
回　镂空针

2-1-3　行-针-次

＋　短针
｜　长针
∞　锁针

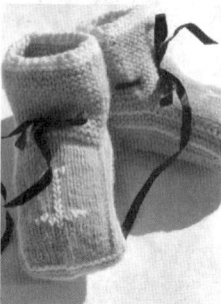

作品141

【成品规格】鞋长10cm，鞋宽6cm

【工　具】12号棒针，1.75mm钩针

【材　料】宝宝绒线40g

符号说明：

□	上针
□=回	下针
⊠	右上2针并1针
回	镂空针
2-1-3	行-针-次
+	短针
╤	长针
∞	锁针

鞋子制作说明：

1. 棒针编织法，从鞋底起织。

2. 先编织鞋底，下针起针法，起20针，编织下针花样，无加减针编织36行的高度，不断线，沿着鞋底边缘，挑针编织花样D，共织12行的高度，取鞋尖部分20针，全编织下针，编织10行的长度，编织过程与鞋侧面并针，织成10行后，与鞋侧面余下的针数一起往上编织鞋筒，编织高度为28行，最后4行编织搓板针，完成后，收针断线，藏好线尾，用同样的方法去编织另一只鞋子。

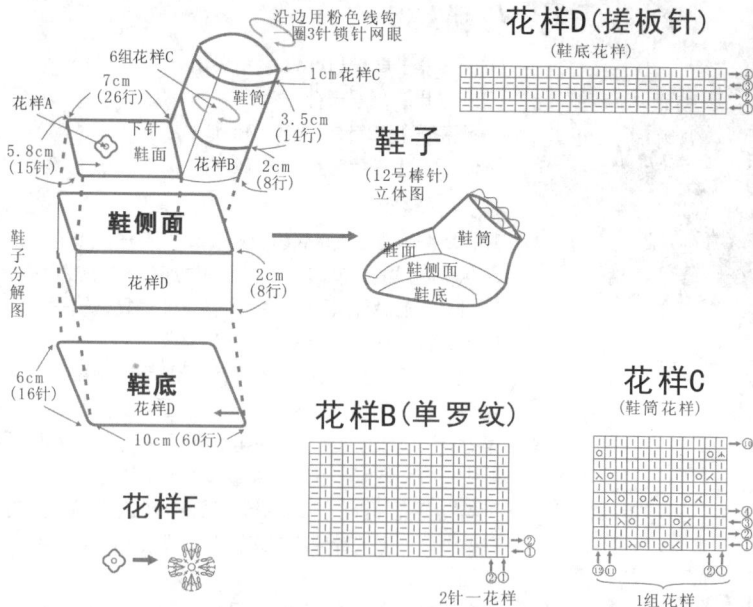

花样D（搓板针）（鞋底花样）

鞋子（12号棒针）立体图

花样F

花样B（单罗纹）　2针一花样

花样C（鞋筒花样）　1组花样

作品142

【成品规格】鞋长10cm，鞋宽5cm

【工　具】1.75mm钩针

【编织密度】26针×45行=10cm²

【材　料】宝宝绒线30g

符号说明：

□	上针
□=回	下针
2-1-3	行-针-次
+	短针
╤	长针
∞	锁针

鞋子制作说明：

1. 棒针编织法，用浅蓝色线和白色线搭配钩织。

2. 从鞋底起织，鞋底只用浅蓝色线编织花样A搓板针，下针起针法，起16针编织58行的高度，不收针，进入鞋侧面的编织。

3. 鞋底余下的16针留在棒针上，另用棒针沿着鞋底边缘挑针编织下针，织1圈后，与原来的16针连接起来进行环织，先用浅蓝色线编织4行高度的搓板针，再用白色线编织2行的搓板针，重复这个配色编织，将鞋侧面织成12行的高度。图解见花样B。

4. 取鞋一尖端的15针，编织鞋面，往返编织，全织下针，编织花样C配色图案，共织成32行的高度，在编织过程中，两侧的2针与鞋侧面的针数合并编织。织成32行后，与鞋侧面其他针数一起进行环织，用浅蓝色线编织28行的高度后，改用白色线编织6行的搓板针，收针断线。

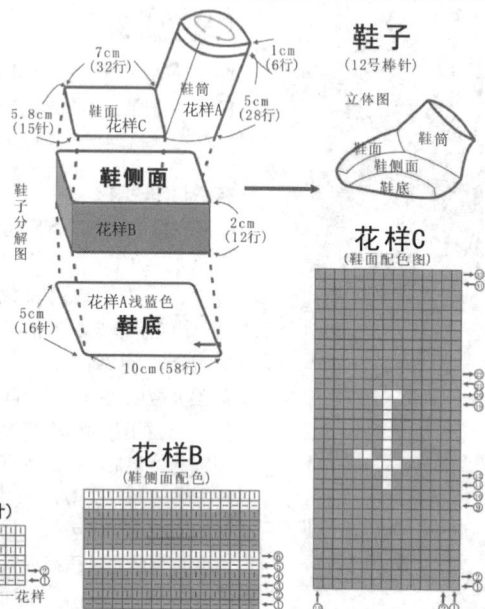

鞋子（12号棒针）立体图

花样C（鞋面配色图）

花样B（鞋侧面配色）

花样A（搓板针）　2行一花样

作品144

【成品规格】鞋长10cm，鞋宽6.5cm

【工　具】12号棒针

【编织密度】28针×40行=10cm²

【材　料】宝宝绒线20g

鞋子制作说明：

1. 棒针编织法，从鞋底起织，用红色线编织。

2. 起18针起织花样A即搓板针，织60行作鞋底。

3. 余下18针作鞋尖，另取2根棒针，沿着鞋底边缘挑针起织鞋侧面，编织花样A，共织14行。取一端的18针作鞋尖，编织花样A作鞋面，行行编织时与鞋侧面留下的针合并，编织30行搓板针，然后连接起鞋侧面的针数继续编织鞋筒，鞋筒圈织双罗纹针64针，先织25行红色再换白色线织2行，收针断线。

4. 用同样的方法再编织另一只鞋子。

5. 用红色线做2个毛线球分别固定在2只鞋尖上作装饰。

符号说明：

□	上针
□=回	下针
⊠	右上2针并1针
⊠	左上2针并1针
回	镂空针
2-1-5	行-针-次

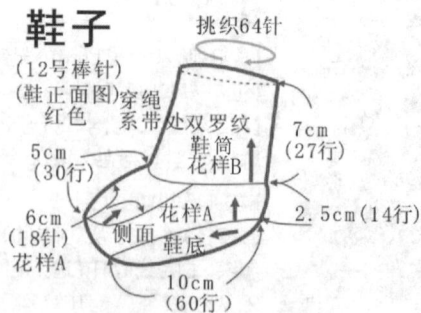

鞋子（12号棒针）（鞋正面图）穿绳系带处双罗纹红色

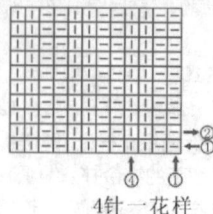
花样B（双罗纹）　4针一花样

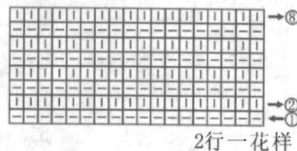
花样A（搓板针）　2行一花样

作品143

【成品规格】鞋长11cm，鞋宽4.5cm
【工　具】1.75mm钩针
【材　料】宝宝绒线20g

鞋子制作说明：

1. 钩针编织法，从鞋底起钩，用紫色线与白色线搭配钩织。

2. 先钩织鞋底，起钩锁针，起14针，然后再加钩3针锁针起钩，钩织第1行长针行，共13针，在最后1针的针眼里，加钩6针长针，然后在14针的对侧，钩织14针长针，同样在最后1针，即起始的第1针的针眼里，加6针，最后1针与第1针闭合，第2行钩织方法，参照花样D。

3. 侧面的钩织，侧面的针数与鞋底最后1圈的针数相同，钩织2行长针行。

4. 鞋面的钩织，取鞋尖6针的宽度，起钩长针行，无加减针，共钩织3行。

5. 鞋筒的钩织，鞋筒只有2行的高度，先沿着余下的鞋侧面边缘和鞋面的上边缘，挑针钩织1行长针行，用紫红色线钩织，完成后，断线，藏好线尾，改用白色线钩织最后1行，图解见花样A花边，完成后，断线，藏好线尾。再根据系带图解，用白色线钩织1段系带，穿过鞋筒上白色花边的孔。同样的方法钩织另一只鞋子。

符号说明：

2-1-3	行-针-次
+	短针
⊺	长针
∾∾	锁针
❀	水草花

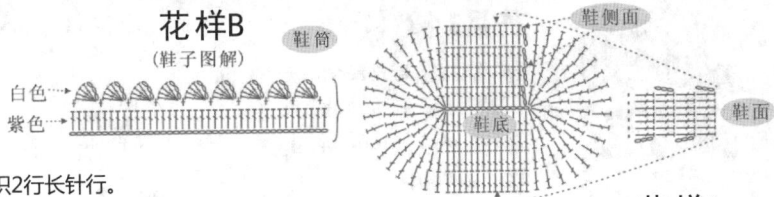

花样B
（鞋子图解）
白色　紫色　鞋筒

鞋侧面　鞋底　鞋面

花样A

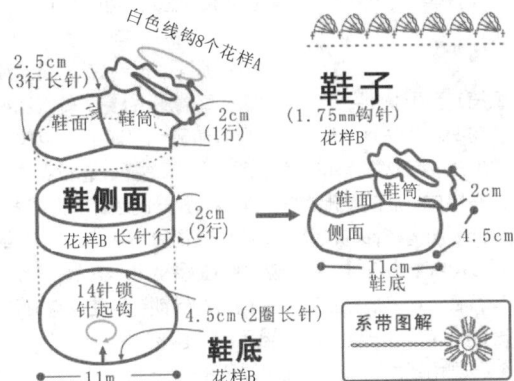

白色线钩8个花样A

2.5cm（3行长针）　鞋面　鞋筒　2cm（1行）

鞋侧面　花样B 长针行　2cm（2行）

14针锁针起钩　4.5cm（2圈长针）

11m　鞋底　花样B

鞋子
（1.75mm钩针）
花样B

鞋面　鞋筒　2cm　4.5cm　侧面　11cm　鞋底

系带图解

作品167

【成品规格】鞋长9.5cm，鞋宽5cm
【工　具】12号棒针，1.25mm钩针
【编织密度】30针×40行=10cm²
【材　料】黄色宝宝绒线20g

袜子制作说明：

1. 棒针编织法与钩针编织法结合，袜身用棒针编织法，袜筒边的花边用钩针编织法。

2. 从袜底起织，起18针，两侧同时加针，方法为2-1-6，针数加至30针，不加减针织14行后，两侧减针编织，方法为2-1-6，将针数减至18针，不收针，进行下一行编织。

3. 袜底余下18针，另取两根棒针，沿着袜底边缘挑针起织袜侧面，共织10行搓板针花样。

4. 在袜底起针处的18针上面对应的鞋面边缘，取12针编织鞋面，往返编织，两侧与袜侧面的针数，2针并为1针，如此重复编织20行，最后袜子形成一个管口，往上就是编织袜筒，花样无变化，依旧编织搓板针花样，共织32行，而后直接收针，不断线，留线，用钩针钩织1圈花边，花边图解见花边A。

袜子
（12号棒针）

8cm（32行）　侧面　2.5cm　底

20行搓板针　10行搓板针

钩一圈花边A（1.25mm钩针）

鞋底
减2-1-6　加2-1-6
18针收针（5cm）　9.5cm（38行）　18针起织（5cm）
减2-1-6　加2-1-6
编织方向

花边A

符号说明：

□	上针
□=□	下针
⊠	右并针
⊠	左并针
◎	镂空针
2-1-3	行-针-次

花样B（搓板针）
2行一花样

（凤尾花）花样C
以这行为中心对折

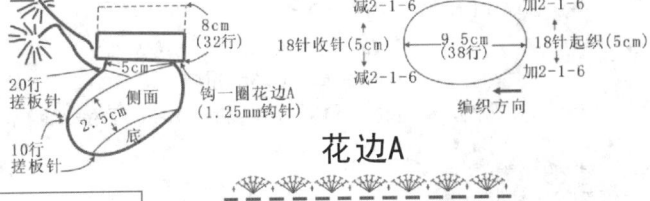

作品147

【成品规格】鞋长11cm，鞋宽5cm
【工　具】1.75mm钩针
【材　料】宝宝绒线30g

鞋子制作说明：

1. 钩针编织法，从鞋底起钩，用红色线与白色线搭配钩织。

2. 先钩织鞋底，起钩锁针，起20针，折回钩20针短针，共20针，在最后1针的针眼里，加6针短针，然后在20针的对侧，钩织20针短针，同样在最后1针，即起始的第1针的针眼里，加6针，最后1针与第1针闭合，第2行至第5行的钩织方法，参照花样。

3. 鞋面的钩织，鞋面由一些锁针辫子组成，共6段，每段的长度为8cm，将之缝于鞋底两侧边近鞋尖部分，再钩3段15cm长的锁针辫子，作后跟的系带。再用白色线钩织1朵小花，并用法国结的方法，将小花与鞋面的6段锁针辫子集中扎紧在一起。用同样的方法钩织另一只鞋子。

符号说明：

2-1-3	行-针-次
+	短针
⊺	长针
∾∾	锁针

鞋子
（1.75mm钩针）
花样

后跟系带长15cm

鞋底　20针锁针起钩　小花白色

5cm　鞋面系带长8cm　11cm

后跟系带

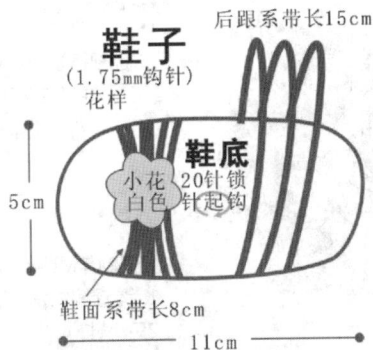

（鞋面图解）

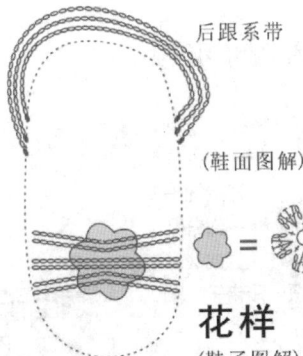

🌸 = ❀

花样
（鞋子图解）

鞋底

作品148

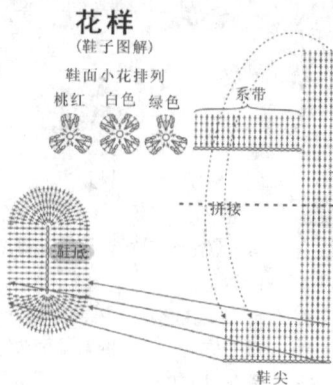
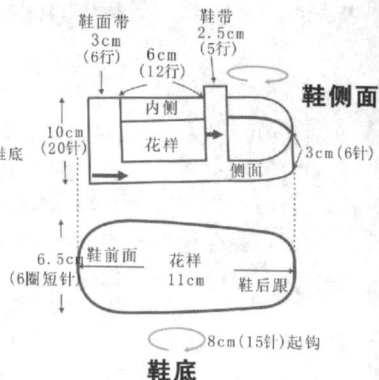

【成品规格】鞋长11cm，鞋宽6.5cm
【工　　具】1.75mm钩针
【材　　料】宝宝绒线50g

鞋子制作说明：

1. 钩针编织法，用红色线钩织，白色线和红色线作小花装饰。

2. 从鞋底起钩，起8cm长，或15针锁针，再钩1针短针起高，钩织第1行短针，共12针，然后在尾端加6针完成转弧钩织，接着钩织12针短针，最后另一尾端加6针，鞋后跟方向短针可钩稍短些，完成第1圈的长针钩织，从第2圈起，依照花样的图解钩织，将鞋底钩成6圈短针。

3. 在完成鞋底的基础上，从前端转弧一侧起针挑钩鞋面带，起1针固定位置，钩10cm长，或20针锁针，加钩1针锁针起高，返回钩织短针，共20针，两端与鞋底钩合，依此方法共钩6行，完成鞋面带钩织，不断线，在一侧继续往返钩织6针短针，形成鞋侧面，与鞋底钩合侧不变，钩11行，第12行在未与鞋底钩合方向加钩出20针锁针，往返钩5行短针，留出扣眼，作为系带，继续前面6针短针的钩织，一直钩到与鞋面带连接钩合。

4. 分别用红色线、白色线、绿色线钩织3朵小花，别于鞋面上，系带连接处，也钩织1朵4瓣小花，用于连接。用同样的方法钩织另一只鞋子。

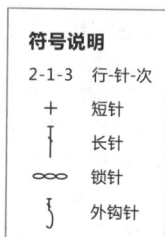
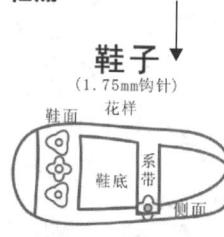

作品149

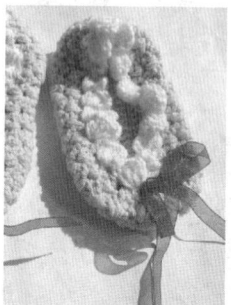

【成品规格】鞋长11cm，鞋宽5cm
【工　　具】1.75mm钩针
【材　　料】棉绒线帽子30g，红色装饰丝带一条

鞋子制作说明：

1. 钩针编织法，从鞋底起钩，钩织2只小鞋。

2. 从鞋底起钩，起6.5cm长的锁针起钩，返回钩1行长针，共14针，依照图解的顺序去钩织，鞋底钩3圈长针，然后开始钩织侧面，鞋侧面挑钩花样，挑的针数要比鞋底第3圈的针数少，共钩3行，钩成半圆形，收针断线，改用白色线钩织1圈装饰边，见花样。收针断线。

3. 在鞋面上缝好装饰丝带蝴蝶结。

4. 用同样的方法再编织另一只鞋子。

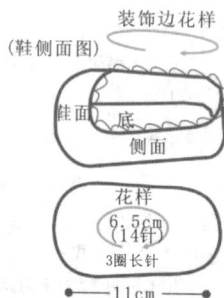
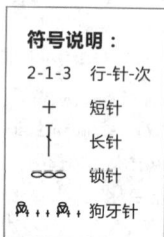
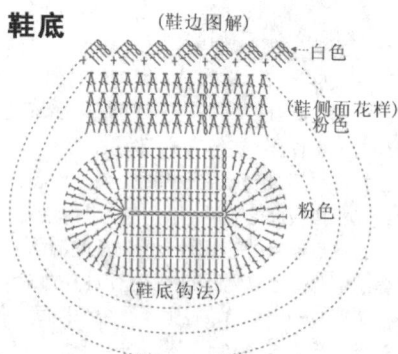

作品150

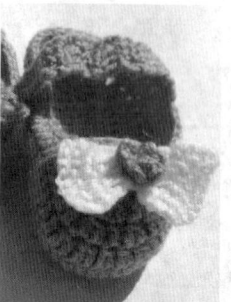

【成品规格】鞋长11cm，鞋宽6cm
【工　　具】1.75mm钩针
【材　　料】宝宝绒线50g

鞋子制作说明：

1. 钩针编织法，从鞋底起钩，钩织2只小鞋。

2. 从鞋底起钩，起17针锁针，返回钩1圈长针，依照图解的顺序去钩织，鞋底钩3圈长针，然后开始钩织侧面，侧面钩2圈长针，鞋尖部分利用将短针并针的方法将鞋尖弯曲成鞋面。然后在鞋侧面钩织一段带子。图解见鞋系带图解。

3. 用同样的方法再钩织另一只鞋子。

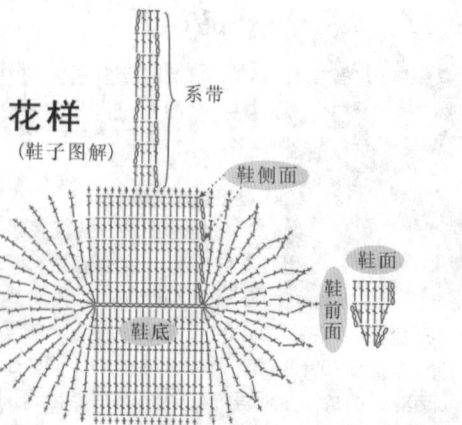
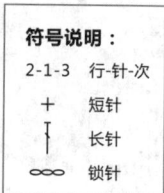
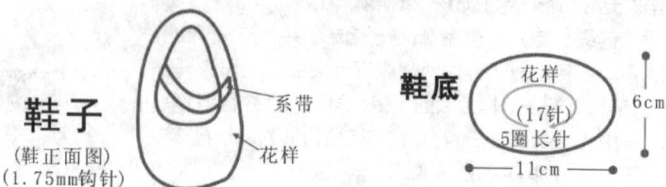

作品151

【成品规格】鞋长11cm，鞋宽5cm
【工　具】1.75mm钩针，10号棒针
【材　料】宝宝绒线50g，红色、黑色、深红色线少

鞋子制作说明：

1. 钩针编织法，从鞋底起钩，用白色线钩织鞋子。钩织2只鞋子。
2. 先钩织鞋底，起钩锁针，起16针，然后再加钩3针锁针起钩，钩织第1行长针行，共16针，在最后1针的针眼里，加针6针长针，然后在16针的对侧，钩织16针长针，同样在最后1针，即起始的第1针的针眼里，加6针，最后1针与第1针闭合，第2行和第3行的钩织方法，参照花样。
3. 侧面的钩织，侧面的针数与鞋底最后1圈的针数相同，第1行无加减针，第2行和第3行鞋尖部分有减针，将鞋尖往内收紧，形成斜鞋面，再参照鞋面的图解钩织鞋面系带，折回鞋内缝合，参照花样钩织后跟系带，穿过鞋面系带的孔。
4. 参照花样中眼睛图解，钩织2只眼睛，缝于鞋面的两侧，再用红色线和黑色线绣出鼻子。

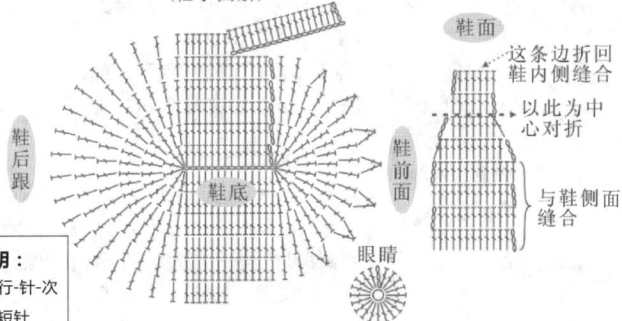

花样
(鞋子图解)

符号说明：

2-1-3	行-针-次
+	短针
⊺	长针
∞	锁针
	蜜枣针

鞋子
(1.75mm钩针)
花样F

鞋底
花样F

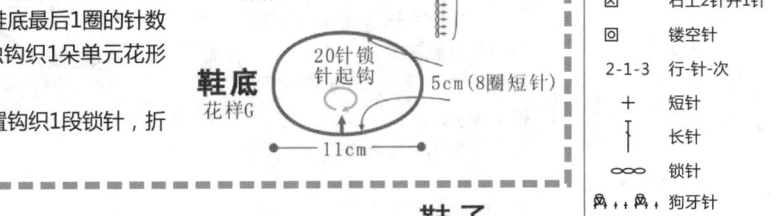

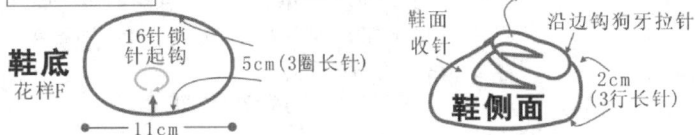

作品152

【成品规格】鞋长11cm，鞋宽5cm
【工　具】1.75mm钩针
【材　料】宝宝绒线50g

鞋子制作说明：

1. 钩针编织法，从鞋底起钩，鞋底和鞋侧面全由短针钩成，鞋面单独钩织，再与鞋侧面边缘缝合。
2. 先钩织鞋底，起钩锁针，起20针，钩织第1行短针行，共20针，在最后1针的针眼里，加6针长针，然后在20针的对侧，钩织20针长针，同样在最后1针，即起始的第1针的针眼里，加6针，最后1针与第1针闭合，第2行至第8行的钩织方法，参照花样。
3. 鞋侧面的钩织，鞋侧面的针数与鞋底最后1圈的针数相同，共由4行短针组成，鞋面单独钩织1朵单元花形成，将之与鞋尖部分缝合。
4. 鞋带的钩织，参照花样的所在位置钩织1段锁针，折回钩1行短针形成。

符号说明：

2-1-3	行-针-次
+	短针
⊺	长针
∞	锁针
	狗牙拉针

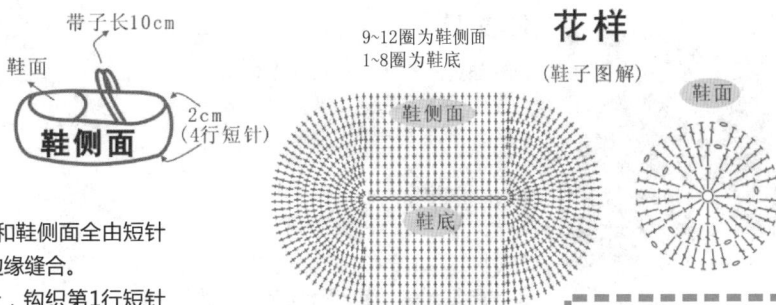

花样
(鞋子图解)

9~12圈为鞋侧面
1~8圈为鞋底

鞋子
(1.75mm钩针)
花样G

鞋底
花样G

符号说明：

□	上针
□=□	下针
⊠	右上2针并1针
⊡	镂空针
2-1-3	行-针-次
+	短针
⊺	长针
∞	锁针
	狗牙针

作品153

【成品规格】鞋长12cm，鞋宽5cm
【工　具】1.75mm钩针
【材　料】宝宝绒线50g

鞋子制作说明：

1. 钩针编织法，从鞋底起钩，钩织2只小鞋、2朵小花。
2. 从鞋底起钩，起6cm长的锁针，返回钩1行长针，共16针，依照花样A的顺序去钩织，鞋底钩3圈长针，钩织2片鞋底，将2片并合，边缘用引拔针锁边。
3. 鞋面单独钩织，花样由短针组成，图解见花样B起10针锁针起钩，返回钩1行短针，共10针，然后两侧同时加针，将针数加成16针，然后不加减针钩织成20行。完成后将3边与鞋底拼接。
4. 鞋后跟部是沿鞋底后跟部分，挑12cm的长度

的范围来钩织短针行，往返钩织，共钩成10行短针。
5. 钩织一段系带。系带图解见花样D，起锁针与第1圈短针用白色线钩织，外两层短针用粉色线钩织，带子全长10cm，将其一端缝合于鞋后跟部。
6. 用白色线沿着鞋面以上，所有鞋的边缘钩织1行花边锁边，图解见花样C中的最上面那行花样图解。
7. 钩织1朵小花，用白色线钩织，再用红色线在中间打2个结，系在鞋面上。

花样D
(鞋面系带图解)

鞋子
(1.75mm钩针)

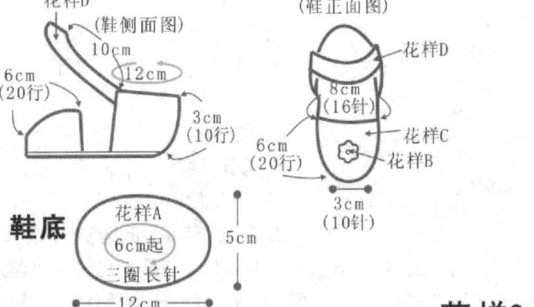

花样D
(鞋侧面图)

(鞋正面图)

花样D
花样C
花样B

鞋底

花样A
6cm起
三圈长针

花样A
(鞋底图解)
(钩两层)

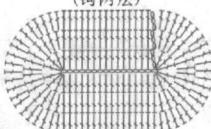

花样B
(鞋面小花图解)
白色线

花样C
(鞋面图解)
用白色线钩织

鞋尖

作品154

【成品规格】鞋长11cm，鞋宽5cm
【工　具】1.75mm钩针
【编织密度】24针×38行=10cm²
【材　料】宝宝绒线40g，花朵装饰扣2枚

鞋子制作说明：

1. 钩针编织法，从鞋底起钩，钩织2只鞋子。
2. 从鞋底起钩，起16针锁针，加高3针锁针，钩织第1行长针，先钩织16针长针后，在第16针的位置，加6针，然后再钩16针长针，最后加钩6针，第1行闭合。然后从第2行起，依照图解加针，钩成3行长针，最后用1行锁针锁边。
3. 鞋面的钩织，见花样A的钩织顺序，将鞋面钩成半圆形，然后钩织1朵小花，再用1枚黄色花样扣钉在鞋面上。
4. 用同样的方法再编织另一只鞋子。

符号说明：

符号	说明
□	上针
□=□	下针
⊠	中上3针并1针
⊡	镂空针
2-1-3	行-针-次
+	短针
╎	长针
∞∞	锁针

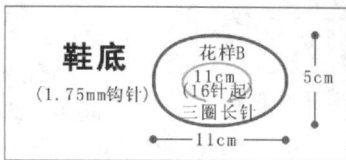

鞋子
（鞋侧面图）
（1.75mm钩针）
5cm　花样A
5cm
2.5cm
3层长针
11cm

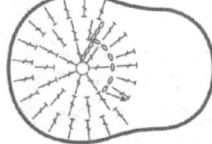

鞋底
（1.75mm钩针）
花样B
11针起
三圈长针
5cm
11cm

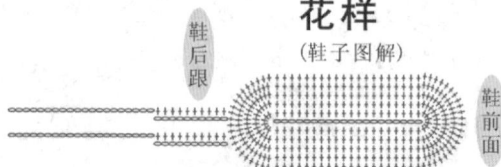

花样B
（鞋底图解）

花样C
（鞋上小花图解）

花样A
（鞋面图解）

作品155

【成品规格】鞋长11cm，鞋宽6cm
【工　具】1.75mm钩针
【材　料】宝宝绒线50g

鞋子制作说明：

1. 钩针编织法，从鞋底起钩，钩织2只小鞋，4朵小花。
2. 从鞋底起钩，起20针锁针，返回钩1圈短针，依照图解的顺序去钩织，鞋底钩5圈短针，然后开始钩织侧面，鞋尖部分利用将短针并针的方法将鞋尖弯曲成鞋面。然后在作后跟那端，钩织一段带子及2条绳子。图解见鞋系带图解。
3. 鞋面钩织2朵小花装饰，图解见花样，缝于鞋面。
4. 用同样的方法再钩织另一只鞋子。

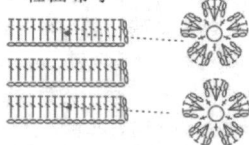

花样
（鞋子图解）
鞋后跟
鞋前面

符号说明：

符号	说明
+	短针
╎	长针
∞∞	锁针

鞋面带子　　鞋面小花

鞋底
（1.75mm钩针）
花样
（20针）
5圈短针
11cm
6cm

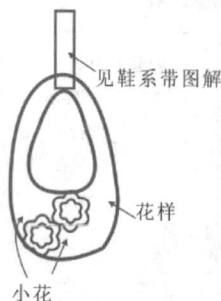

鞋子
（鞋正面图）
（1.75mm钩针）
见鞋系带图解
花样
小花

作品156

【成品规格】鞋长11cm，鞋宽5cm
【工　具】1.75mm钩针
【材　料】宝宝绒线50g

鞋子制作说明：

1. 钩针编织法，从鞋底起钩，用绿色线钩织鞋子，小花用白色线钩织。
2. 先钩织鞋底，起钩锁针，起16针，然后再加钩3针锁针，钩织第1行长针行，共16针，在最后1针的针眼里，加6针长针，然后在16针的对侧，钩织16针长针，同样在最后1针，即起始的第1针的针眼里，加6针，最后1针与第1针闭合，第2行和第3行的钩织方法，参照花样。
3. 侧面的钩织，侧面的针数与鞋底最后1圈的针数相同，钩织2行长针行。
4. 鞋面的钩织，单独钩织鞋面，钩1个半圆长针花样，见花样图解，完成后，将之缝于有收针的鞋尖这端鞋面上。
5. 鞋带的钩织，参照花样的所在位置钩织长针花样带子，两个位置各1段，最后用白色线钩织1朵3瓣小花，用绿色线打法国结系紧于鞋面上。

带子长10cm
鞋面小花
2cm
（2行长针）

鞋子
（1.75mm钩针）
花样

鞋底
花样
16针锁针起钩
11cm
5cm（2圈长针）

符号说明：

符号	说明
2-1-3	行-针-次
+	短针
╎	长针
∞∞	锁针

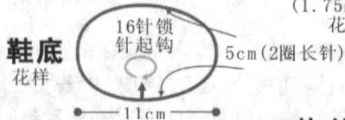

花样
（鞋子图解）

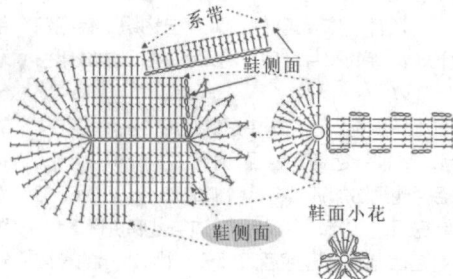

系带
鞋侧面
鞋侧面
鞋面小花

作品157

【成品规格】鞋长11cm，鞋宽6cm
【工　　具】1.75mm钩针
【材　　料】黄色宝宝绒线50g

鞋子制作说明

1. 钩针编织法，从鞋底起钩，钩织2只小鞋。

2. 从鞋底起钩，起14针锁针，返回钩1圈长针，依照图解的顺序去钩织，鞋底钩3圈长针，然后开始钩织侧面，侧面钩6圈短针，鞋尖部利用将短针并针的方法将鞋尖弯曲成鞋面。然后在鞋侧面钩织1段带子。图解见鞋系带图解。

3. 用同样的方法再钩织另一只鞋子。

符号说明：

2-1-3　行-针-次
+　短针
Ⅰ　长针
∞∞∞　锁针

花样
(鞋子图解)

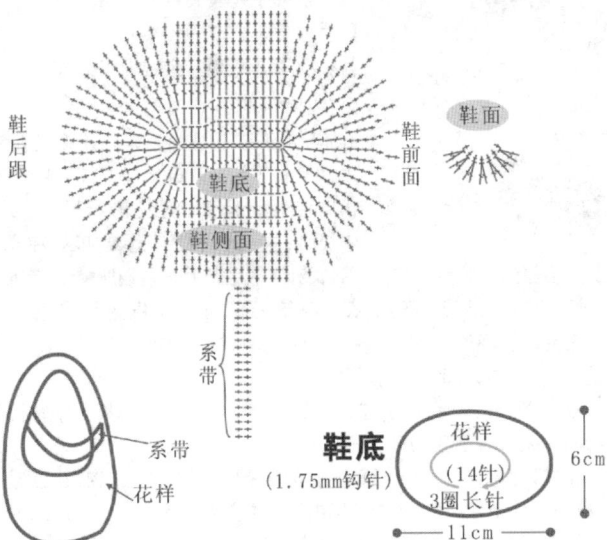

鞋后跟　　鞋前面

鞋面

鞋底

鞋侧面

系带

鞋子
(鞋正面图)
(1.75mm钩针)

系带

花样

鞋底
(1.75mm钩针)

花样
(14针)
3圈长针

6cm

11cm

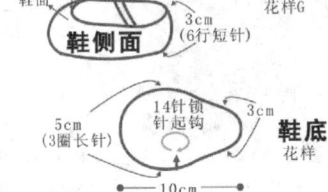

作品158、159

【成品规格】鞋长10cm，鞋宽5cm
【工　　具】1.75mm钩针
【材　　料】宝宝绒线50g

鞋子制作说明：

1. 钩针编织法，从鞋底起钩。

2. 先钩织鞋底，起钩锁针，起14针，然后再加钩3针锁针，钩织第1行长针行，共13针，在最后1针的针眼里，加6针长针，然后在14针的对侧，钩织14针长针，同样在最后1针，即起始的第1针的针眼里，加6针，最后1针与第1针闭合，第2行的钩织方法，参照花样。

3. 侧面的钩织，侧面的针数与鞋底最后1圈的针数相同，钩织2行花样中的鞋侧面花样。

4. 鞋面直接由鞋筒用系带收缩形成，完成鞋侧面钩织后，沿边钩织花样中的鞋筒花样，花样的宽度适当比鞋侧面小，形成收缩的效果，共钩3层花样，完成后断线，藏好线尾。再制作两段系带，穿过鞋筒下端，收紧收缩。

带子长10cm　　**纯绿色鞋子**
(1.75mm钩针)
花样

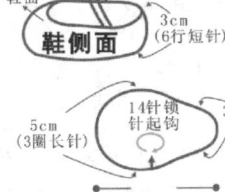

鞋面

鞋侧面

3cm
(6行短针)

14针锁针起钩

3cm

5cm
(3圈长针)

鞋底
花样

带子长10cm　　**配色鞋子**
(1.75mm钩针)
花样G

用白色线钩一圈短针

鞋面

鞋侧面

3cm
(6行短针)

14针锁针起钩

3cm

5cm
(3圈长针)

10cm

鞋底
花样

花样
(鞋子图解)
(两双鞋子结构相同)

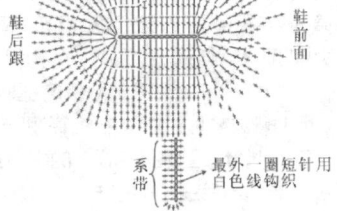

鞋后跟　　鞋前面

最外一圈短针用白色线钩织

系带

最外一圈短针用白色线钩织

符号说明：

2-1-3　行-针-次
+　短针
Ⅰ　长针
∞∞∞　锁针
狗牙拉针

作品162

【成品规格】鞋长10cm，鞋宽6cm
【工　　具】11号棒针
【材　　料】宝宝绒线50g

鞋子制作说明：

1. 棒针编织法，从底部往上织，底部为一片编织，鞋面及鞋带为一片环织而成。

2. 起织，起10针编织花样，一边一边两侧加针，方法为2-1-2，加至14针后，不加减针往上编织到44行，从第45行起，两侧收针，方法为2-1-2，共织48行，最后留10针，收针。

3. 编织鞋面及鞋带。沿鞋底底边缘挑针起织，挑76针环织，编织花样，织6行后，从第7行起，在鞋头2个角处同时收针，方法为2-1-3，织至12行，从第13行起，将鞋头40针收针，鞋跟部分继续编织。一侧加起17针，作为鞋带，共64针，编织3行后，鞋带端头留1个扣眼，继线编织3行，收针断线。

4. 用同样的方法相反方向编织另一只鞋子。

鞋子
(底部图)
(11号棒针)

6cm
(14针)

花样

10cm
(48行)

鞋子
(正面图)
(11号棒针)

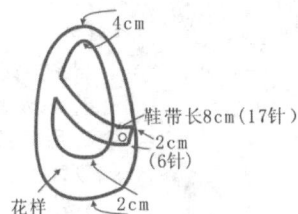

4cm

鞋带长8cm（17针）
2cm
(6针)

花样

2cm

花样
(鞋子图解)

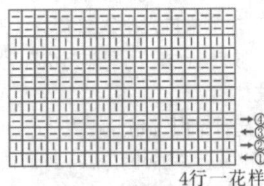

4行一花样

符号说明：

2-1-3　行-针-次
+　短针
Ⅰ　长针
∞∞∞　锁针

作品161

【成品规格】 鞋长11cm，鞋宽5.5cm

【工 具】 1.75mm钩针

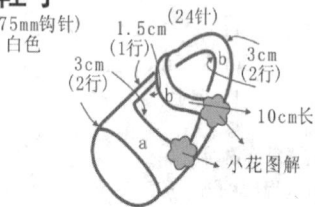

【材 料】 紫色宝宝绒线50g，白线少许

鞋子制作说明：

1. 钩针编织法，用紫色线与白色线搭配钩织。

2. 从鞋底起钩，起6cm长，12针锁针起钩，再钩3针锁针起高，钩织第1行长针，共8针，中长针，共4针，然后在尾端加2针完成转弧钩织，接着钩织4针中长针，8针长针，最后在另一尾端加6针，完成第1圈的长针钩织，从第2圈起，依照花样的图解钩织，将鞋底钩成3圈。

3. 在完成鞋底的基础上，依照鞋底的针数钩织短针，钩8行，形成鞋侧面，两转弧端无加针。

4. 取鞋侧面一大转弧端，选10针的宽度，起钩鞋面，共3行，每行中间减2针，每行两端分别与鞋侧面连接。

5. 完成鞋面的钩织后，沿着鞋侧面边缘距鞋面1/3处，钩织3针短针，形成鞋带，共钩12行，末端留出扣眼位置。完成后断线，藏好线尾，最后用白色线沿着鞋面边缘，钩织1圈短针装饰边。

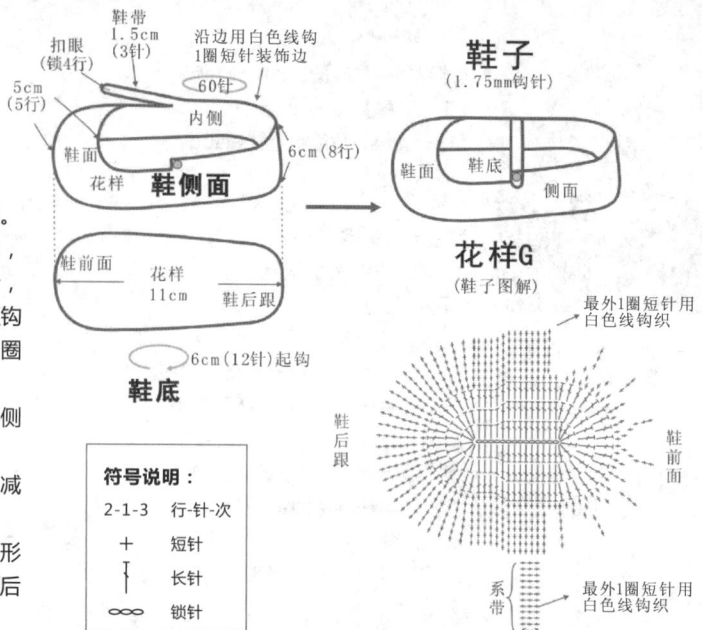

符号说明：

2-1-3　行-针-次

十　短针

十　长针

∞∞∞　锁针

作品160

【成品规格】 鞋长12cm，鞋宽6cm

【工 具】 1.75mm钩针

【材 料】 宝宝绒线20g，珠子2粒

鞋子制作说明：

1. 钩针编织法，先编织鞋底，再织鞋侧面和鞋后跟。

2. 鞋底起钩，起16针锁针，围绕这段锁针织短针，第1圈与第2圈钩织短针，第3圈与第4圈，作鞋尖部分钩织长针花样，后跟部分钩织短针部分，然后第5圈与第6圈全部钩织短针，鞋底形成前大后小的形状，详细图解见花样A鞋底图解。

3. 在作鞋尖的一端，取两侧边之间，钩织2行长针作鞋面，每行各24针长针，图解见花样B中的a花样，然后在这鞋面与后跟之间的鞋

底边缘，挑针钩织长针1行，针数为49针，然后钩引拔针至10针后，起高钩织长针，将鞋后跟加高，钩织28针长针后，紧接着钩织1段锁针，共24针，再折回钩织1行长针，共24针长针，与起始的长针闭合。这段不连接鞋侧面的长针行作系带用。

4. 钩织2朵小花，用粉色线钩织，见小花图解，1朵别于鞋面的侧边上，1朵别于鞋系带的终端上。在2朵小花的中心各钉上1颗小珠粒装饰。用同样的方法再去钩织另一只鞋子。

符号说明：

2-1-3　行-针-次

十　短针

十　长针

∞∞∞　锁针

作品163

【成品规格】 鞋长12cm，鞋宽6cm

【工 具】 1.75mm钩针

【材 料】 宝宝绒线50g

鞋子制作说明：

1. 钩针编织法，用黄色线与白色线搭配钩织。

2. 用黄色线从鞋底起钩，起6cm长，14针锁针起钩，再钩3针锁针起高，钩织第1行长针，共14针，然后在尾端加6针完成转弧钩织，再钩14针短针，最后另一尾端加6针，完成第1圈的钩织，用同样方法完成第2圈，第3圈依照花样的图解钩织短针，将鞋底钩成3圈。

3. 在完成鞋底的基础上，依照鞋底的针数在一侧转弧端钩织鞋后跟，共钩25针，不加减针，第3行时在鞋内侧方向加20针锁针，3针起高后返回钩出鞋带。鞋后跟共4行，收针断线。用同样方法在另转弧处完成2行长针鞋面，完成后收针断线。

4. 完成鞋面的钩织后，用黄色线另起针钩鞋面单元花立体心，完成后断线，用白色线另起针在黄色立体花心底部向外侧钩花瓣，不断线，外侧与鞋面连接钩织，完成后断线，藏好线尾。用黄色线在单元花鞋面中心

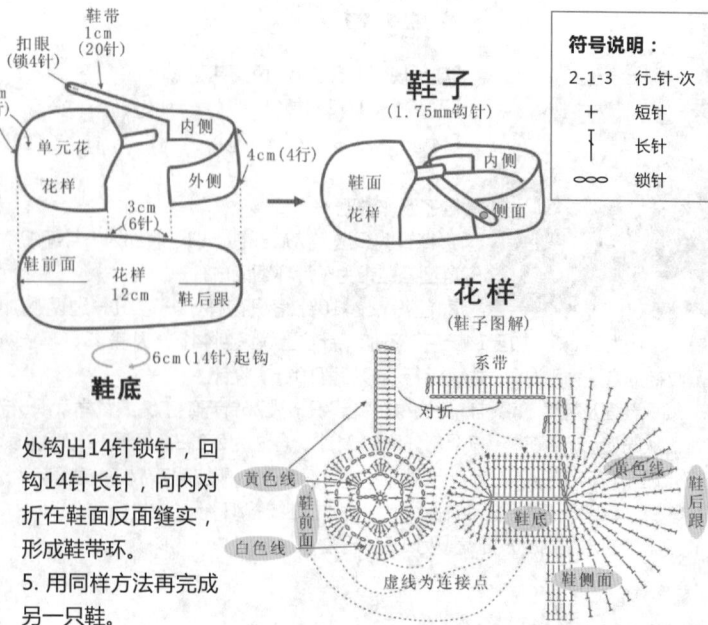

5. 用同样方法再完成另一只鞋。

处钩出14针锁针，回钩14针长针，向内对折在鞋面反面缝实，形成鞋带环。

符号说明：

2-1-3　行-针-次

十　短针

十　长针

∞∞∞　锁针

作品164

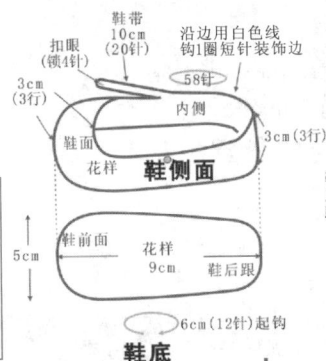

【成品规格】鞋长9cm，鞋宽5cm

【工　　具】1.75mm钩针

【材　　料】宝宝绒线40g

鞋子制作说明：

1. 钩针编织法，用蓝色线
与白色线搭配钩织。

2. 用蓝色线从鞋底起钩，
起6cm长，或12针锁针，
再钩3针锁针起高，钩织第1行长针，共12针，然后
在尾端加6针完成转弧钩织，再钩12针长针，最后另
一尾端加6针，完成第1圈的长针钩织，第2圈、第
3圈依照花样的图解钩织，将鞋底钩成3圈。

3. 在完成鞋底的基础上，依照鞋底的针数钩织鞋面，
第1圈不加减针钩1圈长针，第2圈在鞋面一侧转弧端
沿中心针两侧2针并1针，共减5针，第3圈不加减针
钩织短针行，形成鞋面，收针断线。

4. 完成鞋面的钩织后，换白色线沿着鞋面边缘，钩织

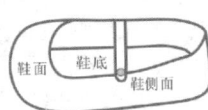

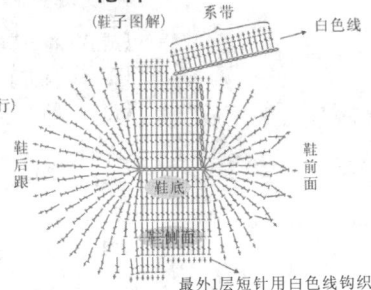

符号说明：

2-1-3	行-针-次
＋	短针
↑	长针
∞	锁针

1圈短针装饰边，在鞋侧面边缘中心位置，
钩出20针锁针，再钩起高针，回钩12针长
针，形成系带，末端留出扣眼位置。完成
后断线，藏好线尾。

5. 用白色线打圈钩织2长针枣形针小花
心，共10组，收针断线，换蓝色线钩织
1圈短针。缝在鞋面装饰。

6. 用同样的方法钩织另一只鞋子。

作品165

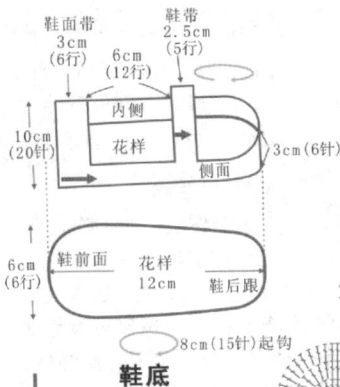

【成品规格】鞋长12cm，鞋宽6cm

【工　　具】1.75mm钩针

【材　　料】宝宝绒线50g，白色装饰50g，
黄色花心2g

鞋子制作说明：

1. 钩针编织法，用红色线钩织，用白色线和红色线作小花装饰。

2. 从鞋底起钩，起8cm长，或15针锁针，再钩3针锁针起高，
钩织第1行长针，共15针，然后在尾端加6针完成转弧钩织，接着钩织15针长针，最后在
另一尾端加6针，鞋后跟方向长针可稍短些，完成第1圈的长针钩织，从第2圈起，依照
花样的图解钩织，将鞋底钩成3圈。

3. 在完成鞋底的基础上，从前端转弧一侧起针挑钩鞋面带，起1针固定位置，钩10cm长，
或20针锁针，加钩1针锁针起高，返回钩织短针，共20针，两端与鞋底钩合，依此方法共
钩6行，完成鞋面带钩织，不断线，在一侧继续往返钩织6针短针，形成鞋侧面，与鞋底钩
合侧不变，钩11行，第12行在未与鞋底钩合方向加钩出20针锁针，往返钩织5行短针，留出
扣眼，作为系带，继续前面6针短针的钩织，一直钩到与鞋面带连接钩合。

4. 完成鞋面的钩织后，用黄色线打圈钩织小花花心，完成后断线，换红色线钩织外侧花
瓣，共6组花瓣。钩织方法详见花样系带小花
和鞋尖小花图解，共钩6朵小花。完成后固定
在鞋尖、系带合适位置缝实。

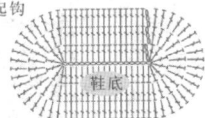

符号说明：

2-1-3	行-针-次
＋	短针
↑	长针
∞	锁针

花样
(鞋子图解)

作品166

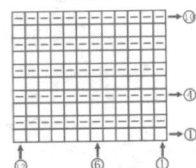

【成品规格】鞋长9cm，鞋宽6cm

【工　　具】11号棒针

【编织密度】21针×27行=10cm²

【材　　料】宝宝绒线10g

鞋子制作说明：

1. 棒针编织法，从底部往上
织，底部为一片编织，鞋面
及鞋带为一片环织而成。

2. 起织，起10针编织花样搓板针，一边织一边两侧加
针，方法为2-1-2，加至14针后，不加减针往上编织到
44行，从第45行起，两侧收针，方法为2-1-2，共织
48行，最后留10针，收针。

3. 编织鞋面及鞋带。沿鞋底底边缘挑针起织，挑76针环
织，编织花样，织6行后，从第7行起，在鞋头2个角处同
时收针，方法为2-1-3，织至12行，从第13行起，将鞋头
40针收针，鞋跟部分继续编织。两侧各加起17针，作为

花样

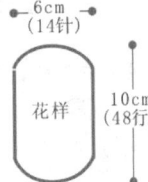

鞋子
(底部图)
(11号棒针)

鞋子
(正面图)
(11号棒针)

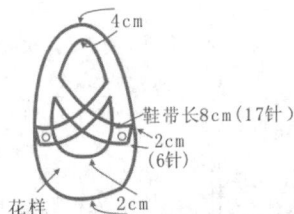

鞋带，共64针，编织
3行后，鞋带两头各
留1个扣眼，继线编
织3行，收针断线。

4. 用同样的方法编织
另一只鞋子。

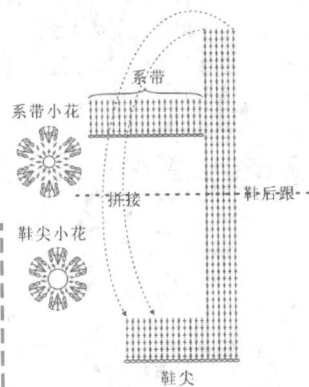

符号说明：

□	上针
□=□	下针
⋏	中上3针并1针
⧄	左上2针并1针
⧅	右上2针并1针
⊡	镂空针

作品146

【成品规格】鞋长10cm，鞋宽6cm
【工　　具】1.75mm钩针
【材　　料】宝宝绒线20g

鞋子制作说明：

1. 钩针编织法，从鞋底起钩，钩织2只小鞋、2朵小花和4片叶子。
2. 从鞋底起钩，起4.6cm长的锁针起钩，返回钩1行长针，共8针，依照花样C的顺序去钩织，鞋底钩3圈长针，然后第4圈改钩织短针，开始钩织侧面，鞋尖部分利用将短针并针的方法将鞋尖弯曲成鞋面，并针的位置见花样C，而其他位置的短针无加减针。短针钩织6行。然后在作后跟那端，钩织一段带子。图解见鞋系带图解。
3. 鞋面钩织1朵小花装饰，小花用白色线钩织，图解见花样A，一共12个花样，钩织长条后，将之底端卷起来形成1朵花的形状，再用绿色线钩织2片叶子，缝于花朵的底下。
4. 用同样的方法再编织另一只鞋子。

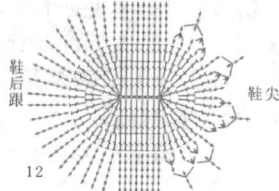

花样C
（鞋子图解）

鞋后跟　　　　鞋尖

12

符号说明：

符号	说明
☐	上针
☐=☐	下针
☒	右上2针并1针
◎	镂空针
	右下3针与左下3针下针交叉
2-1-3	行-针-次
+	短针
╀	长针
∞	锁针

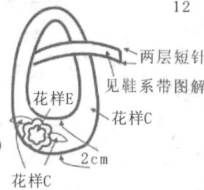

鞋子
（鞋正面图）
（1.75mm钩针）

花样E　见鞋系带图解
两层短针
花样C
2cm
花样C

花样A
（叶子图解）
（绿色线）

鞋底
（1.75mm钩针）

花样C
4.6cm
(8针)
3圈长针
6cm
10cm

（鞋系带图解）

花样A
（鞋面小花图解）

作品145、168、169

【成品规格】鞋长12cm，鞋宽6.5cm
【工　　具】1.75mm钩针
【材　　料】白色宝宝绒线30g

鞋子制作说明：

1. 钩针编织法，从鞋底起钩，用粉红色线钩鞋子，白色线锁边。
2. 先钩织鞋底，起钩锁针，起16针，起高3针锁针，起钩第1行长针，共16针，在最后1针的针眼里，加6针长针，然后在16针的对侧，钩织相对应的针数，同样在最后1针，即起始的第1针的针眼里，加6针，最后1针与第1针闭合，第2行至第3行的钩织方法，参照花样。
3. 侧面的钩织，侧面的针数与鞋底最后1圈的针数相同，共3行长针组成，鞋尖这端有减针形成鞋面。
4. 鞋带的钩织，参照花样的所在位置钩织1段锁针，折回钩2行短针。断线，藏好线尾，最后用白色线沿着鞋系带周边，鞋侧面边缘，钩织1行短针锁边。

带子长10cm
用白色线沿边钩短针
鞋面减针

鞋子
（1.75mm钩针）
花样

3cm
（3行长针）

鞋侧面

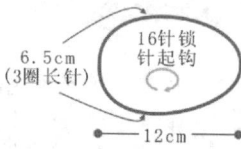

6.5cm
（3圈长针）

16针锁针起钩

12cm

鞋底
花样

花样
（鞋子图解）

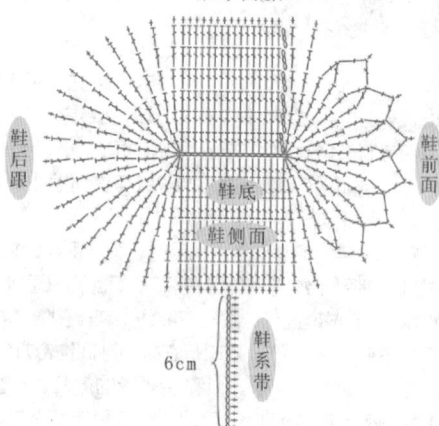

鞋后跟　鞋前面

鞋底
鞋侧面

鞋系带
6cm

符号说明：

符号	说明
2-1-3	行-针-次
+	短针
╀	长针
∞	锁针

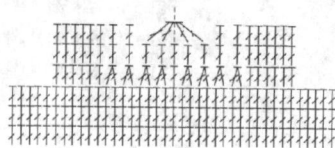...

作品170

【材　　料】黄色线100g，橙色线少许
【工　　具】1.5mm钩针
【钩编要点】
按照鞋子的结构从鞋底起针，接着钩鞋面连鞋后跟，最后钩鞋面鸭子的头部2个，具体做法参照下图。

结构图

L=11cm

鞋底的钩法：
后　前
起18针锁针

符号说明：

符号	说明
+	短针
╤	中长针
╀	长针
∞	锁针

鞋面连鞋后跟的钩法：（先围绕鞋底1圈钩3行长针）

第6行中间用拉拔针拼接

鞋面鸭子头部的钩法：

留出2针接鸭子嘴巴

钩2片

橙色　黄色

黄色

钩2片相同的花样组成头部，里面填充棉花

鞋后跟鞋带小圆花钩法：

黄色

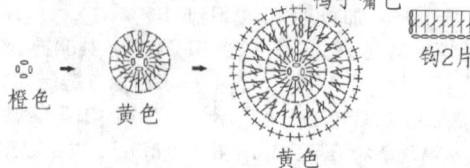

作品171

【材　料】红色线100g，白色线、黄色线少许
【工　具】1.5mm钩针
【钩编要点】
按照鞋子的结构从鞋底起针，接着钩鞋面连鞋后跟，最后钩鞋面的蝴蝶2个，具体做法参照下图。

结构图

L=11cm

鞋底的钩法：

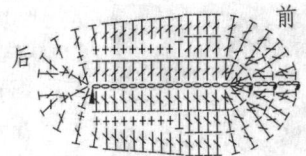

起18针锁针

符号说明：
+　短针
　中长针
　长针
∞　锁针

鞋面连鞋后跟的钩法：（先围绕鞋底1圈钩3行长针）

第6行中间用拉拔针拼接

鞋面蝴蝶的钩法：

黄色

9
5

白色

作品172

【材　料】蓝色线100g，小花2朵
【工　具】1.5mm钩针
【钩编要点】
按照鞋子的结构从鞋底起针，接着钩鞋面连鞋后跟，再钩鞋环，最后钩鞋带连鞋后跟穿鞋带，具体做法参照下图。

结构图

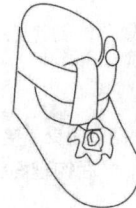

L=11cm

鞋底的钩法：

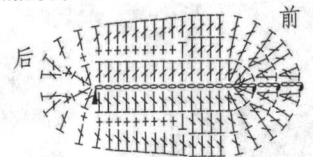

起18针锁针

符号说明：
+　短针
　中长针
　长针
∞　锁针

鞋面连鞋后跟的钩法：
（先围绕鞋底1圈钩3行长针）

鞋头中线

鞋环的钩法：

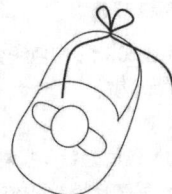

以鞋头中线为中点，钩16行短针，倒回8行短针成1个环。

鞋带连鞋后跟的钩法：

鞋带

与鞋后跟连接

扣眼

作品173

【材　料】粉红色线100g，绿色线、黄色线少许
【工　具】1.5mm钩针
【钩编要点】
按照鞋子的结构从鞋底起针，接着钩鞋高，再钩鞋面，最后钩鞋面的小花叶子和鞋后跟的鞋带，具体做法参照下图。

结构图

L=11cm

鞋底的钩法：

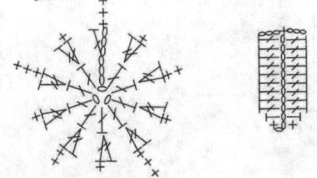

起18针锁针

符号说明：
+　短针
　中长针
　长针
∞　锁针

鞋后跟的鞋带小圆花钩法：

绿色

鞋面小花和叶子的钩法：

黄色　　　绿色

鞋高的钩法：
（先围绕鞋底1圈钩3行长针）

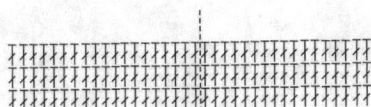

鞋头中线

鞋面的钩法：

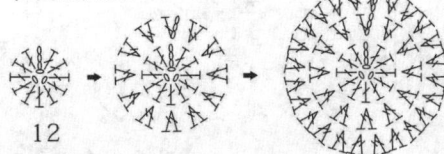

12

作品174

【材　料】粉红色线100g，红色线、黄色线少许

【工　具】1.5mm钩针

【钩编要点】

按照鞋子的结构从鞋底起针，接着钩鞋面连鞋后跟，最后钩鞋面的小花2朵，具体做法参照下图。

结构图

L=11cm

鞋底的钩法：

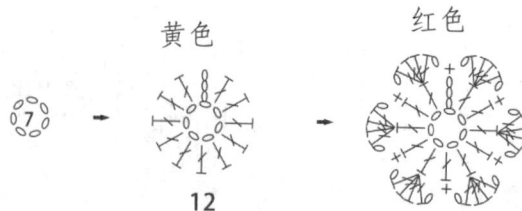

后　前

起18针锁针

符号说明：
+ 短针
丨 中长针
丨 长针
∞ 锁针

鞋面连鞋后跟的钩法：（先围绕鞋底1圈钩3行长针）

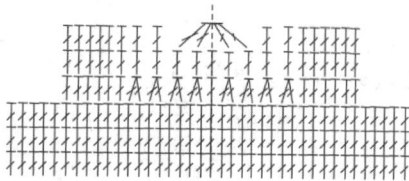

第6行中间用拉拔针拼接

鞋面小花的钩法：

黄色　　　红色

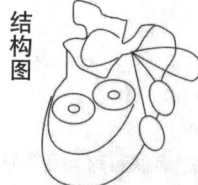

12

作品175

【材　料】绿色线80g，红色线少许，珠子4个

【工　具】1.5mm钩针

【钩编要点】

按照鞋子的结构从鞋底起针，接着钩鞋面连鞋后跟，再钩鞋筒，最后钩鞋面的圆圈并钉珠子，具体做法参照下图。

结构图

L=11cm

鞋底的钩法：

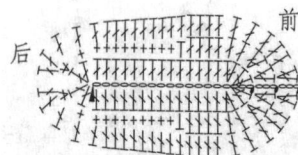

后　前

起18针锁针

小圆圈的钩法：

4　　绿色　　绿色　　　红色

鞋筒的钩法：

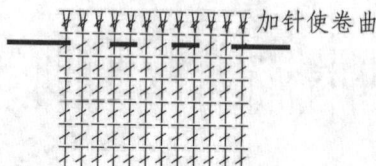

加针使卷曲

用珠子点缀圆心

符号说明：
+ 短针
丨 中长针
丨 长针
∞ 锁针

鞋面连鞋后跟的钩法：（先围绕鞋底1圈钩3行长针）

红色

绿色

第6行中间用拉拔针拼接

作品176(作品177略)

【材　料】紫色线100g，白色线少许，珠子若干

【工　具】1.5mm钩针

【钩编要点】

按照鞋子的结构从鞋底起针，接着钩鞋面连鞋后跟，再钩鞋筒，最后钩鞋带，具体做法参照下图。

结构图

L=11cm

鞋底的钩法：

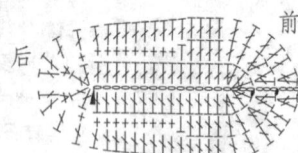

后　前

起18针锁针

鞋筒的钩法：

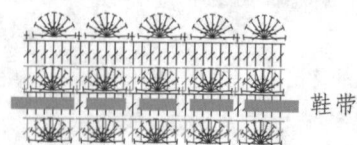

鞋带

符号说明：
+ 短针
丨 中长针
丨 长针
∞ 锁针

鞋面连鞋后跟的钩法：（先围绕鞋底1圈钩2行长针）

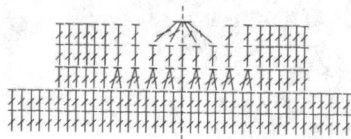

鞋头中线

中间用拉拔针拼接

白色

鞋带的钩法：

作品178

【材　　料】橙色线100g，白色线少许，珠子8个
【工　　具】1.5mm钩针
【钩编要点】
按照鞋子的结构从鞋底起针，接着钩鞋面连鞋后跟，再钩鞋筒，最后将珠子钉在鞋筒上，具体做法参照下图。

结构图
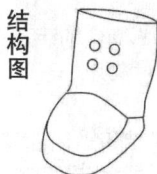
L=11cm

鞋底的钩法：
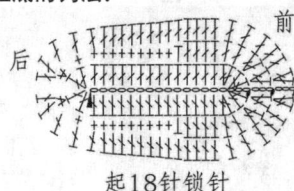
后　　　　　　　　前
起18针锁针

符号说明：
+ 短针
⊥ 中长针
Ⅰ 长针
∞∞ 锁针

鞋面连鞋后跟的钩法：（先围绕鞋底1圈钩2行长针）

鞋头中线

第5行中间用拉拔针拼接
白色

鞋筒的钩法：
黑粗线部分，钩6行长针

前面灰色部分纵向钩4行短针，每行钩14长针。

4个珠子的位置

作品181

【材　　料】粉色线80g，蓝色线少许，珠子2个
【工　　具】1.5mm钩针
【钩编要点】
按照鞋子的结构从鞋底起针，接着钩鞋面连鞋后跟，再钩鞋筒，最后钩鞋面的花并钉珠子，具体做法参照下图。

结构图
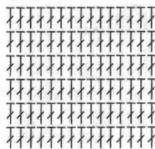
L=11cm

鞋底的钩法：

后　　　　　　　　前
起18针锁针

符号说明：
+ 短针
⊥ 中长针
Ⅰ 长针
∞∞ 锁针

鞋面连鞋后跟的钩法：（先围绕鞋底1圈钩5行短针）

鞋头中线

鞋筒的钩法：
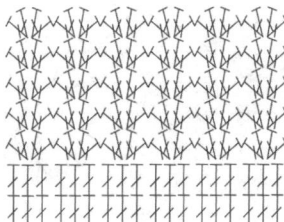

小花的钩法：
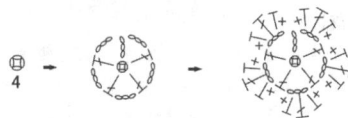
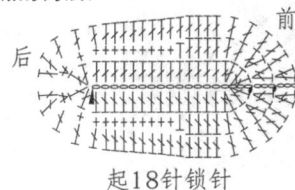

用珠子点缀花心

作品182

【成品规格】见图
【工　　具】5mm钩针
【材　　料】黄色毛腈线30g、白色毛腈线20g
【钩编要点】
单股线长针编织。按脚的大小首先钩编完成鞋底，完成鞋底后不加减针地钩出鞋帮。另起针配色钩编鞋面花，花的最后一行辫子针与鞋帮边连接合并钩。另起针挑钩长针鞋筒，完成后用白色线另钩装饰边。完成后穿入单独钩编的装饰带。

鞋底、鞋帮花样图

符号说明：
+ 短针
○ 辫子针
❲❳ 蜜枣长针
⊥ 中长针
Ⅰ 长针

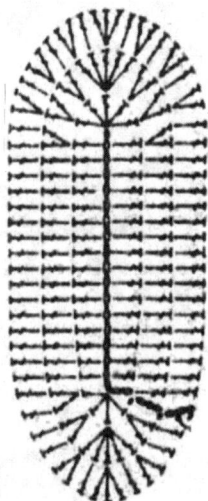

鞋筒花样图

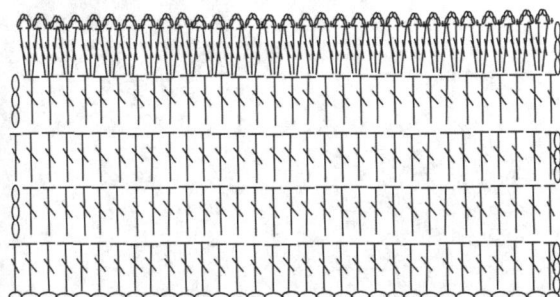

装饰带花样图
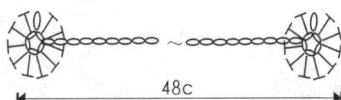
48c

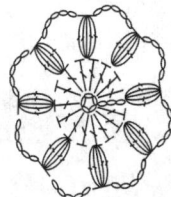

作品183

【材　料】蓝色线70g，粉红色线少许
【工　具】1.5mm钩针
【钩编要点】
按照鞋子的结构从鞋底起针，接着钩鞋
高，再钩鞋面，最后钩鞋筒和穿绑带，
具体做法参照下图。

结构图

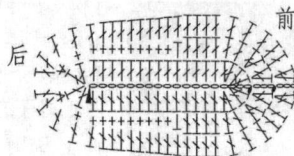

L=11cm

鞋底的钩法：

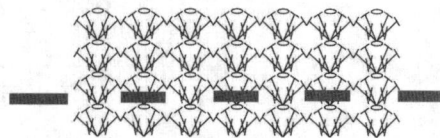

起18针锁针

鞋高的钩法：（先围绕鞋底1圈钩6行短针）

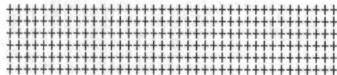

鞋面的钩法：
粉红色

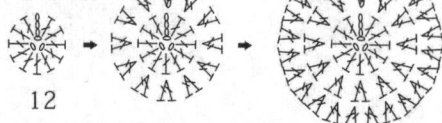

12

符号说明：
+ 　短针
│ 　中长针
┃ 　长针
∞ 　锁针

鞋筒的钩法：

第2行是蓝色，其他3行是粉红色。
第2行穿绑带，绑带由锁针钩成。

作品185

【材　料】蓝色线100g，白色、黄色、黑色线少许
【工　具】1.5mm钩针
【钩编要点】
按照鞋子的结构从鞋底起针，接着钩鞋面连鞋后
跟，最后钩鞋面的脸部表情，具体做法参照下图。

结构图

L=11cm

鞋底的钩法：

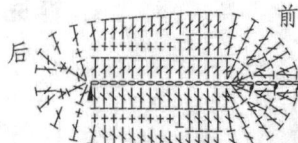

起18针锁针

鞋筒的钩法：

符号说明：
+ 　短针
│ 　中长针
┃ 　长针
∞ 　锁针

鞋面连鞋后跟的钩法：
（先围绕鞋底1圈钩2行长针）

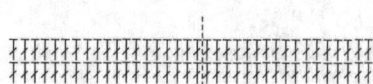

鞋头中线

鞋面表情的钩法：

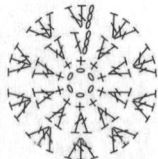

白色

眼睛
2个

蓝色

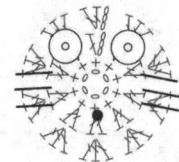

结构图

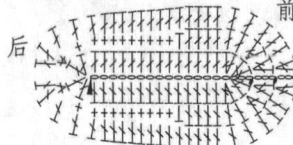

L=11cm

鞋底的钩法：

起18针锁针

作品186

【材　料】黄色线100g，白色线
　　　　　少许，珠子2个
【工　具】1.5mm钩针
【钩编要点】
按照鞋子的结构从鞋底起针，接着
钩鞋面连鞋后跟，最后钩鞋面的立
体花和鞋带，具体做法参照下图。

立体花2个的钩法：

用黄色毛线钩2个2层的立体花装饰在鞋面上，具体钩法如下：

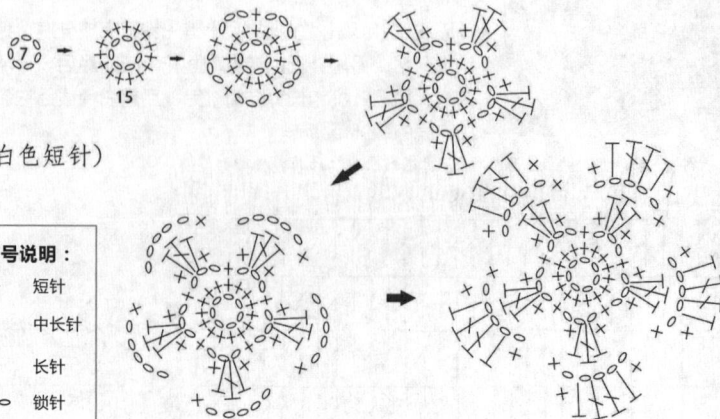

15

鞋面的钩法：（先围绕鞋底1圈钩2行黄色长针，鞋口钩1圈白色短针）

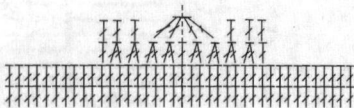

鞋头中线

鞋带的钩法：

+++++++++++++++ →扣眼

符号说明：
+ 　短针
│ 　中长针
┃ 　长针
∞ 　锁针

作品184

【材　料】橙色线100g，橙色绒球2个
【工　具】1.5mm钩针
【钩编要点】
按照鞋子的结构从鞋底起针，接着钩鞋面连鞋后跟，再钩鞋筒，最后钉鞋面绒球，具体做法参照下图。

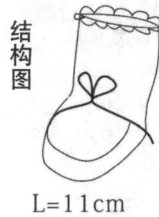
结构图
L=11cm

鞋底的钩法：
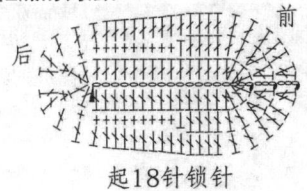
后　前
起18针锁针

符号说明：	
＋	短针
⊥	中长针
┬	长针
∞∞	锁针

鞋面连鞋后跟的钩法：（先围绕鞋底1圈钩2行长针）

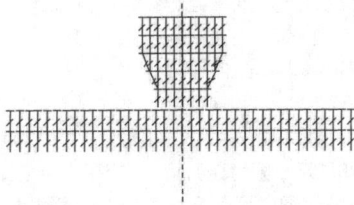

鞋筒的钩法：
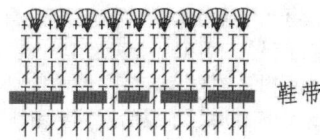
鞋带

鞋带钩法：

白色

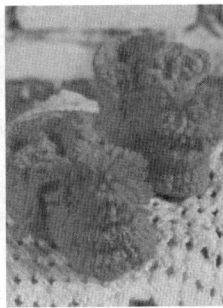

作品187 （作品188略）

【材　料】橙色线100g，白色线少许
【工　具】1.5mm钩针
【钩编要点】
按照鞋子的结构从鞋底起针，接着钩鞋面连鞋后跟，再钩鞋筒，最后钩鞋带，具体做法参照下图。

结构图
L=11cm

鞋底的钩法：
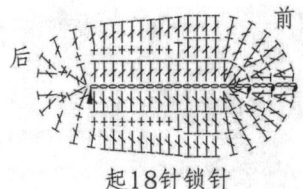
后　前
起18针锁针

符号说明：	
＋	短针
⊥	中长针
┬	长针
∞∞	锁针

鞋面连鞋后跟的钩法：（先围绕鞋底1圈钩3行长针）

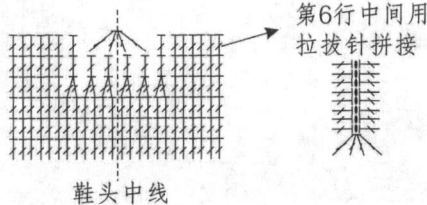
鞋头中线
第6行中间用拉拔针拼接

鞋筒的钩法：
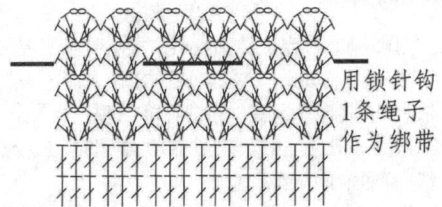
用锁针钩1条绳子作为绑带

作品191

【成品规格】鞋长9cm，鞋宽5cm
【工　具】12号棒针，1.75mm钩针
【编织密度】28针×42行＝10cm²
【材　料】黄色宝宝绒线40g

鞋子制作说明：

1. 棒针编织法，分两部分编织，一部分是鞋底与鞋侧面的连续编织，一部分是鞋面与鞋筒的连接编织，再将两者拼接在一起。

2. 从鞋底起织，鞋底呈长方形，下针起针法，用黄色线起织，起13针，编织花样B搓板针，编织成34行，无加减针。织至最后1行时，不收针，进行下一步编织。

3. 鞋底余下13针，另取2根棒针，沿着鞋底边缘挑针起织鞋侧面，编织花样B，共织10行，形成侧面，完成后收针断线。

4. 鞋筒与鞋面是作为一片编织而成，用黄色线起针，下针起针法，起44针，编织花样B搓板针，织6行的高度，然后往下编织双罗纹针，见

花样D，编织9行的高度，完成鞋筒的编织。开始织鞋面，如图示留中间13针按花样B搓板针编织，不加减针编织15行，收针断线。将标记"A"边拼接，将有鞋面这端的边缘同原来织成的鞋侧面边缘缝合。缝合后，在鞋筒顶部边洞按花样A钩1圈。

5. 用同样的方法再编织另一只鞋子。最后用粉色丝带在鞋筒上端，穿的孔与扣眼的编织方法相同，扣眼的编织方法为在当行收起数针，在下1行重起这些针数，这些针数两侧正常编织。

6. 用1.75mm的钩针，用黄色线钩3朵小花"a"，见花样C，缝于鞋面上，位置如图所示。

花样D（双罗纹）
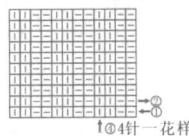
↑①4针一花样

花样B（搓板针）

2行一花样

花样A
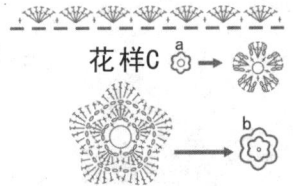

花样C
a → b

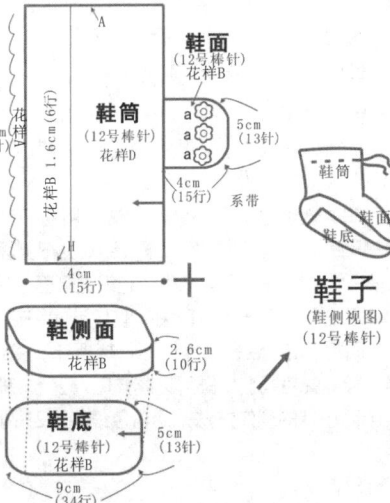
鞋面（12号棒针）花样B
鞋筒（12号棒针）花样D
17cm（44行）
花样B 1.6cm（6行）
5cm（13针）
4cm（15行）
系带
4cm（15行）
鞋侧面 花样B
2.6cm（10行）
鞋底（12号棒针）花样B
5cm（13针）
9cm（34行）

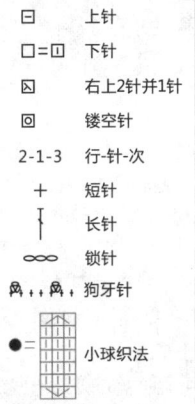
鞋子（鞋侧视图）（12号棒针）
鞋筒
鞋面
鞋底

符号说明：	
□	上针
□=□	下针
⋈	右上2针并1针
▣	镂空针
2-1-3	行-针-次
＋	短针
┬	长针
∞∞	锁针
狗牙针	狗牙针
●	小球织法

155

作品189、190

【成品规格】鞋长11cm，鞋宽5cm
【工　　具】12号棒针
【编织密度】32针×38行＝10cm²
【材　　料】宝宝腈纶丝光棉线50g

鞋子制作说明：

1. 棒针编织法与十字绣绣法结合，编织2只鞋子。

2. 鞋底编织，鞋底呈长方形，起14针编织，图解见花样C，正面全织下针，返回编织时，织上针，用白色线与黑色线配色编织，先用白色线编织4行下针，再用黑色线编织2行下针，然后重复这样搭配编织，织40行。

3. 织成鞋底后，最后的14针留在针上，向左方向，沿着鞋底各边缘挑针织，每3行下针挑成2针，鞋侧面用白

色线编织，全织下针，共8行。

4. 鞋面部分，取鞋尖的14针，编织与鞋底相同的花样，图解见花样C，织16行。

5. 将上面的16行与原来鞋侧面留下的针数一起，往上织鞋筒，全织下针，用白色线编织，共织12行，最后织4行单罗纹收边，图解见花样A。

6. 如花样B所示，图为鞋侧面的10行花样，图中黑色方块

部分，用十字绣的绣法，将黑色线绣上。用同样的方法再编织另一只鞋子。

符号说明：

□　　　上针
□=① 　下针
⊠　　　右上2针并1针
◎　　　镂空针
2-1-3　行-针-次
∞∞　　锁针

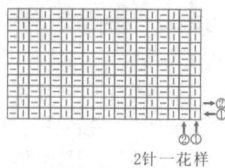

花样A（单罗纹）

2针一花样

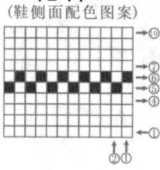

花样B
（鞋侧面配色图案）

花样C
（鞋底配色图案）

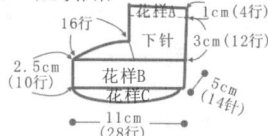

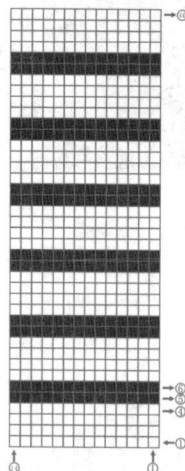

鞋子
（12号棒针）

花样A
下针
16行
花样B
花样C
花样B

1cm（4行）
3cm（12行）
5cm（14针）
2.5cm（10行）
11cm（28行）

作品192

【成品规格】鞋长11cm，鞋宽5.5cm
【工　　具】1.75mm钩针
【材　　料】粉红色宝宝绒线50g

鞋子制作说明：

1. 钩针编织法。

2. 从鞋底起钩，起6cm长，13针锁针，再钩3针锁针起高，钩织第1行长针，共15针，然后在尾端加6针完成转弧钩织，接着钩织15针长针，最后另一端加6针，完成第1圈的长针钩织，从第2圈起，依照花样的图解钩织，将鞋底钩成3圈。

3. 在完成鞋底的基础上，依照鞋底的针数继续钩织长针，钩2行，钩成侧面，两转弧端无加针。

4. 单独完成鞋面花样，打ণ结后，钩3针锁针起高，第1圈钩20针长针，第2圈加针，加20针，共40针，第3圈加针，加20针，共60针，完成后取鞋侧面转弧端，将花样与鞋面连接短针钩合。

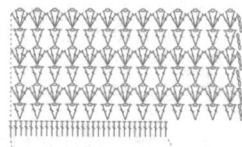

鞋筒

花样
（鞋子图解）

符号说明：
2-1-3　行-针-次
＋　　短针
│　　　长针
∞∞　　锁针

鞋侧面

鞋面

鞋底

第1圈20针
第2圈40针
第3圈60针

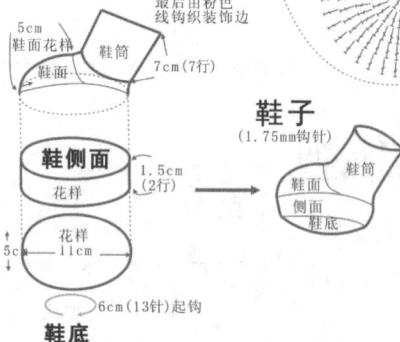

5cm 鞋面花样
鞋面
鞋筒
鞋面
7cm（7行）
最后由粉色线钩织装饰边

鞋子
（1.75mm钩针）
鞋面
侧面
鞋底

鞋侧面
花样
1.5cm（2行）
花样
11cm
5.5cm

6cm（13针）起钩
鞋底

5. 完成鞋面的钩织后，沿着余下的鞋侧面边缘钩织半圈长针，钩到鞋面边缘变换钩织1针放2针长针，共13组，形成鞋筒，不加减针钩7圈，完成后断线，藏好线尾。用同样的方法钩织另一只鞋子。

作品193、195

【成品规格】鞋长8cm，鞋宽6cm
【工　　具】12号棒针，12号环形针，1.75mm钩针
【编织密度】23针×39行＝10cm²
【材　　料】宝宝绒线20g

鞋子制作说明：

1. 棒针编织法，从鞋底起织，每只鞋用1个粉色小球装饰。编织2只小鞋。

2. 从鞋底起织，下针起针法，用粉色线编织鞋底，起14针，编织花样A搓板针，织30行的高度，不收针，进行侧面编织。

3. 鞋底余下14针，另取2根棒针，沿着鞋底边缘挑针起织鞋侧面，编织花样B配色搓板针花样，共织14行，取鞋底一端作鞋尖，取12针编织花样B配色搓板针，行行编织时与鞋侧面留下的针合并，编织24行搓板针，然后编织鞋筒，挑针编织单罗纹花样，鞋筒配色编织，图解见花样C，鞋筒共挑织40针编织。完成后收针断线。依照小球的制作方法，用粉色线制作2只小球装饰于鞋面。

4. 用同样的方法再编织另一只鞋子。

花样B
（鞋侧面与鞋面的图解）

花样C
（鞋筒配色图解）

花样A（搓板针）
（鞋底图解）

2行一花样

2行一花样

符号说明：
□　　　上针
□=① 　下针
⊠　　　右上2针并1针
◎　　　镂空针
2-1-3　行-针-次
＋　　短针
│　　　长针
∞∞　　锁针
■　　　粉色线
□　　　白色线

鞋侧面
花样B配色
3.5cm（14行）

鞋底
（12号棒针）
花样A
6cm（14针）

8cm（30行）

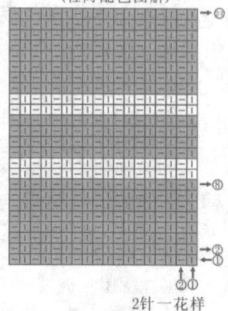

鞋子
（12号棒针）
挑织40针
鞋面
花样B配色
鞋筒
花样C
鞋面
鞋面
花样B配色
鞋侧面
鞋底
5cm（24行）
6.5cm（22行）
3.5cm（14行）

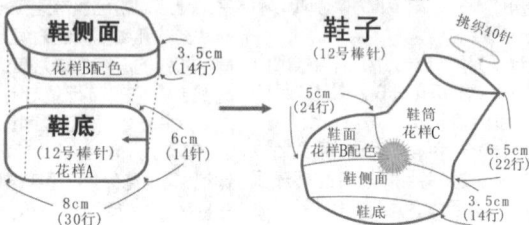

作品194

【成品规格】鞋长11cm，鞋宽5.5cm
【工 具】1.75mm钩针
【材 料】宝宝绒线50g

鞋子制作说明

1. 钩针编织法结合，红色线与绿色线搭配钩织。

2. 从鞋底起钩，起7cm长，15针锁针起，再钩3针锁针起高，钩织第1行长针，共15针，然后在尾端加6针完成转弧钩织，接着钩织15针长针，最后在另一尾端加针6针，完成第1圈的长针钩织，从第2圈起，依照花样B的图解钩织，将鞋底钩成3圈。

3. 在完成鞋底的基础上，依照鞋底的针数继续钩织长针，钩2行，钩成鞋侧面，两转弧端无加针。

4. 取鞋侧面一转弧端，选4针的宽度，起钩花样A鞋面花样，共5行，每行两端分别与鞋侧面连接。

5. 完成鞋面的钩织后，沿着鞋面边缘与余下的鞋侧面边缘，钩织长针，形成鞋筒，共挑33针一圈，钩织6圈的高度，完成后断线，藏好线尾。最后用绿色线沿着鞋筒边缘，钩织花样花边。再用绿色线钩织2段锁针辫子，穿过鞋筒起始长针行，作系带。用同样的方法去钩织另一只鞋子。

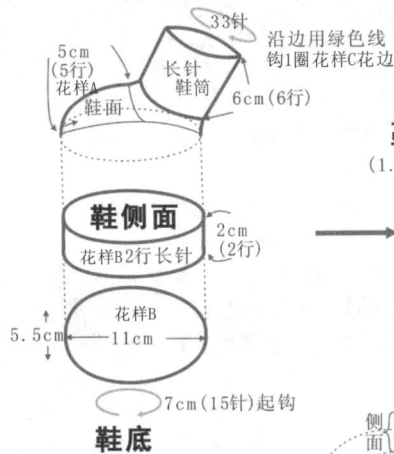

鞋子 (1.75mm钩针)

花样A (鞋面图解)

花样B (鞋底图解)

符号说明：
2-1-3 行-针-次
+ 短针
长针
◯◯◯ 锁针

作品196

【成品规格】鞋长11cm，鞋宽5cm
【工 具】1.75mm钩针
【材 料】宝宝绒线50g，其他颜色的线少许

鞋子制作说明：

1. 钩针编织法，从鞋底起钩，鞋底和侧面全由长针钩成，鞋面单独钩织，再与鞋侧面边缘缝合。

2. 先钩织鞋底，起钩锁针，起14针，钩织第1行长针行，共14针，在最后1针的针眼里，加6长针，然后在14针的对侧，钩织14针长针，同样在最后1针，即起始的第1针针眼里，加6针，1针与第1针闭合，第2行至第3行的钩织方法，参照花样A。

3. 侧面的钩织，侧面的针数和鞋底最后1圈的针数相同，共由2行长针组成，鞋面单独钩织1朵单元

花形成，图解见鞋面图解，将之与鞋尖部分缝合。

4. 鞋带的钩织，参照花样A的所在位置钩织1段锁针，折回钩1行长针形成。

5. 分别沿着鞋侧面边缘、系带边缘和鞋底边缘，用深红色线沿边钩织花边。

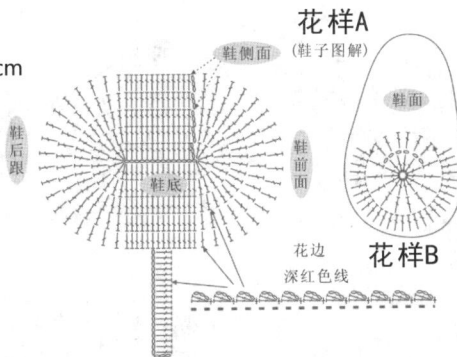

花样A (鞋子图解)

花样B

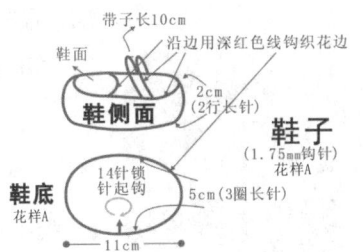

鞋子 (1.75mm钩针) 花样A

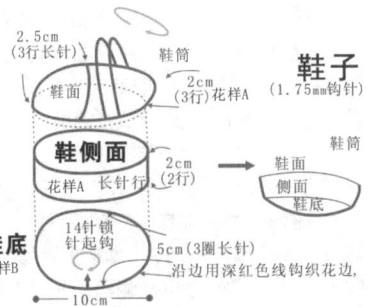

鞋子 (1.75mm钩针)

符号说明：
+ 短针
中长针
长针
◯◯◯ 锁针

作品197

【成品规格】鞋长11.5cm，宽鞋4.5cm
【工 具】1.75mm钩针
【材 料】白色宝宝绒线50g

鞋子制作说明：

1. 钩针编织法。

2. 从鞋底起钩，起6cm长，16针锁针，再钩3针锁针起高，钩织第1行长针，共9针，第10~16针为中长针，然后在尾端加6针短针，完成转弧钩织，再钩7针中长针及9针长针，在另一尾端加6针长针，完成第1圈，第2圈、第3圈依照花样A的图解钩织，将鞋底钩成3圈。

3. 在完成鞋底的基础上，依照鞋底的针数钩织鞋侧面，不加减针钩3圈长针。另起针单独钩编1个单元花，详见花样B鞋面图解，最后1圈与鞋前头的侧鞋面连接钩合。用同样方法完成另一只。

4. 完成鞋面的钩织后，沿着鞋口边缘，钩织1圈短针装饰边，在鞋后面边缘钩出20针锁针鞋带及小装饰花。详见花样C系带图解。完成后断线，藏好线尾。

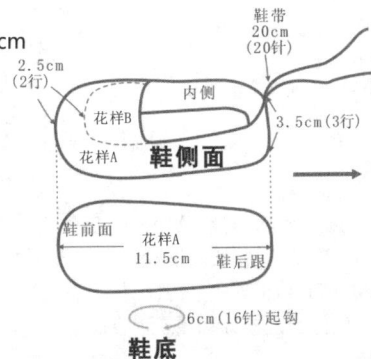

鞋子 (1.75mm钩针)

花样A (鞋底和侧面图解)

花样B (鞋面图解)

花样C (系带图解)

符号说明：
+ 短针
中长针
长针
◯◯◯ 锁针

157

作品198

【成品规格】鞋长11cm，鞋宽3.5cm
【工　具】1.75mm钩针
【材　料】宝宝绒线30g

鞋子制作说明：

1. 棒针编织法，从鞋底起织，由2个颜色的线搭配编织而成。编织2只鞋子。

2. 从鞋底起织，鞋底呈长方形，单罗纹起针法，起24针编织花样，编织成12行，无加减针。织至最后1行时，不收针，进行下一步编织。

3. 鞋底余下24针，另取2根棒针，沿着鞋底边缘挑织起织鞋侧面，编织花样，共织10行，形成侧面，然后取一端作起始针数，编织鞋面，共取10针编织，织至两侧边时，与鞋侧面的针数2针并1针编织，织成连接，共编织12行鞋面，最后收针断线。余下的鞋面，改用浅黄色线编织，仍然编织花样，往

符号说明：

□	上针
□=田	下针
区	右上2针并1针
回	镂空针
2-1-3	行-针-次
+	短针
┬	长针
∞∞	锁针

返编织6行的高度后，在鞋子的内侧那端，向外延长起针，起22针，然后返回编织花样，与鞋侧面的针数一起编织，织至4行的高度后，收针断线。而鞋面内侧边缘，要用浅黄色线钩1行短针锁边。

4. 用同样的方法再编织另一只鞋子。

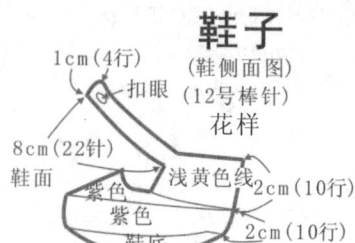

鞋子
（鞋侧面图）（12号棒针）花样
1cm（4行）　扣眼
8cm（22针）
鞋面　浅黄色线
紫色　2cm（10行）
紫色
鞋底　2cm（10行）

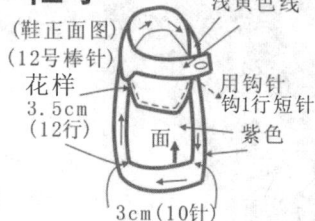

鞋子
浅黄色线
（鞋正面图）（12号棒针）
花样　3.5cm（12行）
用钩针钩1行短针
面　紫色
3cm（10针）

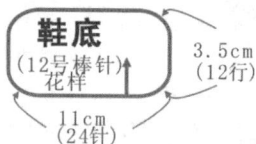

鞋底（12号棒针）花样
3.5cm（12行）
11cm（24针）

花样（搓板针）

2行一花样

作品199

【成品规格】鞋长8cm，鞋宽3cm
【工　具】12号棒针
【编织密度】29针×39行=10cm²
【材　料】宝宝绒线20g

鞋子制作说明：

1. 棒针编织法，从鞋底起织，全用粉色线编织，每只鞋用2个粉色小球装饰。编织2只小鞋。

2. 从鞋底起织，起8针，两侧同时加针，方法为2-1-2，针数加至12针，不加减针织24行后，两侧减针编织，方法为2-1-2，将针数减至8针，不收针，进行下一步编织。鞋底编织花样C搓板针。

3. 鞋底余下8针，另取2根棒针，沿着鞋底边缘挑针起织鞋侧面，编织花样A，共织14行，取鞋底一端作鞋尖，取8针编织花样A，即搓板针花样，用白色线编织，行行编织时与鞋侧面留下的针合并，编织

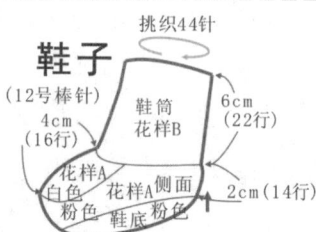

鞋子（12号棒针）
挑织44针
4cm（16行）
鞋筒花样B
6cm（22行）
花样A　白色
粉色　花样A侧面
鞋底粉色　2cm（14行）

花样A（搓板针）
2行一花样

14行搓板针，然后编织鞋筒，挑针编织单罗纹花样，鞋筒配色编织，图解见花样B，鞋筒共挑织44针编织。完成后收针断线。依照小球的制作方法，用粉色线制作2只小球装饰于鞋面。

4. 用同样的方法再编织另一只鞋子。

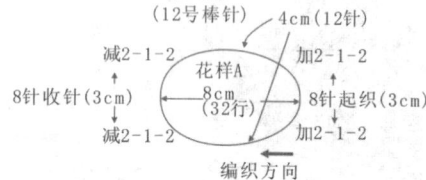

鞋底（12号棒针）
4cm（12针）
减2-1-2　加2-1-2
8针收针（3cm）　花样A　8针起织（3cm）
8cm（32针）
减2-1-2　加2-1-2
编织方向

花样B
（鞋筒配色图解）

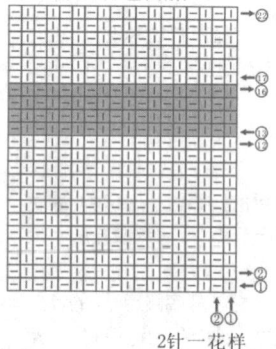

2针一花样

符号说明：

□	上针
□=田	下针
区	右上2针并1针
回	镂空针
	右上2针与左下2针交叉
	右上4针与左下4针交叉
	左拉针
2-1-3	行-针-次
+	短针
┬	长针
∞∞	锁针

作品200

【成品规格】鞋长10cm，鞋宽4.5cm
【工　具】1.75mm钩针
【材　料】宝宝绒线50g

鞋子制作说明：

1. 钩针编织法，从鞋底起钩。

2. 先钩织鞋底，起钩锁针，起14针，然后再加钩3针锁针起钩，钩织第1行长针行，共13针，在最后1针的针眼里，加6针长针，然后在14针的对侧，钩织14针长针，同样在最后1针，即起始的第1针的针眼里，加6针，最后1针与第1针闭合，第2行的钩织方法，参照花样。

3. 侧面的钩织，侧面的针数与鞋底最后一圈的针数相同，钩织两行花样中的鞋侧面花样。

4. 鞋面直接由鞋筒用系带收缩形成，完成鞋侧面钩织后，沿边钩织花样中的鞋筒花样，花样的宽度适当比鞋侧面小，形成收缩的效果，共钩3层花样，完成后断线，藏好线尾。再制作2段系带，穿过鞋筒下端，收紧收缩。

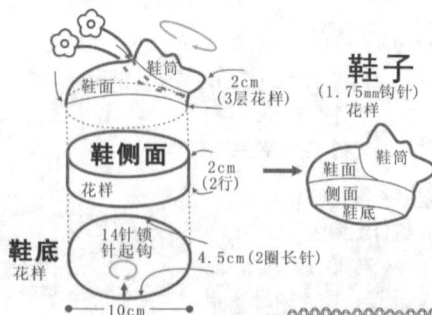

鞋子（1.75mm钩针）花样
鞋面　鞋筒　2cm（3层花样）
鞋侧面 花样　2cm（2行）
鞋面　鞋筒
侧面　鞋底
鞋底 花样　14针锁针起钩
4.5cm（2圈长针）
10cm

鞋子系带图解

花样（鞋子图解）

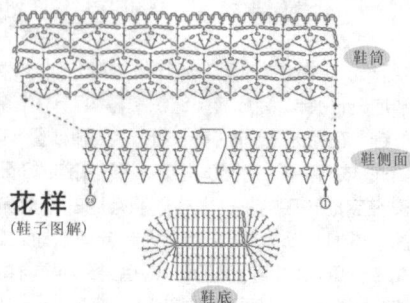

鞋筒
鞋侧面
鞋底

符号说明：

2-1-3	行-针-次
+	短针
┬	长针
∞∞	锁针

作品201

【成品规格】鞋长11cm，鞋宽5.5cm
【工　　具】1.75mm钩针
【材　　料】宝宝绒线50g

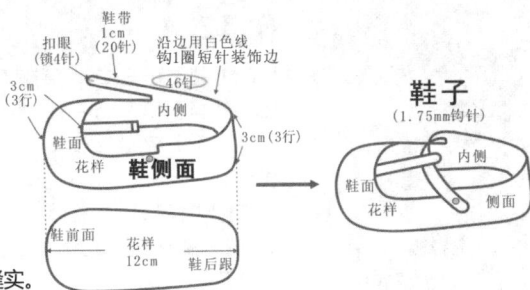

符号说明：
2-1-3　行-针-次
十　短针
↑　长针
∞　锁针

鞋子制作说明：

1. 钩针编织法，用黄色线与白色线搭配钩织。

2. 从鞋底起钩，起6cm长，16针锁针，再钩1针锁针，钩织第1行短针，共16针，然后在尾端加6针完成转弧钩织，再钩16针短针，最后在另一尾端加6针，完成第1圈的钩织，第2圈、第3圈依照花样的图解钩织，将鞋底钩成5圈。

3. 在完成鞋底的基础上，依照鞋底的针数钩织鞋面，1圈不加减钩织1圈短针，第2圈在鞋面转弧端沿中心针两侧2针并1针，共减6针，用同样方法减完成第3圈，共减6针，形成鞋面，在收第3针时加出18针锁针，回织18针长针，继续收针钩编。完成鞋面。将

18针长针条向内对折在鞋面反面缝实。

4. 完成鞋面的钩织后，不断线继续钩织鞋后侧面，在鞋侧面边缘距鞋面1/3处，钩出12针锁针，回钩12针短针，形成鞋带，末端留出扣眼位置，回钩到另一侧距鞋面1/3处断线，藏好线尾。

5. 起3针锁针钩织短针小熊，每行放射状加针，共钩6行，第7行钩出5针短针耳朵，第8行减为3针，第9行减为1针，断线，藏好线尾。用同样方法再完成另一只耳朵。完成后缝在鞋面上作装饰。

作品202

【成品规格】鞋长8cm，鞋宽4cm，袋子直径10cm宽
【工　　具】1.75mm钩针，12号棒针
【材　　料】宝宝绒线70g

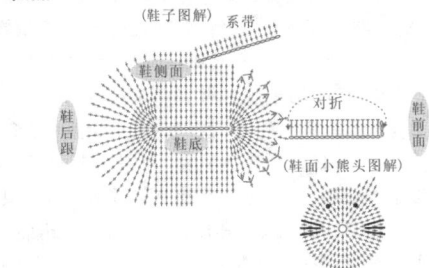

符号说明：
2-1-3　行-针-次
十　短针
↑　长针
∞　锁针

鞋子制作说明：

1. 钩针编织法，从鞋底起钩，用红色线与绿色线搭配钩织。

2. 先钩织鞋底，起钩锁针，起16针，然后再加钩3针锁针起高，钩织第1行长针行，共16针，在最后1针的针眼里，加6针长针，然后在16针的对侧，钩织16针长针，同样在最后1针，即起始的第1针的针眼里，加6针，最后1针与第1针闭合，第2行和第3行的钩织方法，参照花样A。

3. 鞋侧面的钩织，侧面的针数与鞋底最后1圈的针数相同，无加减针钩织2行长针，第3行在鞋尖部分进行减针，将鞋尖收紧成鞋面，完成后断线，再在鞋侧面一边，用红色线挑6针短针编织，共钩织成16行短针，断线，藏好线尾，这段短针行为鞋子的系带。

4. 鞋子花边的钩织，用绿色线沿着鞋侧面边缘和系带边缘，钩织花样B花边。系带边缘钩织短针。在系带的对侧钉上扣子。

袋子制作说明：

1. 钩针编织法，分成两片钩织，用红色线编织袋子，系带和袋子上的叶子用绿色线钩织而成。

2. 用线打个圈，3针锁针起高，钩织第1圈花样，图解见花样B，依照图解一圈圈进行加针钩织，加针钩至第7行，第8行不加减针。针数如同第7行。断线，藏好线尾。用同样的方法钩织另一片，用1段拉链，沿边缝合，将没有拉链的部分，钩织短针缝合。

3. 用绿色线钩织1片叶子，图解参照帽子的叶子图解。将其缝于袋口，带子先钩织82cm长的锁针，再返回钩织1行短针形成。

作品203

【成品规格】见图
【工　　具】12号棒针，12号环形针，1.75mm钩针
【编织密度】34针×35行=10cm²
【材　　料】宝宝绒线60g

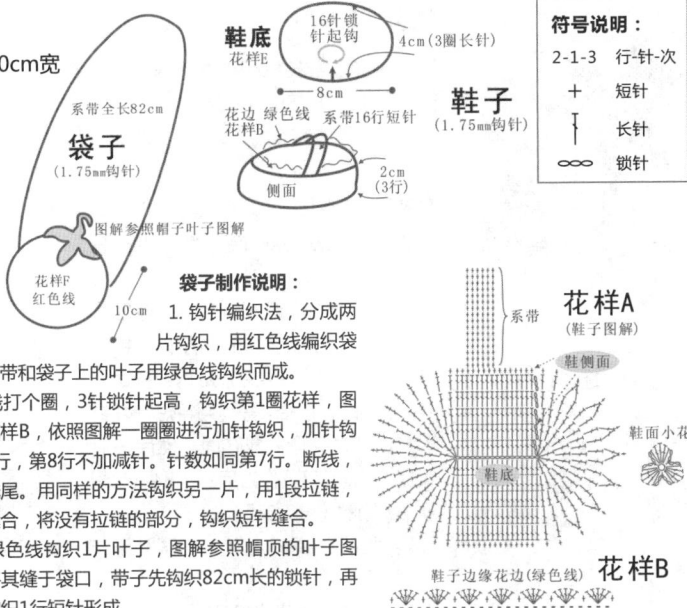

符号说明：
口　上针
口=口　下针

⊠ 右上1针下针与左下1针下针交叉
⊠⊠ 右上2针下针与左下2针下针交叉

2-1-3　行-针-次
十　短针
↑　长针
∞　锁针

鞋子制作说明：

1. 棒针编织法，从鞋底起织，编织2只小鞋。

2. 从鞋底起织，下针起针法，起26针，两侧同时加针，方法为2-1-3，针数加至32针，不加减针织10行后，两侧减针编织，方法为2-1-3，将针数减至26针，不收针，进行下一步编织。鞋底编织花样A搓板针。

3. 鞋底余下26针，另取2根棒针，沿着鞋底边缘挑针起织鞋侧面，编织花样A，共织22行，取鞋底一端作鞋尖，取10针编织花样A，即搓板针花样，行行编织时与鞋侧面留下的针合并，编织30行搓板针，然后连接起鞋侧面的针数继续编织鞋筒，织花样A搓板针，织12行的高度，然后改用钩针，钩织1圈花边，图解见花样B中帽子花边图解。

4. 用同样的方法再编织另一只鞋子。

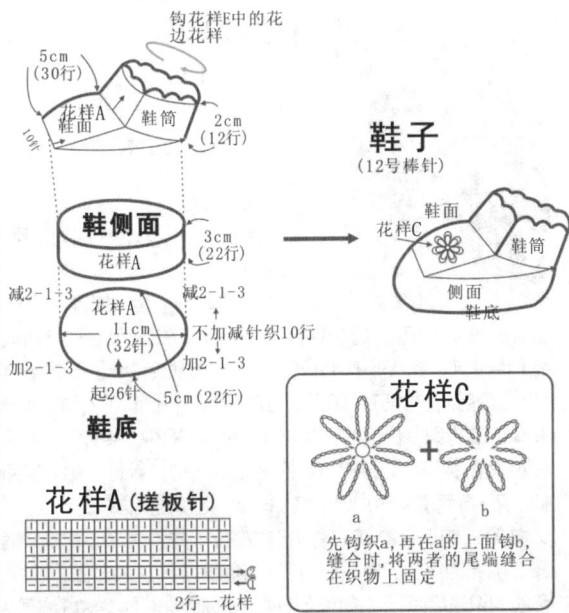

先钩织a，再在a的上面钩b，缝合时，将两者的尾端缝合在织物上固定

作品204

【成品规格】鞋长11cm，鞋宽5cm

【工　具】1.75mm钩针，10号棒针

【材　料】宝宝绒线50g

鞋子制作说明：

1. 钩针编织法，用黄色线与白色线搭配钩织。

2. 从鞋底起钩，起6cm长，16针锁针，再钩3针锁针起高，钩织第1行长针，共8针，中长针，共7针，然后在尾端加6针完成转弧钩织，接着钩织4针中长针，8针长针，最后在另一尾端加6针，完成第1圈的长针钩织，从第2圈起，依照花样的图解钩织，将鞋底钩成3圈。

3. 单独起针钩织鞋面，起6针锁针，起钩短针行，共钩68行，形成鞋面，完成鞋面的钩织后，不断线继续钩织鞋后侧面，在鞋侧面边缘距鞋面1/3处，钩出19针锁针，回钩19针短针，共钩3行，形成鞋带，末端留出扣眼位置，完成鞋面，沿鞋底边缝合。

4. 用白色线另起针钩织鞋面小熊头装饰，钩织方法详见花样小

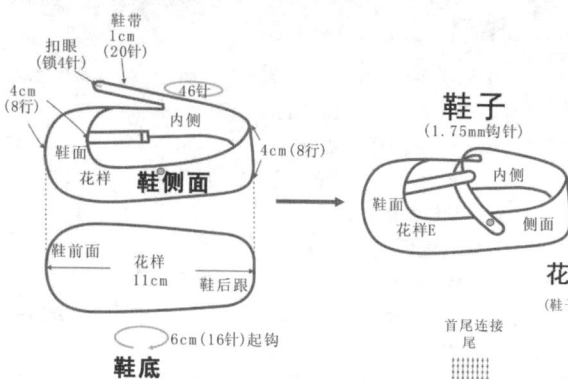

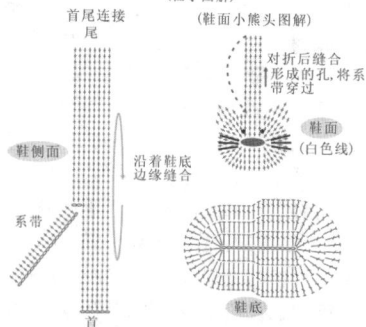

熊头图解，完成后改换黄色线在小熊头中间处钩织4针13行短针长条，将长条向内对折在鞋底反面缝实，穿入鞋带。完成后缝在鞋面上装饰。

5. 用同样方法再完成另一只鞋。

作品205

【成品规格】鞋长11cm，鞋宽6cm

【工　具】1.75mm钩针

【材　料】宝宝绒线50g

鞋子制作说明：

1. 钩针编织法，从鞋底起钩，钩织2只小鞋，2朵小花。

2. 从鞋底起钩，起20针锁针，返回钩1圈短针，依照图解B的顺序去钩织，鞋底钩8圈短针，然后开始钩织鞋面，鞋面钩4圈，鞋尖部分利用将短针并针的方法将鞋尖弯曲成鞋面。然后在后跟那端，钩织7行作为后跟，侧面钩织鞋带，图解见鞋系带图解。

3. 鞋面钩织一朵小花装饰，图解见花样A，缝于鞋面。

4. 用同样的方法再钩织另一只鞋子。

符号说明：

2-1-3	行-针-次
+	短针
↑	长针
∞∞	锁针

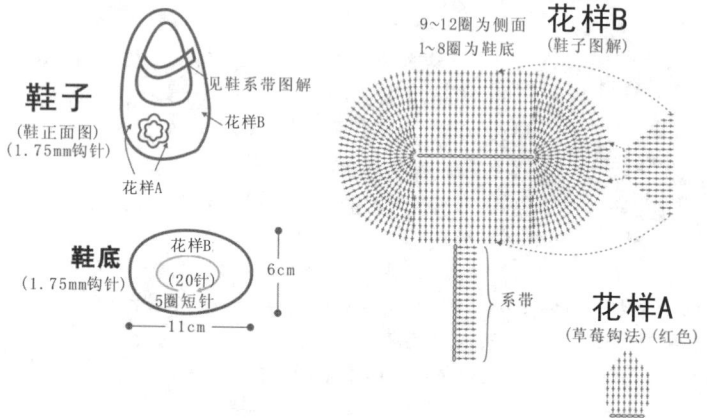

作品206

【成品规格】鞋长10cm，鞋宽5cm，鞋高4cm

【工　具】1.75mm钩针

【材　料】宝宝绒线30g

鞋子制作说明：

1. 钩针编织法，从鞋底起钩，用玫红色线与白色线搭配钩织。

2. 先钩织鞋底，起钩锁针，起14针，然后再加钩3针锁针起高，钩织第1行长针行，共13针，在最后1针的针眼里，加6针长针，然后在14针的对侧，钩织14针长针，同样在最后1针，即起始的第1针的针眼里，加6针，最后1针与第1针闭合，第2行和第3行的钩织方法，参照花样。

3. 侧面的钩织，侧面的针数与鞋底最后1圈的针数相同，钩织2行长针行。

4. 鞋面的钩织，取鞋尖6针的宽度，起钩长针行，第2行两侧同时加针，各加2针，第3行两侧同时加针，各加2针，完成鞋面钩织。

5. 鞋筒的钩织，鞋筒只有3行的高度，先沿着余下的鞋侧面边缘和鞋面的上边缘，挑针钩织1行长针行，用玫红色线钩织，完成后，断线，藏好线尾，改用白色线钩织最后两行，图解见花样，完成后，断线，藏好线尾。

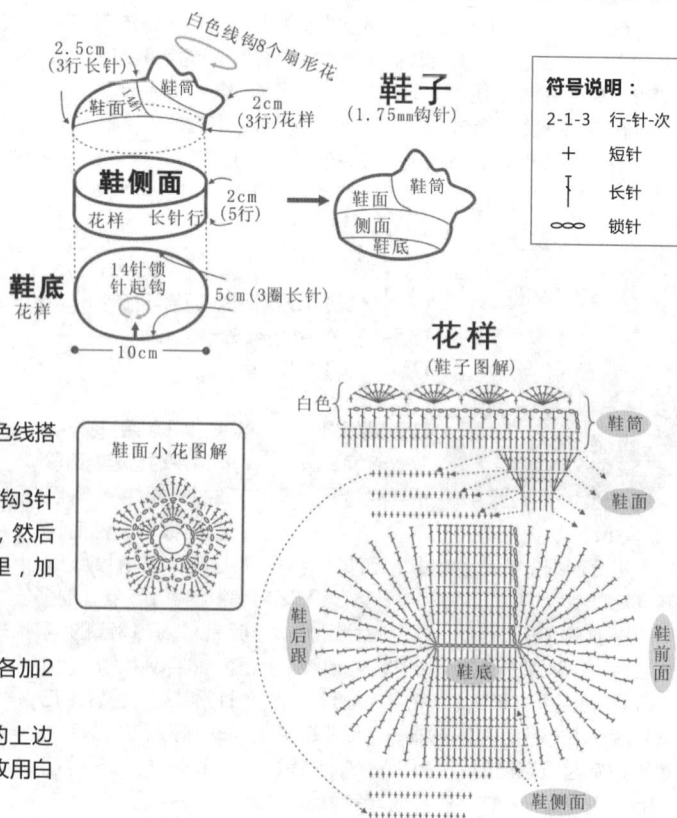

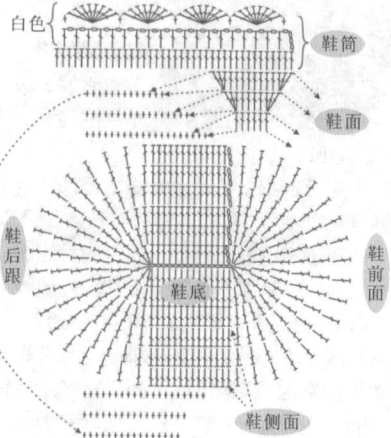

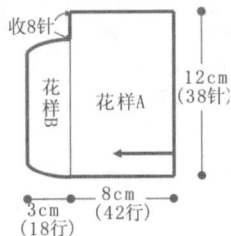

作品207

【成品规格】鞋长11cm，鞋高12cm
【工　具】12号棒针
【材　料】宝宝绒线20g

鞋子制作说明：

1. 棒针编织法，一片编织完成。

2. 从后跟起织，下针起针法起38针横向编织花样A搓板针，不加减针编织42行后，第43行右侧收8针，余下针数开始编织鞋头。

3. 鞋头共编织36行，编织图解见花样B，编织完成后，从第78行起，右侧加起8针，改编花样A，不加减针再编织42行，与起针缝合。

4. 用同样的方法再编织另一只鞋子。

符号说明：
□　上针
□＝回　下针
右上3针下针与左下3针下针交叉
2-1-3　行-针-次
十　短针
丨　长针
∞∞　锁针

鞋子
（鞋侧面图）

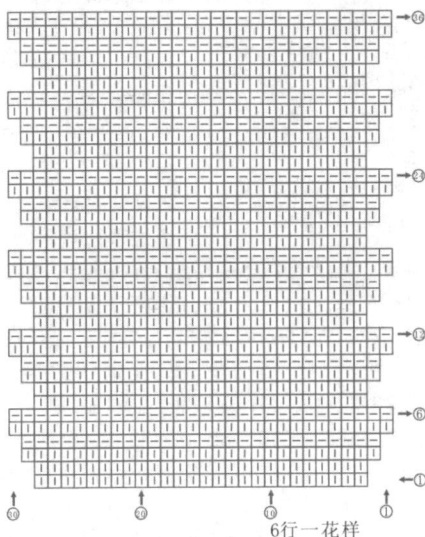

收8针
12cm（38针）
花样B　花样A
3cm（18行）　8cm（42行）

花样A（搓板针）

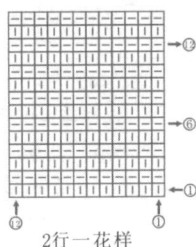

2行一花样

花样B

6行一花样

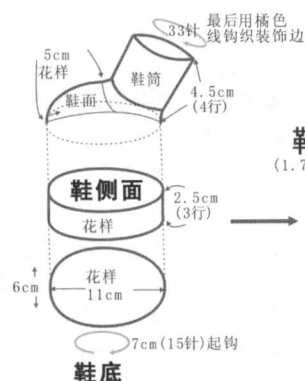

作品209

【成品规格】鞋长11cm，鞋宽6cm
【工　具】1.75mm钩针
【材　料】宝宝绒线50g

鞋子制作说明：

1. 钩针编织法，用橘色线与白色线搭配钩织。

2. 用橘色线从鞋底起钩，起7cm长，或15针锁针，再钩3针锁针起高，钩织第1行长针，共15针，然后在尾端加6针完成转弧钩织，接着钩织15针长针，最后另一尾端加6针，完成第1圈的长针钩织，从第2圈起，依照花样的图解钩织，将鞋底钩成3圈。

3. 在完成鞋底的基础上，依照鞋底的针数继续钩织长针，钩3行，钩成侧面，两转弧端无加针。

4. 用白色线单独完成鞋面，起5cm长，或11针锁针，再钩3针锁针起高，钩织第1行长针，共11针，然后在尾端加6针完成转弧钩织，接着钩织11针长针，最后在另一尾端加6针，完成第1圈的长

鞋子
（1.75mm钩针）

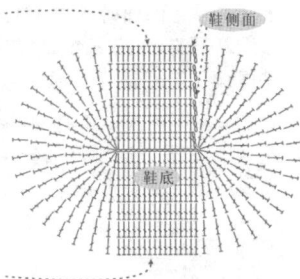

最后用橘色线钩织装饰边
33针
5cm花样　鞋筒　4.5cm（4行）
鞋面
鞋侧面　花样　2.5cm（3行）
6cm　花样11cm
7cm（15针）起钩
鞋底

符号说明
2-1-3　行-针-次
十　短针
丨　长针
∞∞　锁针

连接点单元花
鞋筒　鞋面

花样
（鞋子图解）
鞋子边缘均用短针锁边并连接

针钩织，第2圈依照第1圈花样钩织，在鞋一侧的侧面转弧处用短针连接鞋面，在鞋筒与鞋面连接角处钩织橘红线单元小花，钩织方法详见花样。

5. 完成鞋面的钩织后，用橘色线沿着鞋侧面边缘钩织长针，钩到鞋面位置连接时并1针后返回钩第2行。依此方法钩4行。第5行换白色线并改钩8个扇形针花样，钩1行，最后1行换橘红色线钩5针锁针锯齿花，完成后断线，藏好线尾。

6. 用同样的方法钩织另一只鞋子。

鞋面
鞋侧面
鞋底

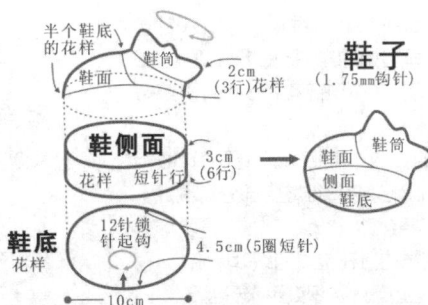

作品210

【成品规格】鞋长10cm，鞋宽4.5cm
【工　具】1.75mm钩针
【材　料】白色宝宝绒线50g

鞋子制作说明：

1. 钩针编织法，从鞋底起钩。

2. 先钩织鞋底，起钩锁针，起12针，然后再加钩1针锁针，钩织第1行短针行，共12针，在最后1针的针眼里，加6针短针，然后在12针的对侧，钩织12针短针，同样在最后1针，即起始的第1针的针眼里，加6针，最后1针与第1针闭合，第2行到第5行的钩织方法，参照花样。

3. 鞋侧面的钩织，侧面的针数与鞋底最后1圈的针数相同，钩织6行短针行。

4. 鞋面的钩织，鞋面相当于半个鞋底花样，钩织成后，将沿边与鞋尖边缘缝合。

5. 鞋筒的钩织，鞋筒只有3行的高度，沿着余下的鞋侧面边缘和鞋面的上边缘，挑针钩织花样中的鞋筒花样，完成后，断线，藏好线尾。

符号说明：
2-1-3　行-针-次
十　短针
丨　长针
∞∞　锁针

鞋子
（1.75mm钩针）

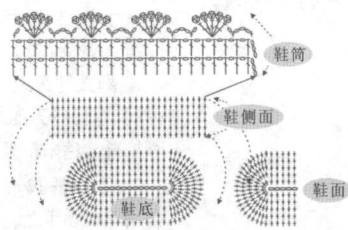

半个鞋底的花样
鞋面　鞋筒
2cm（3行）花样
鞋侧面　花样　短针行　3cm（6行）
鞋底花样　12针锁针起钩
4.5cm（5圈短针）
10cm
鞋面
鞋侧面
鞋底

花样
（鞋子图解）
鞋筒
鞋侧面
鞋底
鞋面

作品211

【成品规格】鞋长11cm，鞋宽5cm

【工　具】1.75mm钩针

【材　料】浅紫宝宝绒线40g，白色线3g，浅紫色丝带

鞋子制作说明：

1. 钩针编织法，用浅紫色线与白色线搭配钩织。

2. 从鞋底起钩，用浅紫色线起9cm长，或15针锁针，钩3针锁针起高，钩织第1行长针，共15针，然后在尾端加6针完成转弧钩织，接着钩织15针长针，最后在另一尾端加6针，完成第1圈的长针钩织，第2圈钩织方法同第1圈，第3圈钩织短针，针数同第2圈，详见花样图解，将鞋底钩成3圈。

3. 在完成鞋底的基础上，依照鞋底的针数再钩织长针，钩1行，然后钩织2行短针，完成侧面，两转弧端无加针。

4. 从一侧转弧处挑钩长针，共6针，第2行在两侧各加1针，共8针，往返钩6行，两侧与侧面钩合作鞋面。

5. 完成鞋面的钩织后，沿着鞋面边缘与余下的鞋侧面边缘，钩织2长针小格花样，共14组，钩4圈，最后1圈换白色线钩织水草花，形成鞋筒，完成后断线，藏好线尾，钩织方法见花样鞋子图解。

6. 沿鞋面与鞋侧面的连接处，用白色线钩织1圈水草花装饰。

7. 在鞋筒与鞋面连接处穿入丝带。

8. 用同样方法完成另一只鞋子。

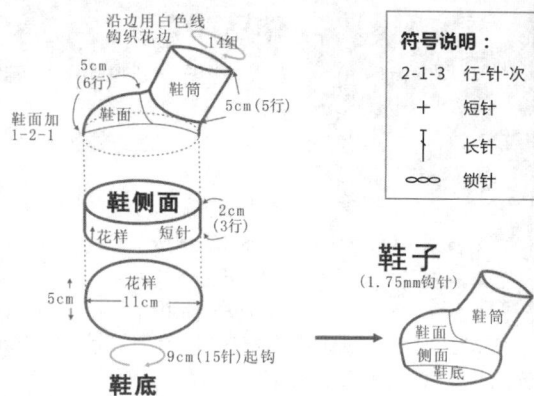

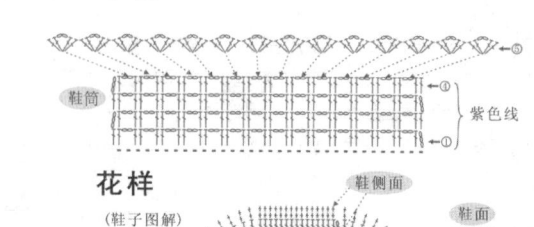

再沿鞋面边缘钩1圈水草花图解同鞋筒的第5行，用白色线。

作品212

【成品规格】鞋长9.5cm，鞋宽6cm

【工　具】12号棒针，12号环形针，1.75mm钩针

【编织密度】25针×39行=10cm²

【材　料】蓝色宝宝绒线30g

鞋子制作说明：

1. 棒针编织法，先编织鞋底，再织侧面和鞋筒。

2. 鞋底起织，起12针下针，编织下针，两侧同时加针，方法为2-1-5，然后不加减针织24行，再减针织，方法为2-1-5，将鞋底织成44行，余下12针，不收针，留在棒针上，进行下一步侧面的编织。

3. 侧面的编织，原来棒针上余下12针，沿左侧鞋底边缘，挑针织，用4根棒针编织，全织下针，织10行的高度。然后取鞋尖的10针编织鞋面，织至两端时，原左右2根棒针上的针数合并编织，将鞋面织成如花样B的花样，织至30行的高度，然后将其他棒针上的针数连在一起，往上编织鞋筒，全织下针，织20行的高度，再织1个花样A，共6行高度，然后收针断线。用同样的方法再编织另一只鞋子。

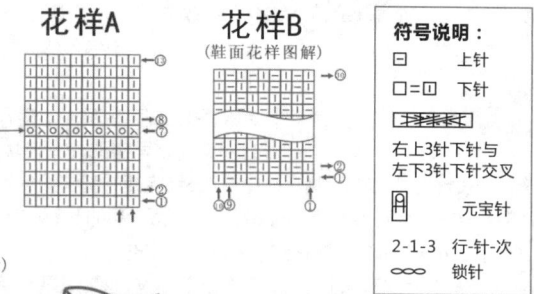

作品208

【成品规格】鞋长11cm，鞋宽5cm

【工　具】1.75mm钩针

【材　料】宝宝绒线50g

鞋子制作说明：

1. 钩针编织法，从鞋底起钩，用白色线钩织鞋子。钩织2只鞋子。

2. 先钩织鞋底，起钩锁针，起16针，然后再加钩3针锁针起高，钩织第1行长针行，共16针，在最后1针的针眼里，加6针长针，然后在16针的对侧，钩织16针长针，同样在最后1针，即起始的第1针的针眼里，加6针，最后1针与第1针闭合，第2行和第3行的钩织方法，参照花样。

3. 侧面的钩织，侧面的针数与鞋底最后1圈的针数相同，第1行无加减针，第2行和第3行鞋尖部分有减针，将鞋尖往内收紧，形成斜鞋面。

4. 鞋带的钩织，参照花样的所在位置钩织1段锁针，再沿着鞋系带上边和鞋后跟边缘，钩织1圈狗牙拉针。

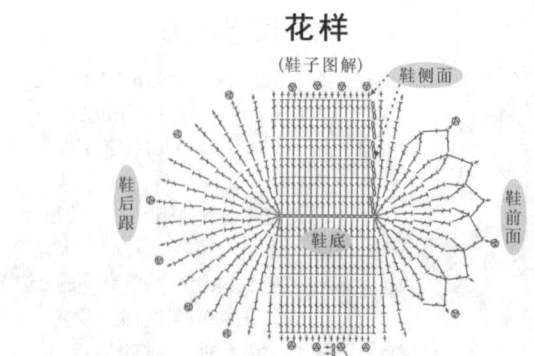

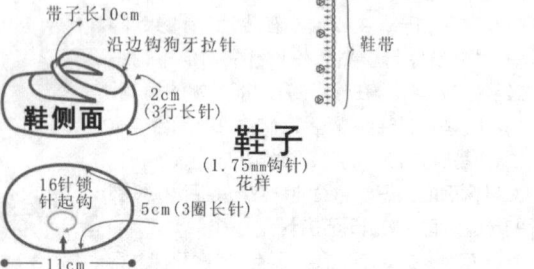

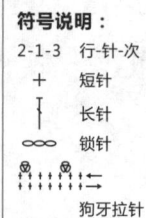

作品214

【成品规格】鞋长10cm，鞋宽5cm
【工　　具】12号棒针
【编织密度】26针×41行=10cm²
【材　　料】宝宝绒线20g

鞋子制作说明：

1. 钩织结合编织法，鞋底钩织，其余部分编织。
2. 鞋底的钩法，如图花样E，起8针锁针，加3针锁针起高，钩3圈长针。
3. 沿钩好的鞋底的外沿挑针，圈织花样A即搓板针作鞋侧面，织10行后，取鞋一端作鞋尖，取12针编织花样C，织14行作鞋面，行行编织时与鞋侧面留下的针合并，编织14行后，将剩余所有针数一起穿上织鞋筒，织花样D即双罗纹22行后，收针断线。穿绳的洞眼针法，详见花样E。在鞋筒1/2处，用钩针钩织1段锁针做系带穿入其中，系带两端的叶子装饰见花样B。

鞋子
（12号棒针）
淡黄色

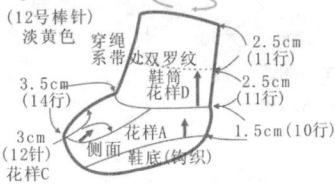

挑织44针
穿绳系带处
鞋底（钩织）
侧面
花样A
花样C 3cm（12行）
花样D
花样B（叶子图解）
2.5cm（11行）
2.5cm（11行）
1.5cm（10行）
3.5cm（14行）

鞋底
（1.75mm钩针）

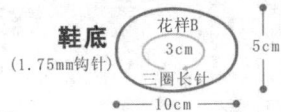

花样B
三圈长针
3cm
10cm
5cm

花样E
（鞋底图解）

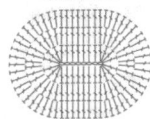

花样A（搓板针）

2行一花样

花样C
（鞋面花样）

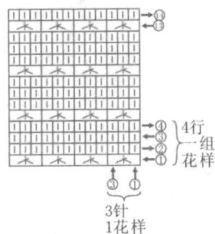

3针1花样
4行一组花样

花样D（双罗纹）

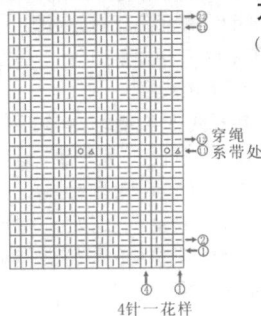

穿绳系带处
4针一花样

符号说明：

符号	说明
□	上针
□=□	下针
⊠	上针左上2针并1针
⊡	镂空针
木	左3针并1针，在这1针上又放出3针
〒	右上1针交叉
〒	左上1针交叉
2-1-3	行-针-次

花样A
（鞋面图解）

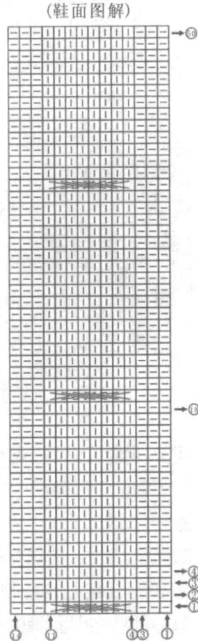

作品215

【成品规格】鞋长12cm，鞋宽6cm
【工　　具】12号棒针
【编织密度】28针×41行=10cm²
【材　　料】宝宝绒线30g

鞋子制作说明：

1. 棒针编织法，先编织鞋底，再织侧面和鞋筒。
2. 鞋底起织，起20针下针，编织花样B搓板针，两侧同时加针，方法为1-1-7，然后不加减针织18行，再减针织，方法为1-1-7，将鞋底织成32行，余下20针，不收针，留在棒针上，进行下一步侧面的编织。
3. 侧面的编织，原来棒针上余下20针，沿左侧鞋底边缘，挑针织，用4根针编织，全织下针，织14行的高度。然后取鞋尖的14针编织鞋面，织至两端时，原左右2根棒针上的针数合并编织，将鞋面织成如花样A的花样，织至50行的高度，然后将其他棒针上的针数连在一起，往上编织鞋筒，全织下针，织28行的高度，然后收针断线。鞋筒顶部自然卷曲成形。

鞋子
（12号棒针）

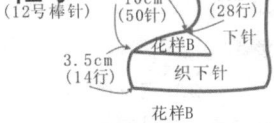

10cm（50针）
7cm（28行）
花样B
织下针
花样B
3.5cm（14行）
花样B

花样B（搓板针）

2行一花样

鞋底

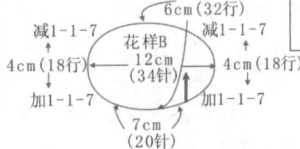

6cm（32行）
减1-1-7
减1-1-7
花样B
12cm（34针）
4cm（18行）
4cm（18行）
加1-1-7
加1-1-7
7cm（20针）

符号说明：

符号	说明
□	上针
□=□	下针
⊠	右上2针并1针
⊡	镂空针
2-1-3	行-针-次
＋	短针
T	长针
∞	锁针
♠	狗牙针
↘	下针左加1针
⬆	3针并1针
圭	右上4针与左下4针交叉

作品213

【成品规格】鞋长11cm，鞋宽6.5cm
【工　　具】12号棒针
【编织密度】28针×37行=10cm²
【材　　料】宝宝绒线20g

鞋子制作说明：

1. 棒针编织法，从鞋底起织，全用蓝色线编织，每只鞋用3个小球装饰。编织2只小鞋。
2. 从鞋底起织，起10针，两侧同时加针，方法为2-1-4，针数加至18针，不加减针织44行后，两侧减针编织，方法为2-1-4，将针数减至10针，不收针，进行下一步编织。
3. 鞋底余下10针，另取2根棒针，沿着鞋底边缘挑针起织鞋侧面，先织1行下针，第2行时，进行花样的分配，取鞋底一端作鞋尖，取28针编织花样B，即双罗纹花样，其他的编织花样A搓板针，将鞋侧面织至13行，第14行时，双罗纹花样部分，将这28针2针并1针地编织，将针数减少为14针，形成鞋面的收缩状，搓板针照织，鞋侧面共织成14行，收缩后形成的孔，继续往上编织鞋筒部。
4. 鞋筒编织花样B双罗纹，共织18行，接着织6行花样B，收针断线，用同样的方法再编织另一只鞋子。

鞋子
（12号棒针）

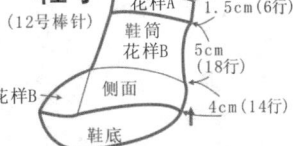

花样A
鞋筒花样B
侧面
花样B
1.5cm（6行）
5cm（18行）
4cm（14行）
鞋底

鞋面直视图

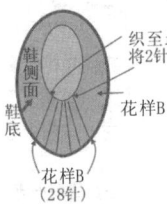

鞋侧面
鞋底
花样B
织至最后1行时将2针并为1针
花样B（28针）

鞋底
（12号棒针）

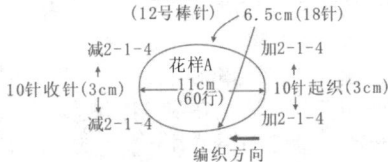

减2-1-4
6.5cm（18针）
加2-1-4
花样A
11cm（60行）
10针收针（3cm）
10针起织（3cm）
减2-1-4
加2-1-4
编织方向

符号说明：

符号	说明
□	上针
□=□	下针
⊠	右上2针并1针
⊡	镂空针
2-1-3	行-针-次

花样A（搓板针）

2行一花样

花样A（双罗纹）

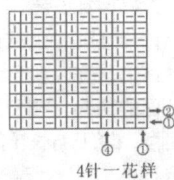

4针一花样

作品216

【成品规格】鞋长11cm，鞋宽5cm
【工　　具】1.75mm钩针
【材　　料】宝宝绒线50g

鞋子制作说明：

1. 钩针编织法，从鞋底起钩，鞋底和侧面全为短针钩成。

2. 先钩织鞋底，起钩锁针，起18针，然后再加钩1针锁针起钩，钩织第1行短针行，共18针，在最后1针的针眼里，加6针短针，然后在18针的对侧，钩织18针短针，同样在最后1针，即起始的第1针的针眼里，加6针，最后1针与第1针闭合，第2针至第8行的钩织方法，参照花样。

3. 侧面的钩织，侧面的针数与鞋底最后1圈的针数相同，钩织5行短针。

4. 鞋面的钩织，取鞋尖10针的宽度，起钩长针行，第2行两侧同时加针，各加1针，第3行和第4行不再加针，钩织过程与鞋侧面上边缘连接缝合。

5. 鞋筒的钩织，鞋统只有4行的高度，先沿着余下的鞋侧面边缘和鞋面的上边缘，挑针钩织1行短针行，最后3行参照花样中的鞋筒花样钩织。完成后，再钩织2段系带，钩法与帽子系带钩法相同。

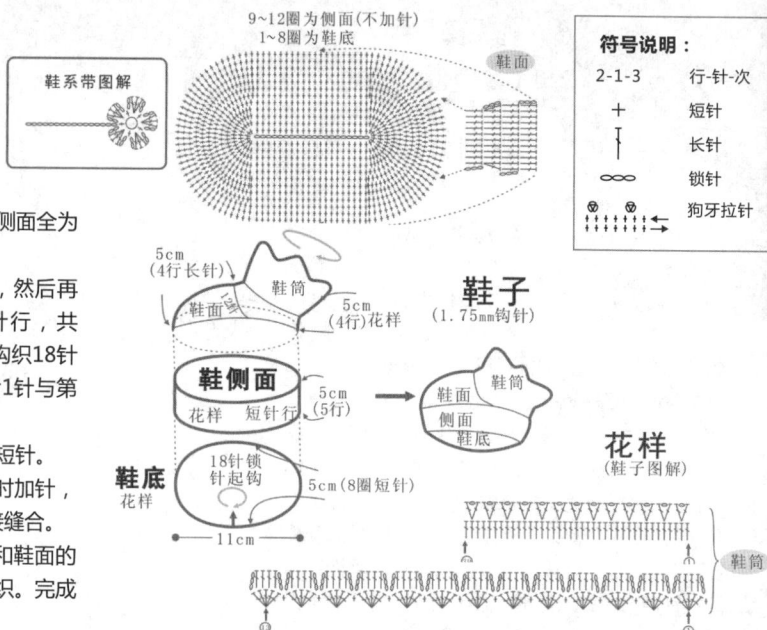

作品217

【成品规格】鞋长11cm，鞋宽6cm
【工　　具】1.75mm钩针
【材　　料】宝宝绒线白色40g，红色10g

鞋子制作说明：

1. 钩针编织法。

2. 从鞋底起钩，用白色线起8cm长，20针锁针起，钩1针锁针起高，钩织第1行短针，共20针，然后在尾端加6针完成转弧钩织，接着钩织20针短针，最后在另一尾端加6针，完成第1圈的长针钩织，从第2圈起，依照花样的图解钩织，将鞋底钩成8圈。

3. 在完成鞋底的基础上，依照鞋底的针数继续钩织短针，钩4行，钩成侧面，两转弧端无加针。

4. 从一侧转弧处钩织长针，共11针，往返钩4行，作鞋面。

5. 完成鞋面的钩织后，沿着鞋面边缘与余下的鞋侧面边缘，钩织1针放4针花样，共14组，钩3圈，第4圈换红色线继续钩织，最后1圈1针放8针，形成鞋筒，完成后断线，藏好线尾。

6. 系带的编织，用钩针钩两段锁针辫子，共42针锁针，20cm长，穿入鞋筒与鞋面连接处。

7. 用同样方法完成另一只鞋子。

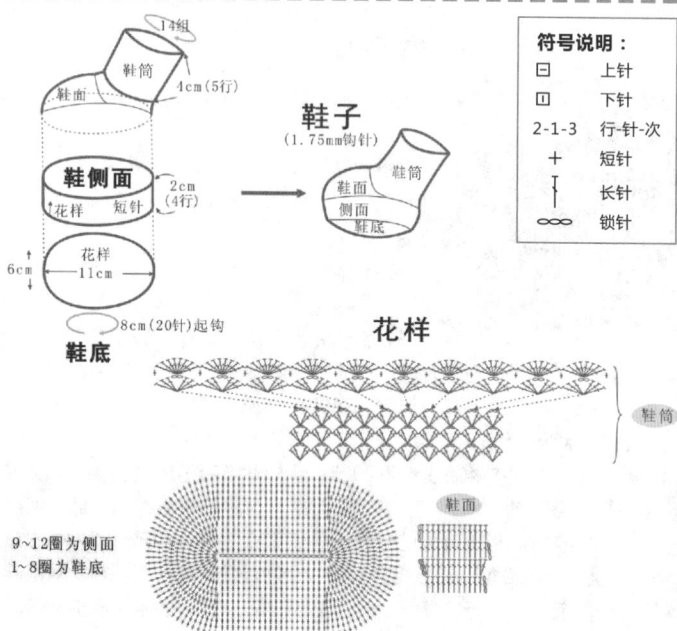

作品218

【成品规格】鞋长10cm，鞋宽4.5cm
【工　　具】1.75mm钩针
【材　　料】宝宝绒线50g

鞋子制作说明：

1. 钩针编织法，从鞋底起钩，用白色线与黄色线搭配钩织。

2. 先钩织鞋底，起钩锁针，起16针，然后再加钩3针锁针起高，钩织第1行长针行，共16针，在最后1针的针眼里，加6针长针，然后在16针的对侧，钩织14针长针，同样在最后1针，即起始的第1针的针眼里，加6针，最后1针与第1针闭合，第2行钩织方法，参照花样。

3. 侧面的钩织，侧面的针数与鞋底最后1圈的针数相同，钩织3行长针花样。

4. 鞋面的钩织，取鞋尖8针的宽度，起钩长针行，共钩织6行的长度，两边在钩织过程，与鞋侧面边缘连接钩织。

5. 鞋筒的钩织，沿着余下的鞋侧面边缘和鞋面的上边缘，挑针钩织花样a，共挑成6组花样a钩织，钩成3行的高度，断线，藏好线尾，再用黄色线沿边钩织1行短针钩边。最后沿着鞋底边缘，用黄色线钩织1行狗牙拉针锁边。用同样的方法钩织另一只鞋子。

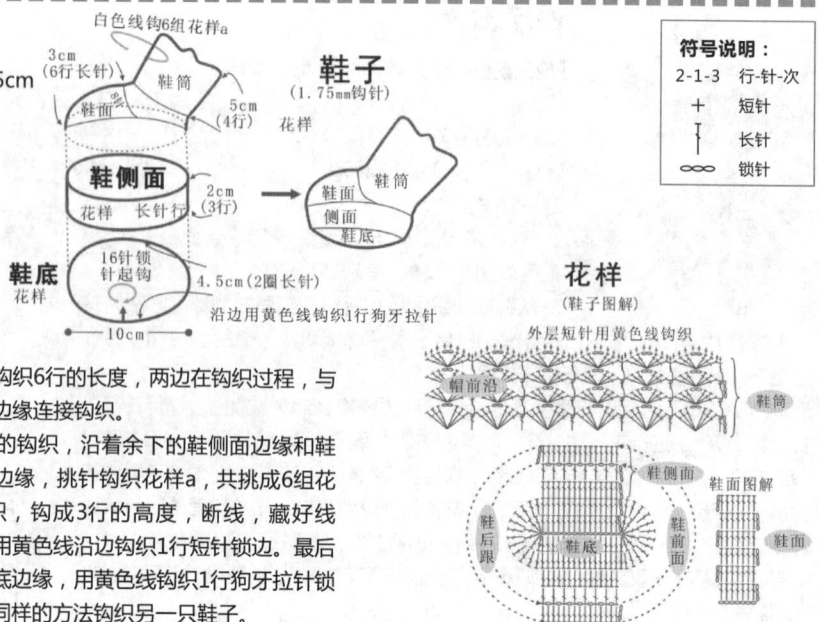

作品219

【成品规格】鞋长11cm，鞋宽5.5cm，鞋高11.5cm
【工　　具】1.75mm钩针，10号棒针
【材　　料】白色线40g，红色线50g

鞋子制作说明：

1. 钩针编织法，用红色线与白色线搭配钩织。

2. 从鞋底起钩，起7cm长，15针锁针，再钩3针锁针起高，钩织第1行长针，共15针，然后在尾端加6针完成转弧钩织，接着钩织15针长针，最后在另一尾端加6针，完成第1圈的长针钩织，从第2圈起，依照花样A的图解钩织，将鞋底钩成3圈。

3. 在完成鞋底的基础上，依照鞋底的针数继续钩织长针，钩3行，钩成侧面，两转弧端无加针。

4. 完成花样B单元花，取鞋侧面一转弧端，将单元花与鞋面连接。

5. 完成鞋面的钩织后，沿着鞋面边缘与余下的鞋侧面边缘，钩织长针，形成鞋筒，共挑针33针一圈，钩织6圈的高度，完成后断线，藏好线尾，最后用白色线沿着鞋筒边缘、鞋面与单元花连接处、鞋面与鞋底接缝处钩织短针边。再用白色线钩织2段锁针辫子，穿过鞋筒起始长针行，作系带。用同样的方法去钩织另一只鞋子。

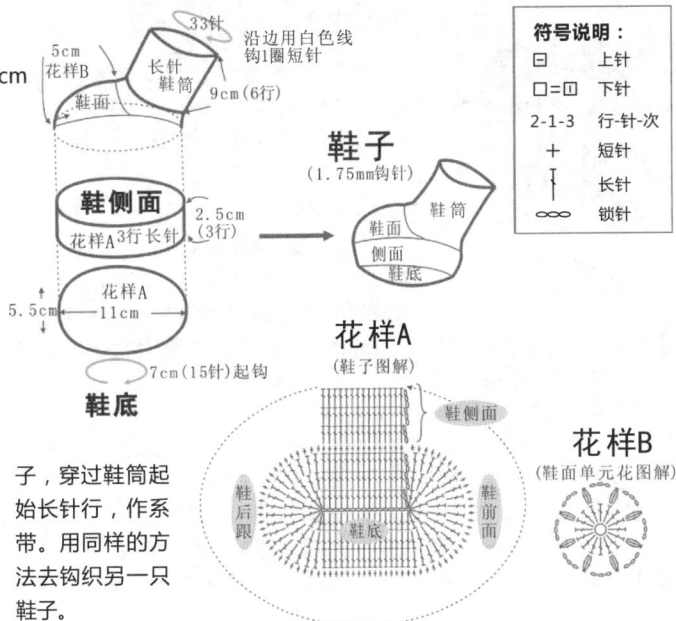

（鞋子示意图及符号说明）

作品220

【成品规格】鞋长12.5cm，鞋宽8cm
【工　　具】12号棒针
【编织密度】31针×42行=10cm²
【材　　料】宝宝绒线20g

鞋子制作说明：

1. 棒针编织法与钩针编织法结合，鞋底用钩针钩织，鞋侧面与鞋筒用棒针编织。鞋子全用粉红色线钩织。

2. 从鞋底起织，起10针锁针，环形钩织，照图解B的加针法去钩织10圈短针，第1至第5圈，短针行有加针，第6圈至结束，鞋子两端短针不加针，鞋底形成一个盘形鞋底。

3. 用棒针沿着鞋底挑针起织，编织花样A搓板针，编织8行的高度，然后在鞋子的一尖端取10针的宽度，编织鞋面，这10针两侧的那一针与鞋侧面的针合并，编织18行的长度，然后连接起鞋侧面其他针数，起织鞋筒，也编织花样A搓板针，编织12行的高度后，改用钩针，在每1针的针眼里，钩织3针长针，完成后断线。

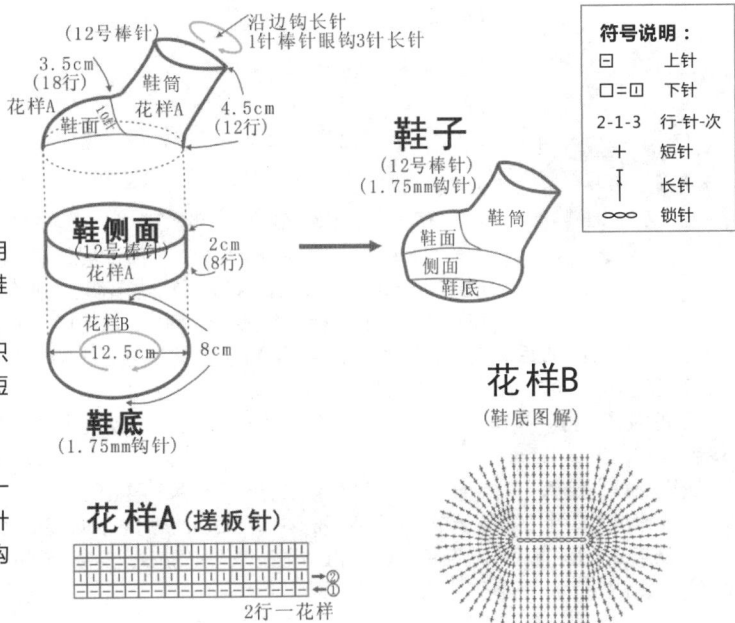

4. 用同样的方法再编织另一只鞋子。

花样A（搓板针）

2行一花样

花样B
（鞋底图解）

作品221

【成品规格】鞋长8cm，鞋宽4cm
【工　　具】12号棒针
【编织密度】28针×40行=10cm²
【材　　料】宝宝绒线20g

鞋子制作说明：

1. 棒针编织法，从鞋底起织，全用粉色线编织，每只鞋的花边用钩针钩织。

2. 从鞋底起织，起16针起织，两侧同时加针，方法为2-1-2，针数加至20针，不加减针织38行后，两侧减针编织，方法为2-1-2，将针数减至16针，不收针，进行下一步编织。鞋底编织花样C搓板针。

3. 鞋底余下16针，另取2根棒针，沿着鞋底边缘挑针起织鞋侧面，编织花样A，共织10行，取鞋底一端作鞋尖，取16针编织花样A，即搓板针花样，行行编织时与鞋侧面留下的针合并，编织16针搓板针，然后编织鞋筒，挑针编织花样A搓板针，共织16行的高度。完成后收针断线。用钩针沿边钩织花样B，用作系鞋带用，然后钩织1圈花样C的帽子图解中的帽沿花边边，也是用白色线锁边。

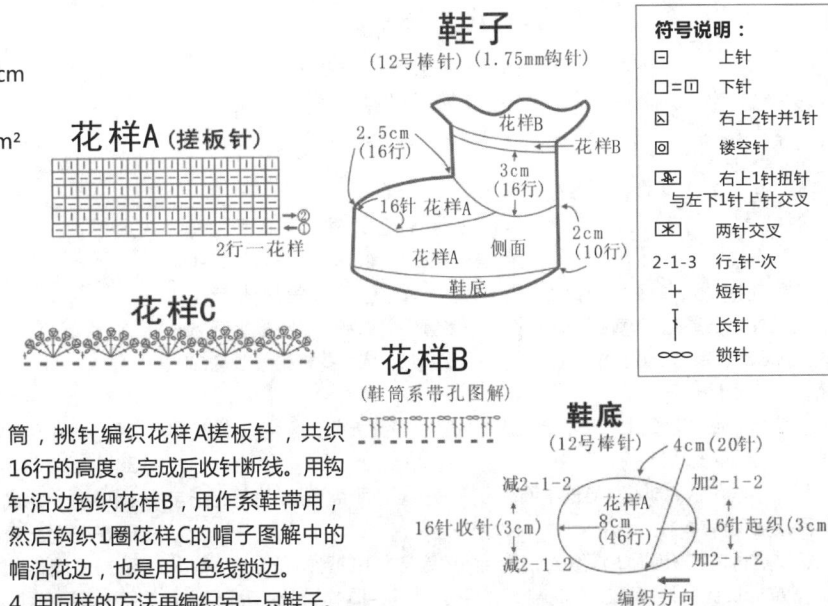

4. 用同样的方法再编织另一只鞋子。

花样A（搓板针）

2行一花样

花样C

花样B
（鞋筒系带孔图解）

鞋底
（12号棒针）

165

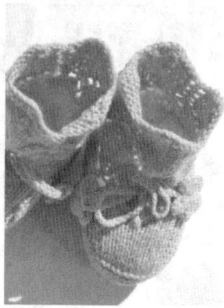

作品222

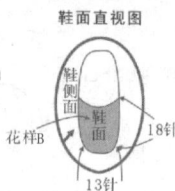

鞋面直视图

花样B
（鞋面与鞋筒图解）

【成品规格】鞋长11cm，鞋宽6.5cm

【工　具】12号棒针

【编织密度】29针×40行＝10cm²

【材　料】宝宝绒线20g

鞋子制作说明：

1. 棒针编织法，从鞋底起织，全用蓝色线编织。编织2只鞋子。

2. 从鞋底起织，起10针起织，两侧同时加针，方法为2-1-4，针数加至18针，不加减针织44行后，两侧减针编织，方法为2-1-4，将针数减至10针，不收针，进行下一步编织。

3. 鞋底余下10针，另取两根棒针，沿着鞋底边缘挑针起织鞋侧面，先织1行下针，第2行时织上针，将鞋侧面织10行的搓板针，在作鞋尖部分，取13针出来，编织花样B作鞋面，编织时，两侧两针分别与鞋侧面并针，织至花样B中的行数，共18行，第19行时，织完鞋面的针数，就沿着鞋侧面上面的针数连起来编织，编织花样B中的第19至第36行的花样，环织，完成后收针断线。

4. 用同样的方法再编织另一只鞋子。同样钩织2段与衣襟的系带，每只鞋子1段系带，系带两端各带1朵小花。

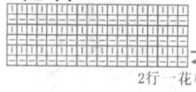

花样B（搓板针）

2行一花样

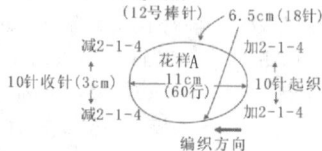

符号说明：

□	上针
□=1	下针
⊠	右上2针并1针
⊡	镂空针

鞋底
（12号棒针）

6.5cm（18针）

减2-1-4　　花样A　　加2-1-4
　　　　　11cm
10针收针（3cm）　（60行）　10针起织（3cm）
减2-1-4　　　　　　加2-1-4

编织方向

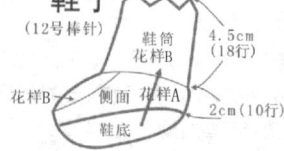

鞋子
（12号棒针）

鞋筒
花样B
（18行）

4.5cm（18针）

花样B　侧面　花样A

2cm（10行）

鞋底

作品223

【成品规格】鞋长11cm，鞋宽5cm

【工　具】1.75mm钩针

【材　料】白色宝宝绒线60g

鞋子制作说明：

1. 钩针编织法，从鞋底起钩，至鞋筒完成，并钩织1朵立体花。

2. 先钩织鞋底，起钩锁针，起14针，然后再加钩3针锁针起高，钩织第1行长针行，共13针，在最后1针的针眼里，加6针长针，然后在14针的对侧，钩织14针长针，同样在最后1针，即起始的第1针的针眼里，加6针，最后1针与第1针闭合，第2行和第3行的钩织方法，参照花样。

3. 侧面的钩织，侧面的针数与鞋底最后1圈的针数相同，钩织2行长针行。

4. 鞋面的钩织，取鞋尖6针的宽度，起钩长针行，两侧无加减针，钩织过程与鞋侧面连接，完成鞋面钩织。

5. 鞋筒的钩织，鞋筒只有3行的高度，先沿着余下的鞋侧面边缘和鞋面的上边缘，挑针钩织1行长针行，再增织1行，然后沿边钩织8个6针扇形花，完成后断线，藏好线尾，然后钩织1朵立体花，系于鞋面上，最后沿着鞋底边缘，钉上珠粒装饰。再钩织2段系带，穿过鞋筒跟上，用同样的方法去钩织另一只鞋子。

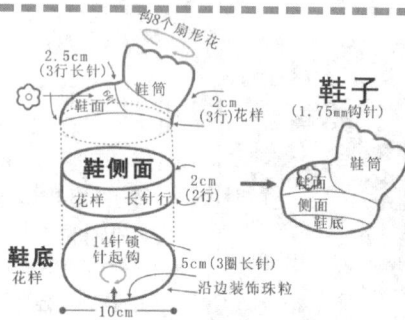

符号说明：

2-1-3　行-针-次

＋	短针
┼	长针
∞∞∞	锁针

鞋子
（1.75mm钩针）

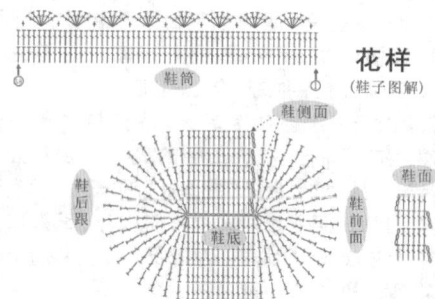

花样
（鞋子图解）

作品224、262

【成品规格】鞋长12cm，鞋宽7cm

【工　具】1.75mm钩针

【材　料】宝宝绒线50g

鞋子制作说明：

1. 钩针编织法，用黄色线与粉色线搭配钩织。

2. 用黄色线从鞋底起钩，起7cm长，15针锁针起，再钩3针锁针起高，钩织第1行长针，共15针，然后在尾端加6针完成转弧钩织，接着钩织15针长针，最后在另一尾端加6针，完成第1圈的长针钩织，从第2圈起，依照花样的图解钩织，将鞋底钩成3圈。

3. 在完成鞋底的基础上，依照鞋底的针数继续钩织长针，钩3行，钩成侧面，两转弧端无加减针。

4. 用粉色线单独完成花样鞋面半颗单元花，取鞋侧面转弧端，将单元花与鞋面连接短针钩合。

5. 完成鞋面的钩织后，用黄色线沿着鞋面边缘与余下的鞋侧面边缘，钩1针放2针长针，共16组，形成鞋筒，不加减针钩4圈，第5圈钩织1针放

4针长针，共16组，最后1圈换粉色线钩织1针放3针长针，每组放12针，共16组，完成后断线，藏好线尾，穿入鞋筒系带。用同样的方法钩织另一只鞋子。

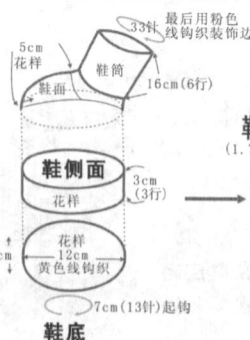

鞋子
（1.75mm钩针）

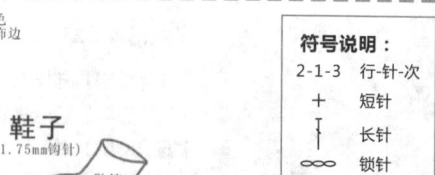

符号说明：

2-1-3　行-针-次

＋	短针
┼	长针
∞∞∞	锁针

花样
（鞋子图解）

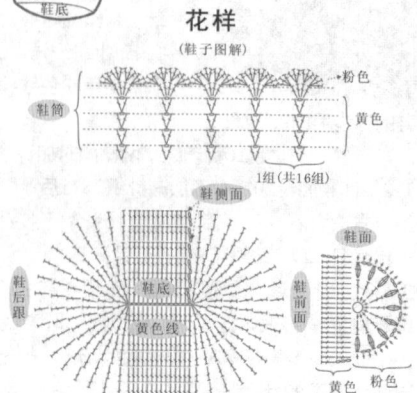

作品225

【成品规格】 鞋长10cm，鞋宽4cm

【工　　具】 1.75mm钩针

【材　　料】 宝宝绒线30g

鞋子制作说明：

1. 钩针编织法，从鞋底起钩，钩织2只小鞋，鞋面各钩一个猪头像。

2. 从鞋底起钩，起4.6cm长的锁针起钩，返回钩1行长针，共8针，依照图解的顺序去钩织，鞋底钩3圈长针，然后开始钩织侧面，鞋侧面仍钩织长针行，针数与鞋底第3圈的针数相同，钩2行后，取一端鞋尖并针钩织长针，钩成半圆形，共2行，然后钩鞋筒，仍钩长针，钩3行的高度后，收针断线，改用白色线钩织1行长针，最后用白色线钩织1圈狗牙拉针后，收针断线。

3. 钩织2个小猪头像，缝于鞋面上。

4. 用同样的方法再编织另一只鞋子。

鞋子
（鞋侧面图）
（1.75mm钩针）

一圈狗牙针

白
黄　1cm(1行长针)
长针　3cm(3行长针)
鞋底　2cm(2行长针)

符号说明：

□	上针
□=⊡	下针
⊠	右上2针并1针
⊡	镂空针
2-1-3	行-针-次
+	短针
∤	长针
∞	锁针
⋀	狗牙针

耳朵

鞋面小猪钩法

鼻子

花样
（鞋底钩法）

鞋底
（1.75mm钩针）

花样
4.6cm
(8针)
三圈长针

4cm

10cm

作品226

【成品规格】 鞋长10cm，鞋宽5cm

【工　　具】 12号棒针，12号环形针，1.75mm钩针

【编织密度】 28针×42行＝10cm²

【材　　料】 宝宝奶棉绒线30g

鞋子制作说明：

1. 棒针编织法与钩针编织法结合，鞋身用棒针编织法，鞋筒边的花朵用钩针编织法。

2. 从鞋底起织，起10针，两侧同时加针，方法为2-1-3，针数加至16针，不加减针织48行后，两侧减针编织，方法为2-1-3，将针数减至10针，不收针，进行下一行编织。

3. 鞋底余下10针，另取两根棒针，沿着鞋底边缘挑针起织鞋侧面，共织16行搓板针花样A。

4. 取鞋底起针处的10针上面对应的鞋面边缘，取10针编织鞋面，往返编织，编织花样A搓板针，两侧与鞋侧面的针数，2针并为1针，如此重复编织32行，最后鞋子形成一个管口，往上就是编织鞋筒，花样仍织花样A搓板针，

共织10行的高度，然后改用钩针钩织花样B花边，共3层，收针断线。

5. 最后钩1段锁边辫子，约20cm长，将辫子穿过鞋统花样的第1层，用同样的方法再编织另一只袜子。

符号说明：

□	上针
□=⊡	下针
⊠	右上2针并1针
⊡	镂空针
2-1-3	行-针-次
+	短针
∤	长针
∞	锁针

花样B
（鞋筒花边）

5cm(32行)
花样B
花样A
鞋面
花样B
鞋筒
花样A
3行
2cm(10行)

鞋侧面
花样A

3.5cm(16行)

鞋筒
鞋面
侧面
鞋底

鞋子
（12号棒针）

减2-1-3
4cm(10针)
花样A
10cm(60行)
花样A
加2-1-3
4cm(10针)
减2-1-3
5cm(16行)
加2-1-3

鞋底

花样A（搓板针）

2行一花样

作品227

【成品规格】 鞋长10cm，鞋宽5cm

【工　　具】 1.75mm钩针

【材　　料】 白色宝宝绒线50g，粉色丝带

鞋子制作说明：

1. 钩针编织法。

2. 从鞋底起钩，起6cm长，12针锁针起，再钩3针锁针起高，钩织第1行长针，共12针，然后在尾端加6针完成转弧钩织，接着钩织12针长针，最后在另一尾端加6针，完成第1圈的长针钩织，从第2圈起，依照花样的图解钩织，将鞋底钩成3圈。

3. 在完成鞋底的基础上，依照鞋底的针数继续钩织短针，钩6行，钩成侧面，两转弧端无加针。

4. 单独钩织鞋面立体单元花，钩织方法详见花样单元花图解，单元花最外侧与鞋侧面一转弧端紧密连接。

5. 完成鞋面的钩织后，沿着鞋面边缘与余下的鞋侧面边缘，钩织长针，形成鞋筒，共挑30针1圈，钩织3圈的高度，第4圈变换1针放2针花样，2针长针间钩1锁针，第5圈在锁针内1针放3针长针，每个长针之间钩1锁针，最后一圈由狗牙针钩边。完成后断线，藏好线尾。

6. 最后在鞋筒与鞋面连接处穿入粉色丝带。用同样方法完成另一只鞋子。

30针
长针加花边鞋筒
6cm(6行)
单元花

鞋子
（1.75mm钩针）

鞋面
鞋筒
侧面
鞋底

鞋侧面
花样　短针
3cm(6行)

花样
10cm

5cm

6cm(12针)起钩

鞋底

花样
（鞋子图解）

符号说明：

2-1-3	行-针-次
+	短针
∤	长针
∞	锁针

（鞋面单元花图解）

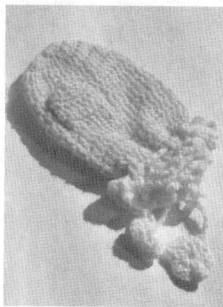

作品228

【成品规格】手套长15cm，周长14cm
【工　具】1.75mm钩针
【材　料】宝宝绒线50g

手套制作说明：

1. 钩针编织法，从手套尖起钩，用粉红色线钩织。
2. 用线打个圈，起高3针锁针，钩织第1圈长针，共12针，从第2行起加针钩织，每圈加针方法见花样，加针行钩至第4行，从第5行起，不再加针，照第4行的针数往下钩织，钩成13行，第14行用黄色线钩织，钩织花样中所示的花样，手套完成，钩1段系带，穿过第13行的孔。在钩成8行时，留空6长针的距离，用锁针代替，再钩织大拇指，共3行，缝合于这6针的空间边缘上，用同样的方法制作另一只手套。

黄色线

手套
(1.75mm钩针)

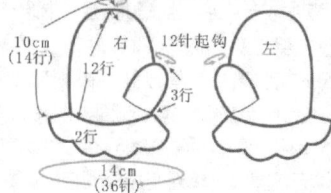

12针起钩　花样

右　12针起钩　左
13行　粉红　　粉红
3行

15cm
(14行)

1行黄色线　　1行黄色线

14cm
(47针)

大拇指图解

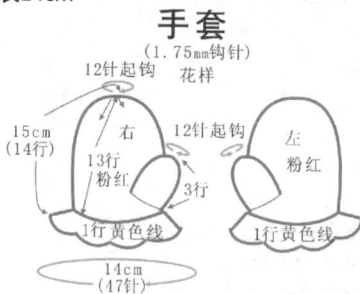

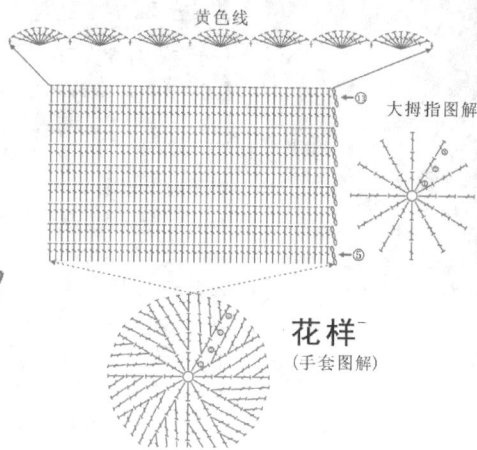

花样
(手套图解)

作品231

【成品规格】鞋长10cm，鞋宽4.5cm
【工　具】112号棒针
【编织密度】28针×42行=10cm²
【材　料】宝宝绒线40g

鞋子制作说明：

1. 棒针编织法，分两部分编织，一部分是鞋底与鞋侧面的连续编织，一部分是鞋面与鞋筒的连接编织，再将两者拼接在一起。
2. 从鞋底起织，鞋底呈长方形，下针起针法，用粉色线起织，起12针，编织花样A搓板针，编织成42行，无加减针。织至最后1行时，不收针，进行下一步编织。
3. 鞋底余下12针，另取2根棒针，沿着鞋底边缘挑针起织鞋侧面，编织花样B，并含配色线编织，共织16行，形成侧面，完成后收针断线。
4. 鞋筒与鞋面是作一片编织而成，用粉色线起针，下针起针法，起42针，编织花样A搓板针，织6行的高度，然后再改用白色线编织，同样编织搓板针，就这样12行一层配色图，往上重复编织，当织成30行的高度时，向一侧加针，一次加起14针，将织片针数加成56针去编织，同样编

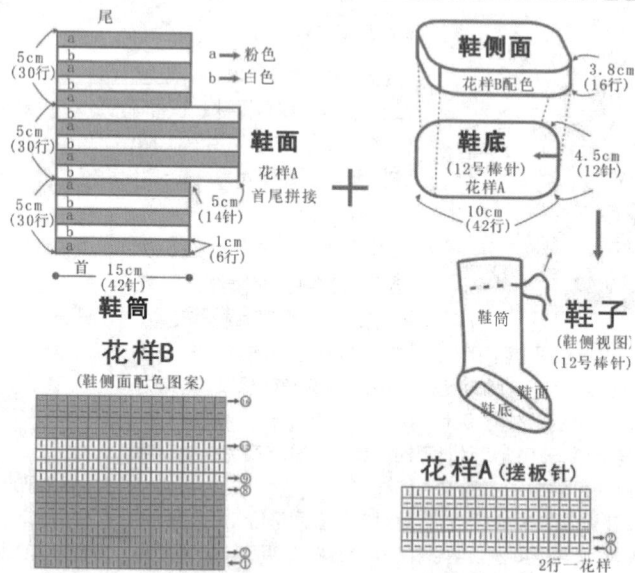

尾

a→粉色
b→白色

5cm(30行)
5cm(30行)
5cm(30行)

鞋面
花样A
首尾拼接

5cm(14行)

1cm(6行)

首　15cm(42行)

鞋筒

花样B
(鞋侧面配色图案)

鞋侧面
花样B配色
3.8cm(16行)

鞋底
(12号棒针)
花样A
10cm(42针)
4.5cm(12针)

鞋子
(鞋侧视图)
(12号棒针)

鞋筒
鞋面
鞋底

花样A(搓板针)
2行一花样

织花样A及配色图，织成30行后，在加针这侧，将原来加成的14针直接收针掉，余下的42针再继续编织，同样编织花样A和配色图，再织成30行后，将起始行与最后1行首尾拼接，将有鞋面这端的边缘同原来织成的鞋侧面边缘缝合。
5. 用同样的方法再编织另一只鞋子。钩织2段系带，穿在鞋筒上端，系带是钩织锁针辫子形成的。

作品232

【成品规格】手套高10cm，手套宽7cm
【工　具】1.75mm钩针
【材　料】宝宝绒线20g

手套制作说明：

1. 钩针编织法，从手套尖起钩，用粉红色线钩织。
2. 用线打个圈，3针锁针起高，钩织第1圈长针，共12针，从第2行起，加针钩织，每圈加针方法见花样，加针钩织至第3行，从第4行起，不再加针，照第3行的针数往下钩织，钩成12行，从第13行起，钩织花样中所示的花样，再钩2行花边，手套完成，钩1段系带，穿过第13行的孔。在钩成10行时留空6长针的距离，用锁针代替，再钩织大拇指，共3行，缝合于这6针的空间边缘上，用同样的方法制作另一只手套。

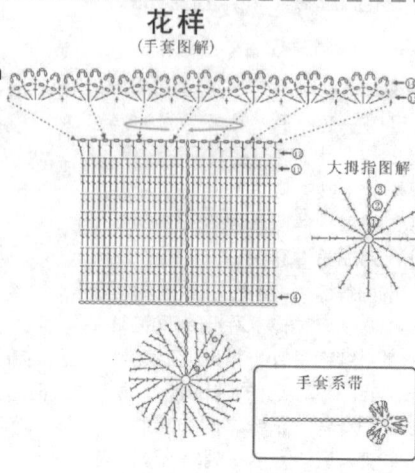

花样
(手套图解)

大拇指图解

手套系带

手套
(1.75mm钩针)

12针起钩　花样

右　12针起钩　左
12行　　　3行

10cm(14行)

2行

14cm(36针)

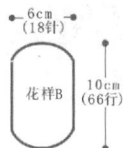

作品229（作品230略）

【成品规格】袜长10cm，袜宽6cm
【工 具】12号棒针
【编织密度】29针×42行=10cm²
【材 料】宝宝绒线20g

袜子制作说明：

1. 棒针编织法，从底部往上织，底部为一片编织，袜面及袜筒为一片环织而成。

2. 起织，起14针编织花样B搓板针，一边织一边两侧加针，方法为2-1-2，加至18针后，不加减针往上编织到62行，从第63行起，两侧收针，方法为2-1-2，共织66行，最后留14针，收针。

3. 编织袜面及袜筒。沿袜底边缘挑针起织，挑102针环织，编织花样B，织6行后，从第7行起，袜跟部分留取38针不织，用防解别针扣住，挑袜头的14针，编织花样A，一边织一边两侧挑加针，共加4针，两侧并针编织，即编织袜面到最后1针时，与袜侧的1针并针编织。如此编织至袜跟部分留下38针时，将袜跟部分连起来环织，织花样E，织30行后，改织花样D，织4行后，改织花样C，共织10行，收针断线。

4. 用同样的方法编织另一只袜子。

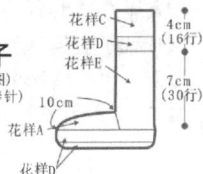

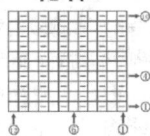

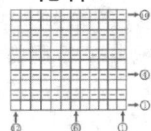

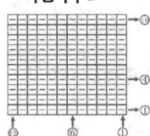

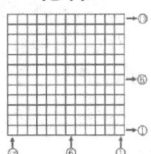

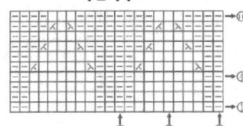

作品233

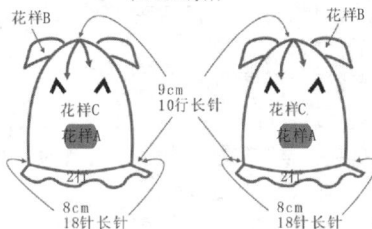

【成品规格】手套长9cm，手套宽8cm
【工 具】1.75mm钩针
【材 料】宝宝绒线20g

手套制作说明：

1. 钩针编织法，钩织2只手套，用黄色线与白色线搭配钩织，用棕色线钩织4个小耳朵。用棕色线钩织2个鼻子。

2. 见花样C，用黄色线起钩，钩6针锁针后打个圈，加钩3针锁针后，圈钩长针行，第1行织12针长针，第2行钩织针数加倍，共24针，第3行钩织36针，第4行不再加针，照36针继续圈钩，随着钩织的行数增加，手套向下弯成手套侧面，将长针行钩成10行，此时黄色线完成，断线，改用白色线钩织手套花边，图解见花样C，然后断线，藏好线尾。

3. 钩织2个小耳朵，图解见花样B，由短针钩成，用棕色线钩织，将之缝在手套尖端的两侧，再用棕色线钩织1个鼻子，图解见花样A，也是由短针钩成，用黑色线钩出2条眼线。

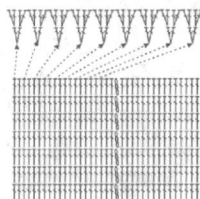

作品234

【工 具】2.00mm钩针
【材 料】宝宝绒线20g

手套制作说明：

1. 钩针编织法，钩织2只手套，用黄色线与白色线搭配钩织，用红色线钩织2个小蝴蝶结，用黄色线钩织4个小耳朵。

2. 见花样，用黄色线起钩，钩6针锁针后打个圈，加钩3针锁针后，圈钩长针行，第1行钩织12针长针，第2行钩织针数加倍，共24针，第3行钩织36针，第4行不再加针，照36针继续圈钩，随着钩织的行数增加，手套向下弯成手套侧面，将长针行钩成12行，此时黄色线完成，断线，改用白色线钩织手套花边，图解见花样，然后断线，藏好线尾。

3. 钩织2个小耳朵，将之缝在手套尖端的两侧，再用红色线钩织1个蝴蝶结，起12针锁针，钩织4行短针行，中间扎紧线，缝于手套的左上端。而另一只手套是对称端。再用黑色线穿出3段胡须，两侧各3段。

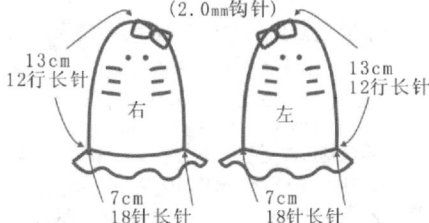

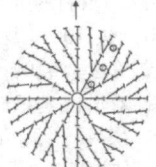

作品235

【成品规格】手套长13cm，手套宽3.5cm，周长19cm
【工　　具】1.75mm钩针
【材　　料】宝宝绒线30g

手套制作说明：

1. 钩针编织法，环形钩织而成。需要钩织2只手套，用浅蓝色线与白色线相间钩织。

2. 从手套尖起钩，起8针，用浅蓝色线钩织，第2行用白色线钩织，加针加成16针，第3行用浅蓝色线钩织，加针加成24行，第4行用白色线钩织，加针加成32针，第5行用浅蓝色线钩织，不再加针，针数仍为32针，然后不加减针，蓝白相间钩织长针行至12行，第13行与第14行用浅蓝色线钩织，适当加针，最后用浅蓝色线钩织1行狗牙针锁边。用同样的方法再去钩织另一只手套。

符号说明：

冂	上针
口=冂	下针
2-1-3	行-针-次
+	短针
↑	长针
∞∞	锁针

手套
（1.75mm钩针）

8针起钩　花样　8针起钩

左　　右

13cm
（15行）

17cm　17cm

19cm　19cm

花样
（手套图解）

白色
浅蓝
白色
浅蓝
白色
浅蓝
白色
浅蓝
白色
浅蓝
白色
浅蓝
浅蓝

作品236

【成品规格】手套长13cm，手套宽6cm
【工　　具】1.25mm钩针
【材　　料】宝宝绒线40g

手套制作说明：

1. 钩针编织法，钩织2只手套。

2. 图解见花样，用蓝色线起26针锁针，首尾闭合，加钩3针锁针起高，钩织第1行长针行，一共26针长针，用蓝色线钩织，然后往上钩织2行蓝色线长针行，再用蓝色线与粉色线相间4针钩织1行，第4行用白色线与蓝色线相间4针钩织，共钩织4行长针，在第5行，取6针的宽度出来钩织大拇指，用蓝色线钩织，钩第1行时，将6针加成10针钩织，往上不加减针钩3行，钩织第4行时，2针并1针的钩法，将10针钩织5针，收紧为1针。而手掌部分，依照花样的图解方法去钩织长针行，无加减针钩织5行，下一行，每5针减1针，余4针一组，继续下一行时，将这4针一组并成1针。最后将并针形成的4针收紧为1针。

3. 手套口边缘，以相反方向钩织1行长针行，针数与手套第1行相同，共26针，然后第2行将针数加倍，第3行再在第2行的针数基础上再加倍色织。

4. 系带是钩锁针辫子加花朵形成，每只手套1段系带，两端各钩1朵小花。

手套
（1.75mm钩针）

13cm
14行

花样　6cm　6cm　花样

2cm　2cm

13行　13行

3行　3行

系带小花

符号说明：

冂	上针
口=冂	下针
⊠	右并针
⊠	左并针
⊡	镂空针
2-1-3	行-针-次
+	短针
↑	长针
∞∞	锁针

手掌
余下4针
收为1针

余下5针
收为1针

大拇指　左　右

蓝白相间4针
蓝粉相间4针

花样
左右连接为1圈钩织

左　右

26组

作品237

【成品规格】手套长13cm，手套宽6cm
【工　　具】1.75mm钩针
【材　　料】宝宝绒线30g

手套制作说明：

1. 钩针编织法，用蓝色线与白色线搭配编织，制作4个毛毛球，白色2个，蓝色2个，每只手套配1个白色1个蓝色。

2. 图解见花样，用蓝色线起26针锁针起钩，首尾闭合，加钩3针锁针起高，钩织第1行长针行，一共26针长针，用蓝色线钩织，然后往上钩织2行白色线，再用蓝色线钩织1行，共钩织4行长针行，在第5行，取6针的宽度来钩织大拇指，用蓝色线钩织，钩第1行时，将6针加成10针钩织，往上不加减针钩3行，钩织第4行时，2针并1针的钩法，将10针钩织5针，收紧为1针。而手掌部分，依照花样的配色方法去钩织长针行，无加减针钩织5行，下一行，每5针减1针，余4针一组，继续下一行时，将这4针一组并成1针。最后将并针形成的4针收紧为1针。

3. 手套口边缘，以相反方向钩织1行长针行，针数与手套第1行相同，共26针，然后第2行钩织7针一组的长针组花样，可以挑紧密点的针眼钩织，然后下1行钩8针一组的长针组花样，最后钩织一行狗牙拉针锁边。图解见花样。这部分用蓝色线钩织。

4. 系带是钩锁针辫子形成的，小球每只手套2个，1个蓝色，1个白色。

手套
（1.75mm钩针）

13cm
14行

2cm　花样　6cm

3针

白色　3行　蓝色

花样

符号说明：

+	短针
↑	长针
∞∞	锁针

手掌
余下4针
收为1针

余下5针
收为1针

大拇指　左　右

蓝
蓝
白
蓝
白
蓝
白
蓝
白
蓝
白
蓝

花样
左右连接为一圈钩织

左　右

蓝

作品238

【成品规格】鞋长11cm，鞋宽4.5cm
【工　具】1.75mm钩针
【材　料】宝宝绒线50g

鞋子制作说明：

1. 钩针编织法，从鞋底起钩，用紫色线与白色线搭配钩织。

2. 先钩织鞋底，起钩锁针，起14针，然后再加钩3针锁针起高，钩织第1行长针行，共13针，在最后1针的针眼里，加6针长针，然后在14针的对侧，钩织14针长针，同样在最后1针，即起始的第1针的针眼里，加6针，最后1针与第1针闭合，第2行钩织方法，参照花样A。

3. 侧面的钩织，侧面的针数与鞋底最后1圈的针数相同，钩织2行长针行。

4. 鞋面的钩织，取鞋尖6针的宽度，起钩长针行，无加减针，共钩织3行。

5. 鞋统的钩织，鞋筒只有2行的高度，先沿着余下的鞋侧面边缘和鞋面的上边缘，挑针钩织1行长针行，用紫红色线钩织，完成后，断线，藏好线尾，改用白色线钩织最后1行，图解见花样A花边，完成后，断线，藏好线尾。

白色线钩8个花样A花样

鞋子
(1.75mm钩针)
花样A

符号说明：
2-1-3　行-针-次
十　短针
Ⅰ　长针
○○○　锁针
水草花

鞋侧面
花样A　长针行

2.5cm（3行长针）
鞋面
鞋筒
2cm（1行）

鞋底
14针锁针起钩
花样A
11m
4.5cm（2圈长针）

鞋面　鞋筒 2cm
侧面 4.5cm
鞋底 11cm

系带图解

花样A
（鞋子图解）

白色
紫色
鞋筒
鞋侧面
鞋底
鞋面

再根据系带图解，用白色线钩织1段系带，穿过鞋筒上白色花边的孔。用同样的方法钩织另一只鞋子。

作品239

【成品规格】手套长10cm，手套宽8.5cm
【工　具】1.75mm钩针
【材　料】宝宝绒线20g

钩针手套制作说明：

1. 钩针编织法。钩织2只手套。

2. 从手套手指尖处起钩，起11针起钩长针，第2圈与第3圈加针，加针见花样，从第4圈起，不再加减针，往下钩织11行长针。然后改用白色线钩织手套花边，见图解，虚线所示的是钩织位置，密实钩织长针行，2行，完成后，收针断线，藏好线尾。

3. 用白色线钩织两段系带，系带两端各钩织1个圆圈，由14针长针钩成。

4. 用同样的方法再编织另一只手套。

手套
(1.75mm钩针)

8.5cm
红色
花样
10cm
11行长针

2cm
3行长针
白色

花样
（手套图解）

白色线
隔1针钩1组

①②③④⑤⑥⑦⑧⑨⑩⑪

符号说明：
十　短针
Ⅰ　长针
○○○　锁针

作品240、242、429

【材　料】黄色毛线100g，白色毛线50g
【工　具】10号棒针
【钩编要点】按图编织，注意加减针处，以下尺寸仅供参考，大小可任意调节。

符号说明：
□　上针
口=口　下针
Ⅴ　正浮针

结构图

鞋底：在鞋围脚尖处另一边挑15针片织，边织边与鞋围合起来。

-1
1-1-1

+3
1-1-3
15针

鞋围：
起8针织片28cm与起针处缝合成圈状。

鞋面：在鞋围的脚尖处挑15针片织，共织15行边织边与鞋围合起来。

15针
1-1-3
+3

鞋帮：在鞋面及鞋围剩余部分挑起72针，圈织上下针30行。

171

作品241(作品243、244、245略)

【成品规格】见结构图
【工　具】4.5mm钩针
【材　料】红色毛线50g，白色毛线少许
【钩编要点】按照如下图的钩法。

最后白色边的钩法：

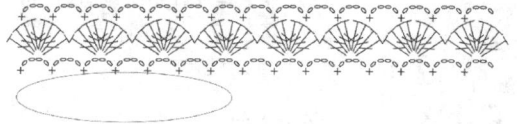

符号说明

+	短针
┃	长针
∞∞∞	锁针

尺寸图

L=12cm

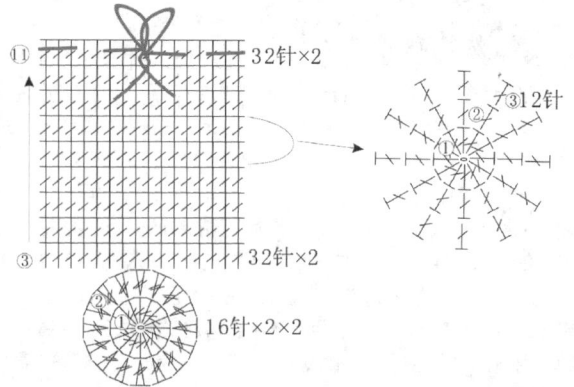

小花×2的钩法：

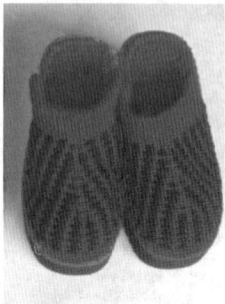

作品246、247

【成品规格】见图
【工　具】9~10号毛衣针、缝衣针
【材　料】主色纯羊毛线120g，配色纯羊毛线50g

【钩编要点】

单股线编织。下针起边。首先选购合适的鞋底，根据鞋底的大小编织鞋垫，连接鞋底与编织完成的鞋垫缝合。另起下针配色编织鞋面，织到所需长度时以单罗纹针收针。在鞋头处固定鞋面与鞋底，沿中心向左右两侧缝合。

符号说明：

⊞	下针
目	上针

鞋底图

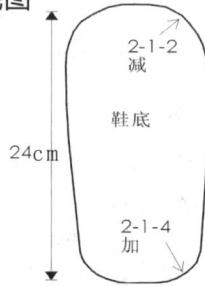

鞋面图

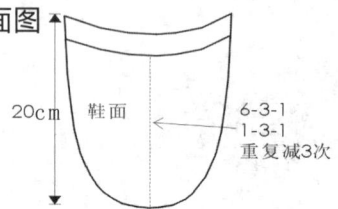

酷单罗纹针

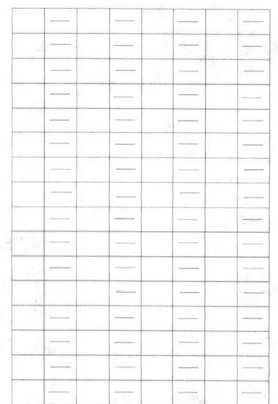

整体图

酷花样图

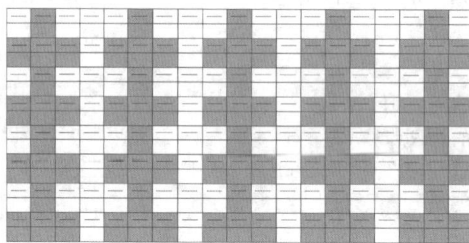

作品268

【材　料】紫色线100g，白色线、黑色线少许
【工　具】1.5mm钩针

【钩编要点】

按照鞋子的结构从鞋底起针，接着钩鞋面连鞋后跟，最后钩鞋面的脸部表情，具体做法参照下图。

结构图

L=11cm

鞋底的钩法：

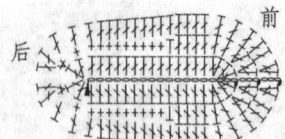

起18针锁针

符号说明

+	短针
┬	中长针
┃	长针
∞∞∞	锁针

鞋面连鞋后跟的钩法：
(先围绕鞋底1圈钩3行长针)

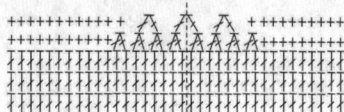

鞋头中线

鞋面表情的钩法：

脸部　　　　紫色

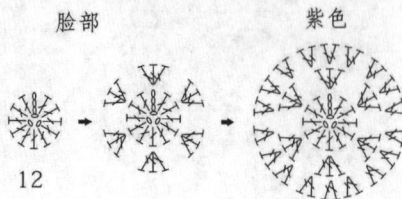

12

16

鼻子

鼻尖
黑色

紫色

耳朵
紫色

眼睛

白色

眼珠黑色

作品269

【材　料】黄色线100g，黑色线少许
【工　具】1.5mm钩针
【钩编要点】按照鞋子的结构从鞋底起针，接着钩鞋面连鞋后跟，最后钩鞋面的脸部表情和鞋后跟中点穿带子，具体做法参照下图。

结构图

L=11cm

鞋底的钩法：

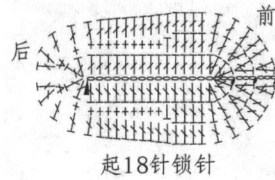

起18针锁针

符号说明：	
＋	短针
	中长针
	长针
∞	锁针

鞋面连鞋后跟的钩法：

（先围绕鞋底1圈钩3行长针）

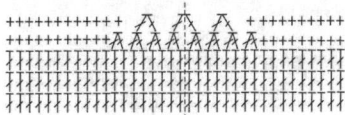

鞋头中线

鞋面表情的钩法：

脸部

16

2个黑色眼睛

鼻子

12

耳朵

作品271

【材　料】绿色线100g，红色、黑色、白色线少许
【工　具】1.5mm钩针
【钩编要点】按照鞋子的结构从鞋底起针，接着钩鞋高，再钩鞋面和鞋面上的表情，最后钩鞋后跟中心的绑带(绑带由锁针钩成)，具体做法参照下图。

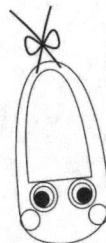

结构图

L=11cm

鞋底的钩法：

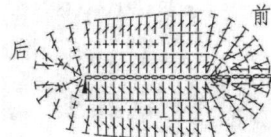

起18针锁针

符号说明：	
＋	短针
	中长针
	长针
∞	锁针

鞋高的钩法：

（围绕鞋底1圈钩2行长针）

鞋头中线

眼睛的钩法：

里层白色，外层短针绿色

黑色眼珠

眼珠位置

12

鞋面的钩法：

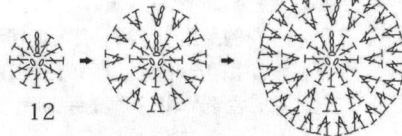

12

红晕的钩法：

18

作品270

【材　料】粉红色线100g，红色、黑色线少许
【工　具】1.5mm钩针
【钩编要点】按照鞋子的结构从鞋底起针，接着钩鞋高，再钩鞋面和鞋面上的表情，猪的眼睛用黑色毛线缝成，最后钩鞋后跟中心的绑带(绑带由锁针钩成)，具体做法参照下图。

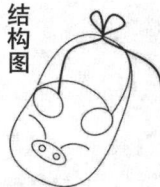

结构图

L=11cm

鞋底的钩法：

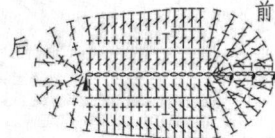

起18针锁针

符号说明：	
＋	短针
	中长针
	长针
∞	锁针

鞋高的钩法：

（围绕鞋底1圈钩3行长针）

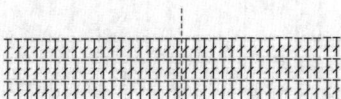

鞋头中线

鼻子的钩法：

红色　　黑色

两头锁针在后面绑住

耳朵的钩法：

位置

红色

鞋面的钩法：

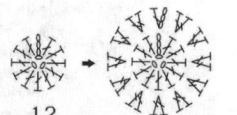

12

作品264

【成品规格】见图
【工　　具】4.5mm钩针
【材　　料】棕色开司米线40g，黄色开司米线30g
【编织要点】
单股线编织。首先用中长针和短针钩编完成鞋面，再沿鞋面花的3面挑钩长针配色鞋帮，由鞋帮逐渐减针形成鞋底，鞋底最后用长针合并针收针。另起针圈钩配色鞋筒，穿入单独钩编完成的装饰带。

鞋面花样图

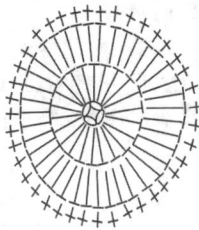

鞋筒花样图

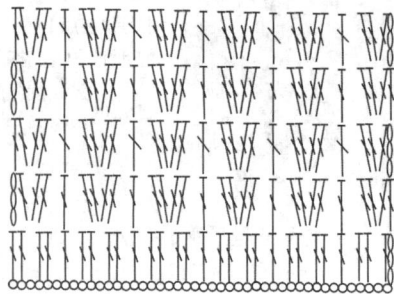

符号说明

+	短针
↓	中长针
↑	长针
○	辫子针

整体图

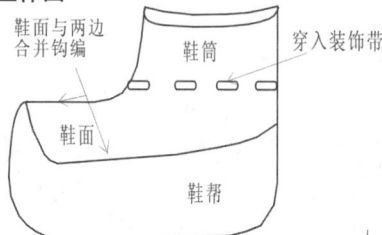

鞋面与两边合并钩编　鞋筒　穿入装饰带
鞋面　鞋帮

鞋帮、鞋底花样图

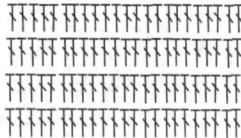

装饰带花样图说明：
1. 圈钩圆底3行短针。
2. 从第4行即每行均减3针，减至1针后钩装饰带。

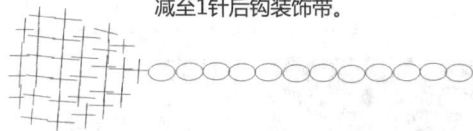

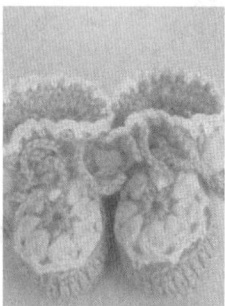

作品265

【成品规格】见图
【工　　具】5mm钩针
【材料】黄色毛腈线30g、白色毛腈线20g
【编织要点】
单股线长针编织。按脚的大小首先钩编完成鞋底，完成鞋底后不加减针的钩出鞋帮。另起针配色钩编鞋面花，花的最后一行辫子针与鞋帮边连接合并钩。另起针挑钩长针鞋筒，完成后用白色线另钩装饰边。完成后穿入单独钩编的装饰带。

装饰带花样图

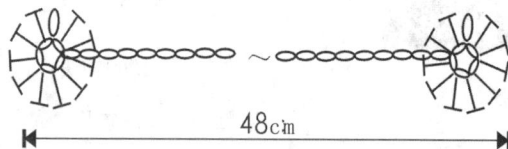

48cm

鞋底、鞋帮花样图

符号说明

+	短针
↑	长针
↓	中长针
○	辫子针
⬮	蜜枣形长针

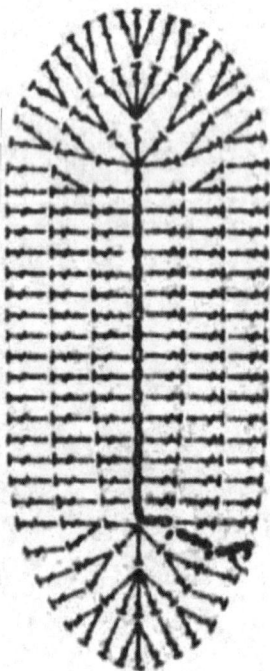

鞋筒花样图

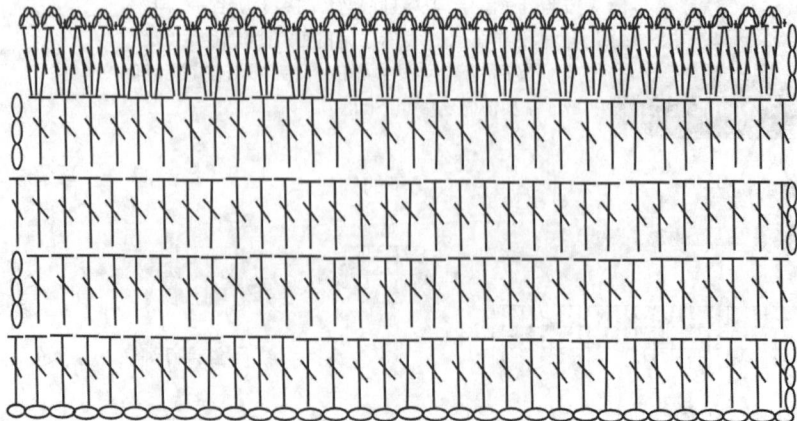

174

作品266、253~255

【成品规格】如尺寸图（或按自身的尺寸）
【工　　具】4.5mm钩针
【材　　料】蓝色毛线100g，丝带2条
【编织要点】
按照鞋子的基本图样从鞋子的鞋底钩起，再钩鞋侧、鞋面，最后钩鞋筒，如下图。

鞋底的钩法：

起16针锁针
围绕锁针钩长针

鞋侧的钩法：
在鞋底的基础上钩
2行长针，不加减针

尺寸图
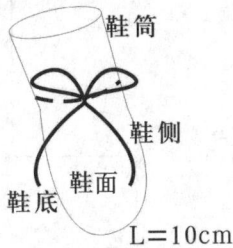
L=10cm

鞋面的钩法：
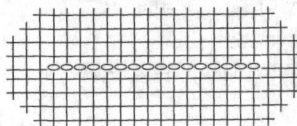

符号说明：
+　短针
|　中长针
|　长针
∞∞∞　锁针

鞋筒的钩法：
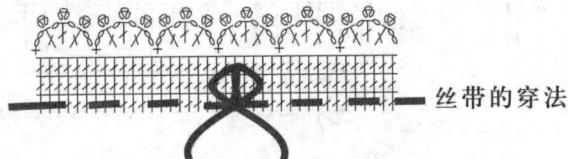
——丝带的穿法

作品267、251

【成品规格】如尺寸图（或按自身的尺寸）
【工　　具】4.5mm钩针
【材　　料】蓝色毛线100g，丝带1条

【编织要点】
按照鞋子的基本图样从鞋子的鞋底钩起，最后穿蓝色丝带，如下图。

鞋底的钩法：

起16针锁针
围绕锁针钩短针

符号说明：
+　短针
|　长针
∞∞∞　锁针

鞋侧的钩法：
（在鞋底的基础上不加减针钩2行侧面）

鞋尖的位置
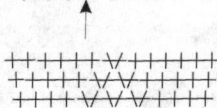

鞋筒的钩法：
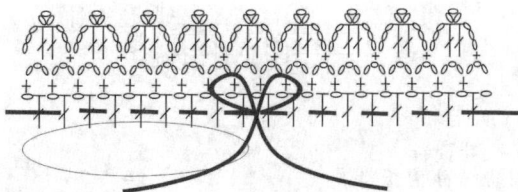

尺寸图

L=10cm
鞋筒
鞋侧
鞋底

作品272

【成品规格】如尺寸图（或按自身的尺寸）
【工　　具】4.5mm钩针
【材　　料】蓝色毛线100g，丝带1条
【编织要点】
按照鞋子的基本图样从鞋子的鞋底钩起，最后穿蓝色丝带，如下图。

尺寸图
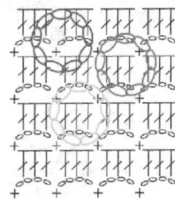
鞋筒
鞋带
鞋侧
鞋面
鞋底
L=10cm

前面鞋面的钩法：
挑3个圆圈在鞋盖

符号说明：
+　短针
|　中长针
|　长针
∞∞∞　锁针

鞋筒的钩法：
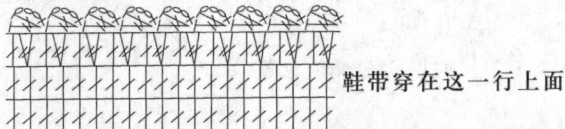
鞋带穿在这一行上面

鞋带的钩法：
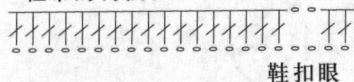
鞋扣眼

鞋侧的钩法：
（在鞋底的基础上钩
2行侧面，不加减针）

鞋底的钩法：

起16针锁针
围绕锁针钩长针

作品273

【成品规格】见图

【工　　具】8~9号毛衣针，缝衣针，5.5mm钩针

【材　　料】紫色毛腈线80g，黄色毛腈线20g

【编织要点】

单股线编织。单罗纹针起边，首先配色圈织鞋筒和鞋帮，再均分成3份，编织中间1份，不加减针，编织到鞋面时换上下针编织作为鞋底，完成后沿鞋面、鞋底接缝处向脚后跟处缝合。穿入单独钩编完成的装饰带。

鞋子整体图

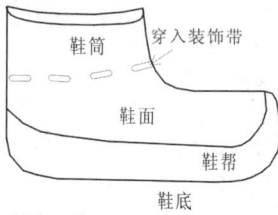

鞋筒　穿入装饰带
鞋面
鞋帮
鞋底

符号说明

□	上针
□=回	下针
⊠	右上2针并1针
⊡	左上2针并1针
+	短针
○	辫子针

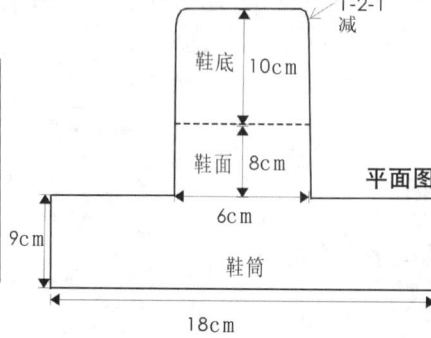

1-1-1
1-2-1
减

鞋底　10cm
鞋面　8cm
6cm
9cm
鞋筒
平面图
18cm

花样图

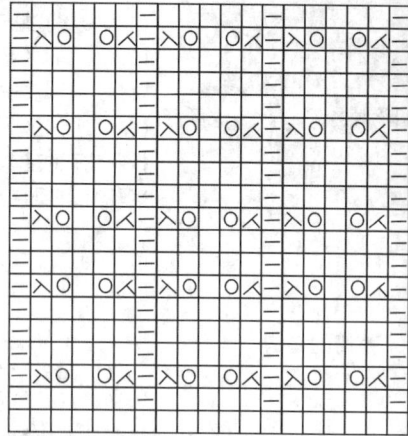

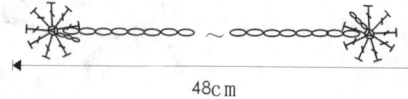

48cm

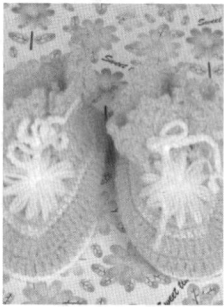

作品274

【成品规格】如尺寸图（或按自身的尺寸）

【工　　具】4.5mm钩针

【材　　料】蓝色毛线100g，白色线少许

【编织要点】

按照鞋子的基本图样从鞋子的鞋底钩起，再钩鞋侧。最后用白色线缝鞋面。

鞋侧的钩法：
（在鞋底的基础上钩2行侧面，不加减针）

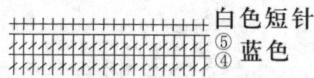

白色短针 ⑤
蓝色 ④

鞋底的钩法：（白色）

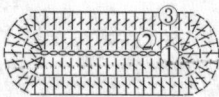

起16针锁针
围绕锁针钩长针

尺寸图

鞋面
鞋侧　鞋底
L=10cm

符号说明：

+	短针
┃	中长针
┋	长针
∞	锁针

白色线缝鞋面的做法：

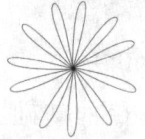

鞋筒的钩法：

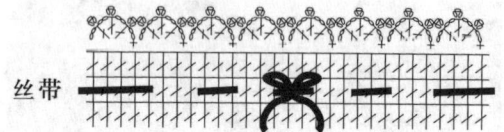

丝带

作品275

【成品规格】如尺寸图（或按自身的尺寸）

【工　　具】4.5mm钩针

【材　　料】蓝色毛线100g

【编织要点】

按照鞋子的基本图样从鞋子的鞋底钩起，再拼花块。最后钩1条绳子绑住鞋口。

鞋侧的钩法：
（在鞋底的基础上不加减针钩3行短针侧面）

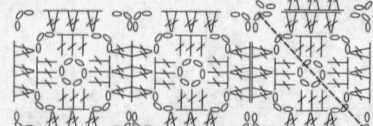

鞋面的钩法：
拼花块

鞋侧的位置

鞋后跟的位置　鞋侧的位置　鞋尖的位置

符号说明：

+	短针
┃	中长针
┋	长针
∞	锁针

尺寸图

鞋面
鞋侧
鞋底
L=10cm

鞋底的钩法：

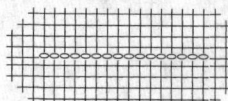

起16针锁针
围绕锁针钩短针

鞋口的钩法：

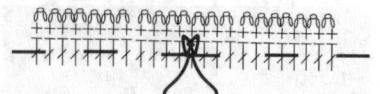

作品276

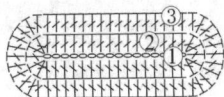

【成品规格】如尺寸图（或按自身的尺寸）

【工　具】4.5mm钩针

【材　料】粉红色毛线100g

【编织要点】

按照鞋子的基本图样从鞋子的鞋底钩起，再拼花块。最后钩1条绳子绑住鞋口，如下图。

尺寸图

鞋侧　鞋面

鞋底

L=10cm

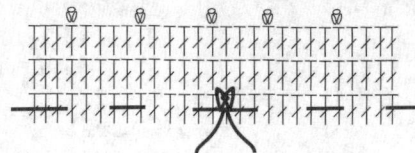

鞋口的钩法：

鞋底的钩法：

起16针锁针
围绕锁针钩长针

符号说明：

+	短针
	中长针
	长针
○○○	锁针

鞋侧的钩法：

（在鞋底的基础上不加减针钩2行短针侧面）

鞋面的钩法：

拼花块

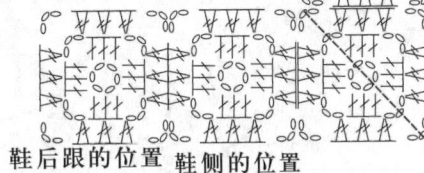

鞋侧的位置

鞋侧的位置

鞋后跟的位置　鞋侧的位置

鞋尖的位置

作品277、248~250、252、256

【成品规格】如尺寸图（或按自身的尺寸）

【工　具】4.5mm钩针

【材　料】白色毛线100g，白色丝带2条

【编织要点】

按照鞋子的基本图样从鞋子的鞋底钩起，再钩鞋侧、鞋面，最后钩鞋筒，穿丝带，如下图。

符号说明：

+	短针
	中长针
	长针
○○○	锁针

尺寸图

鞋筒

丝带　鞋侧

鞋底　鞋面

L=10cm

鞋底的钩法：

起16针锁针
围绕锁针钩长针

鞋侧的钩法：

（在鞋底的基础上钩2行长针，不加减针）

鞋面的钩法：

鞋筒的钩法：

丝带的穿法

作品278

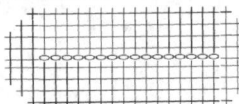

【成品规格】如尺寸图（或按自身的尺寸）

【工　具】4.5mm钩针

【材　料】粉红色毛线100g，丝带2条

【编织要点】

按照鞋子的基本图样从鞋子的鞋底钩起，再钩鞋侧。最后钩1条绳子绑住鞋口，如下图。

尺寸图

鞋侧　鞋面

鞋底

L=10cm

符号说明：

+	短针
	中长针
	长针
○○○	锁针

鞋底的钩法：

起16针锁针
围绕锁针钩短针

鞋侧的钩法：

（在鞋底的基础上不加减针钩4行短针侧面）

鞋面的钩法：

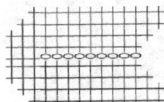

鞋筒的钩法：

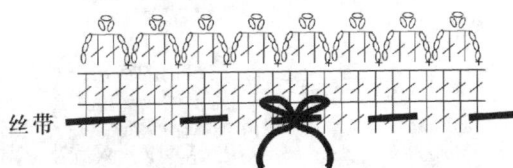

丝带

177

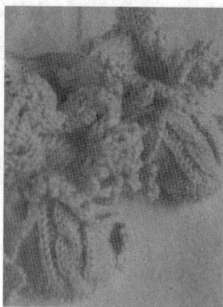

作品279

【成品规格】见图
【工　　具】9~10号毛衣针、钩针
【材　　料】粉色毛腈线180g

【编织要点】

单股线编织。首先单独完成鞋底，根据脚的大小确定长度。沿已完成有鞋底边圈挑鞋帮，按脚的肥瘦确定所织行数，一般织6行。以鞋前头麻花鞋面为中心，两侧连接鞋帮处并针编织，织到所需长度收针，钩编装饰花边。穿入单独钩编的装饰带。

鞋子整体图

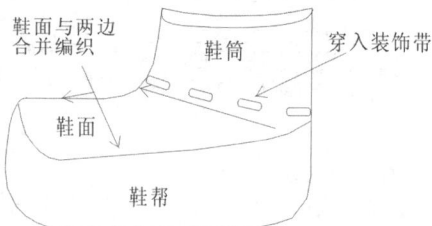

鞋面与两边合并编织　鞋筒　穿入装饰带
鞋面　鞋帮

鞋底图

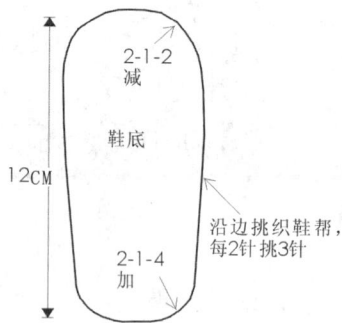

2-1-2 减
鞋底
12CM
沿边挑织鞋帮，每2针挑3针
2-1-4 加

花样图

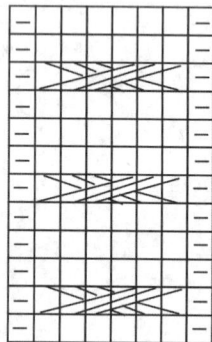

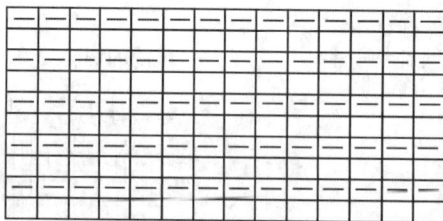

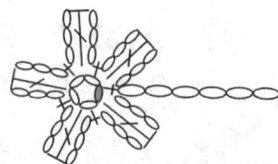

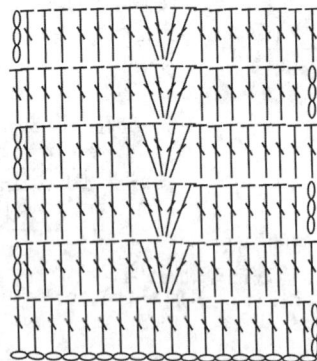

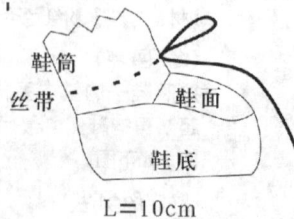

- -

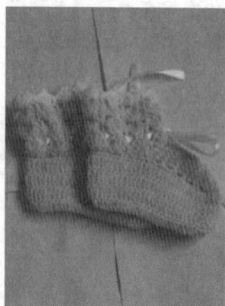

作品280、281、293

【成品规格】如尺寸图（或按自身的尺寸）
【工　　具】4.5mm钩针
【材　　料】绿色毛线100g，白色毛线少许，丝带1条
【编织要点】

先钩鞋底，再钩鞋面，最后钩鞋筒，如下图。

尺寸图

鞋筒
丝带　鞋面
鞋底
L=10cm

鞋底的钩法：

鞋面
鞋尖
32针×2
30针×2
30针

鞋面的钩法：

10
6
接鞋尖

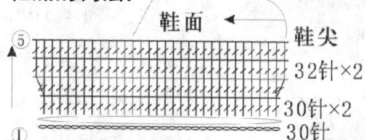

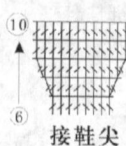

鞋筒的钩法：

白色
绿色
14
11

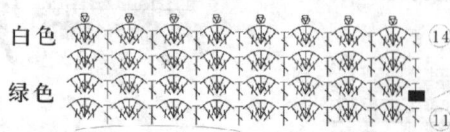

丝带的穿法：

丝带

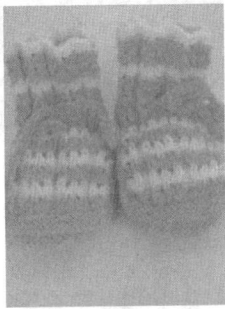

作品282

【成品规格】见图
【工　　具】8~9号毛衣针，缝衣针，5.5mm钩针
【材　　料】粉红色毛腈线60g，白色毛腈线20g
【编织要点】
单股线编织。单罗纹针起边，首先配色圈织鞋筒和鞋帮，再均分成3份，编织中间1份，不加减针，编织到鞋面时换上下针编织作为鞋底，完成后沿鞋面、鞋底接缝处向脚后跟处缝合。穿入单独钩编完成的装饰带。

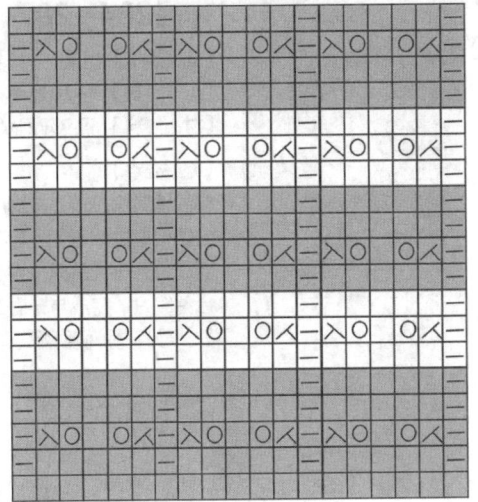

花样图

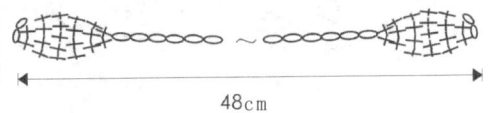

鞋子整体图

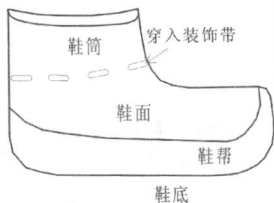

鞋底

符号说明：
⊟	上针
□-□	下针
⋋	右上2针并1针
⋌	左上2针并1针
◉	加针
+	短针
∞	辫子针

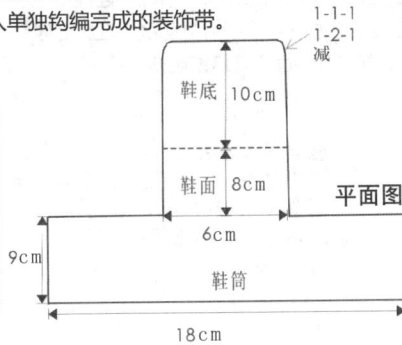

1-1-1
1-2-1
减

鞋底　10cm
鞋面　8cm
6cm
平面图
9cm
鞋筒
18cm

48cm

作品283

【成品规格】见图
【工　　具】4.5mm钩针
【材　　料】蓝色毛腈线50g，白色毛腈线20g
【编织要点】
单股线长针编织。按脚的大小首先钩编完成配色鞋底，完成鞋底后不加减针地钩出配色鞋帮，再从脚尖一侧1/4处到另一侧脚尖1/4处挑钩鞋面，鞋面两侧与鞋帮合并钩编。钩到脚脖处时圈钩配色鞋筒。完成后穿入单独钩编的装饰带。

鞋底、鞋帮花样图

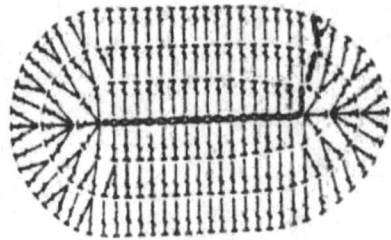

符号说明：
+	短针
†	长针
∞	锁针

装饰带花样图

说明：
1. 圈钩圆底3行短针。
2. 从第4行即每行均减3针，减至1针后钩装饰带。

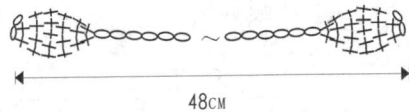

48cm

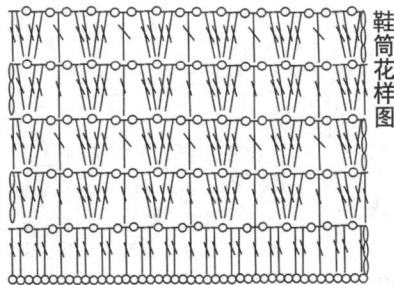

鞋筒花样图

整体图

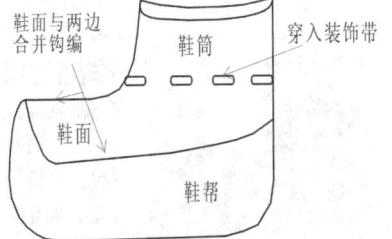

鞋面与两边合并钩编
鞋筒
穿入装饰带
鞋面
鞋帮

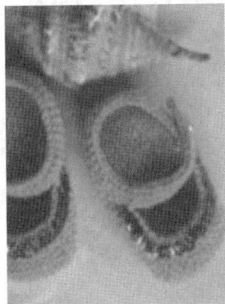

作品288、289

【成品规格】见图
【工　　具】1~2号棒针4根
【材　　料】紫色毛线100g、白色小球2颗、紫色花线若干

前面：
沿底面挑起，
连接两侧面，
织下针共15行。

底面：

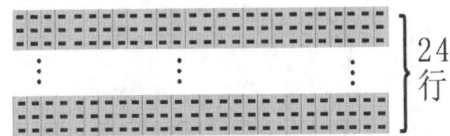

24行

结构图：

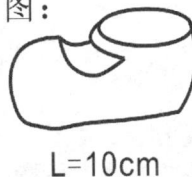

L=10cm

侧面：
沿底面3边挑起，
回来织下针共8行。

带子：从侧面挑起26针，加长20针，织下针5行。

最后在适当位置穿上小珠和彩线即可。

作品284~287

【成品规格】见图
【工　　具】9~10号毛衣针、缝衣针
【材　　料】蓝色开司米线150g、装饰纽扣2枚
【编织要点】
单股线编织。首先按脚的大小编织完成鞋底，再另起针从鞋底中心位置沿边挑织鞋面，不加减针，织到所需高度时一次性收为1针，断线。另一针从同一中心处沿另一边挑织鞋帮，与鞋面连接处挑织合并编织，完成与鞋面的挑织后圈织鞋筒到所需高度。在鞋面收针处、鞋筒内外侧缝好绒球。在鞋筒前面钉好装饰纽扣。

绒球制作方法：
将毛线在10cm宽的硬纸板上绕30圈（圈数决定球的大小），抽出硬纸板后用线扎好中间，用剪刀剪断两边，修整为圆球。

分解图

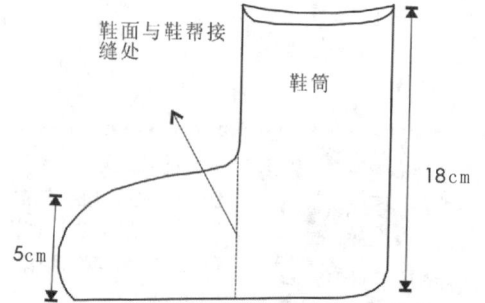

挑织鞋面收口

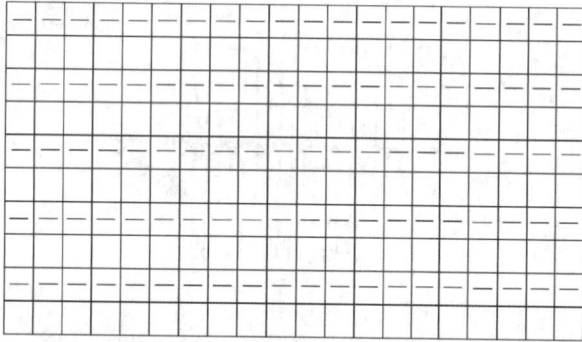

鞋底

7cm

鞋底

14cm

鞋面与鞋帮接缝处

鞋筒

18cm

5cm

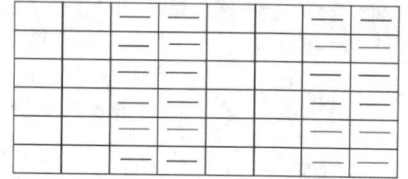

花样图

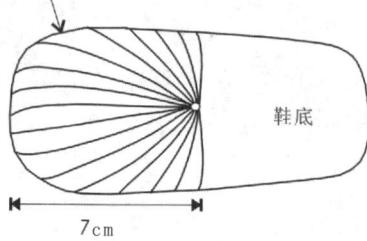

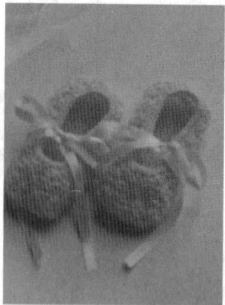

作品290、291

【成品规格】见图
【工　　具】9~10号毛衣针
【材　　料】毛腈线50g、配色丝带
【编织要点】
单股线编织。下针起边。首先按脚的大小编织完成鞋底，另起针从鞋头左侧1/3处挑织鞋帮，挑织到右侧1/3处，完成鞋帮的高度后，不要收针。在鞋头中间1/3处挑织鞋面，每两侧连接鞋帮并针编织，织到所需鞋面长度，与已完成的鞋帮圈织一行后收针。在鞋帮两侧分别缝好丝带。

分解图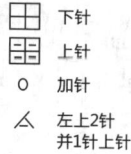

鞋面花样图

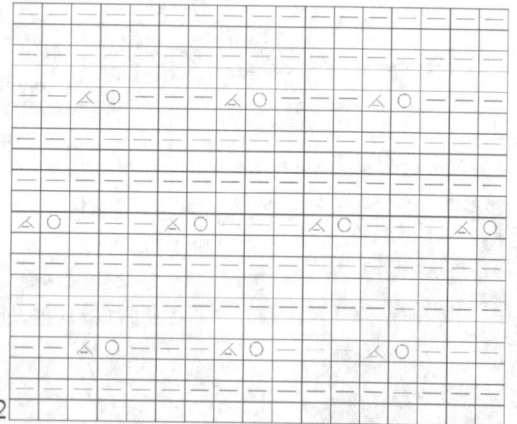

整体图

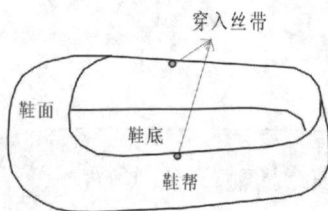

穿入丝带

鞋面
鞋底
鞋帮

1/3处挑织鞋面

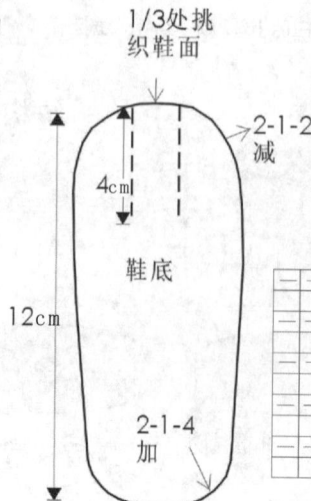

2-1-2减

4cm

鞋底

12cm

2-1-4加

鞋底花样图

作品292、309

【成品规格】如尺寸图（或按自身的尺寸）
【工　　具】4.5mm钩针
【材　　料】红色毛线100g，黄色毛线少许
【编织要点】
按照鞋子的基本图样从鞋子的鞋底钩起，最后钩1条黄色锁针绑在鞋口处，如下图。

尺寸图

鞋侧

鞋底

L＝10cm

鞋底的钩法：

起16针锁针
围绕锁针钩长针

鞋侧的钩法：
（在鞋底的基础上钩3行侧面）

鞋尖的位置

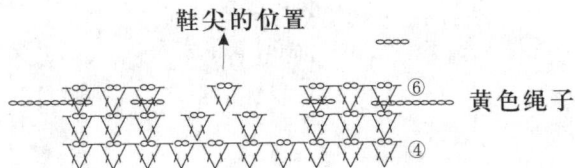

黄色绳子

鞋口花边的钩法：

作品296、298

【成品规格】如尺寸图（或按自身的尺寸）
【工　　具】4.5mm钩针
【材　　料】橙色毛线100g，珠子2颗作为纽扣
【编织要点】
按照鞋子的基本图样从鞋子的鞋底钩起，如下图。

鞋侧的钩法：
（在鞋底的基础上钩3行侧面）

鞋尖的位置

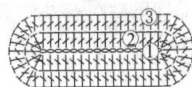

鞋顶花边的钩法：⑦

尺寸图

鞋顶

鞋带

鞋侧

鞋底

L＝10cm

鞋底的钩法：

起16针锁针
围绕锁针钩长针

鞋带的钩法：⑧

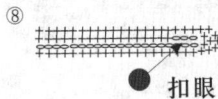

● 扣眼

作品294、297

【成品规格】见图
【工　　具】8～9号毛衣针，缝衣针，5.5mm钩针，剪刀
【材　　料】蓝色纯羊毛线120g，配色纯羊毛线少许，人造羊毛少许
【编织要点】
单股线钩编。首先按脚的大小起针钩编鞋底，另起针钩编鞋面与鞋帮。按钩编完成鞋底、鞋帮、鞋面的大小留出装饰边后裁好人造羊毛，在反面缝好，并依次连接鞋底、鞋帮、鞋面缝好。提示：注意鞋帮、鞋面的装饰边朝上，再与备用鞋底沿边缝合，缝好装饰物。

鞋帮

鞋面

鞋底

2-1-2
减

鞋底

22cm

沿边挑钩鞋帮

2-1-4
加

分解图

20cm

12cm

鞋面

1-1-1
2-1-5
减

鞋帮图

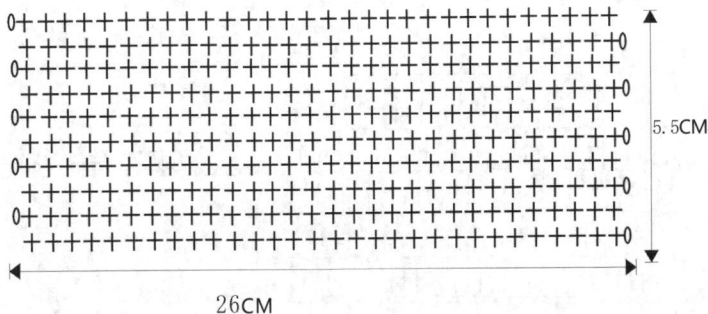

5.5CM

26CM

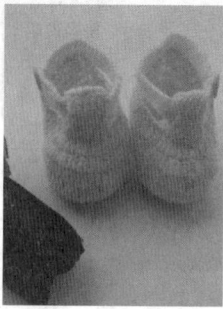

作品299、303、311

【成品规格】如尺寸图（或按自身的尺寸）
【工　具】4.5mm钩针
【材　料】紫色毛线100g，白色线少许，纽扣2枚
【编织要点】
按照鞋子的基本图样从鞋子的鞋底钩起，如下图。

尺寸图

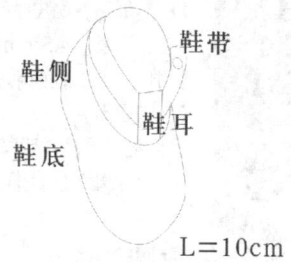

符号说明：
+ 短针
| 长针
∞ 锁针

鞋带
鞋侧
鞋耳
鞋底

L=10cm

鞋侧的钩法：（在鞋底的基础上钩3行侧面）

鞋尖的位置

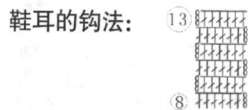

⑥
④

鞋底的钩法：

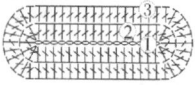

起16针锁针
围绕锁针钩长针

⑦（钩1圈反锁针）

鞋耳的钩法： ⑬

中间对折

⑧

鞋带的钩法： 扣眼

⑭

连接鞋侧

作品300

【成品规格】如尺寸图（或按自身的尺寸）
【工　具】4.5mm钩针
【材　料】褐色毛线100g，白色毛线少许，黄色毛线少许，丝带2条
【编织要点】
按照鞋子的基本图样从鞋子的鞋底钩起，再钩鞋侧面，再钩鞋盖即公仔的面部，最后丝带绑在鞋后跟上。

丝带 尺寸图

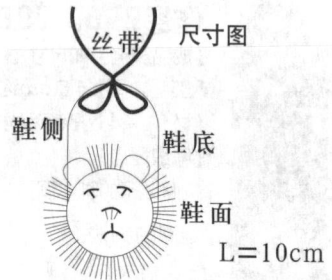

符号说明：
+ 短针
| 中长针
| 长针
∞ 锁针

鞋侧
鞋底
鞋面

L=10cm

鞋底的钩法：

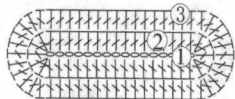

起16针锁针
围绕锁针钩长针

鞋侧的钩法：

（在鞋底的基础上钩
2行长针，不加减针）

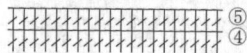

黄色短针（鞋口）

⑤
④

公仔面部的钩法：

耳朵　　耳朵

在面部的外围穿黄色线

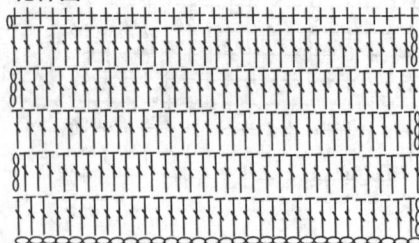

作品301

【成品规格】见图
【工　具】5mm钩针，缝衣针
【材　料】白色毛腈线30g，粉色丝光线少许，装饰珍珠6颗
【编织要点】
单股线长针钩编。首先按脚的大小编织完成鞋底，再沿已完成的鞋底边连钩鞋帮，共钩4行，第1行、第3行隔2针收1针，第2行、第4行不加减针，在鞋面位置多加钩1行，不加减针。完成后沿鞋帮边钩1行装饰边。单独钩编换线鞋带，在脚心位置从鞋内、外侧鞋帮穿入。缝好单独完成的小钩花。

鞋底

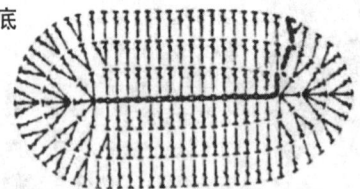

符号说明：
+ 短针
| 长针
∞ 锁针

鞋内侧

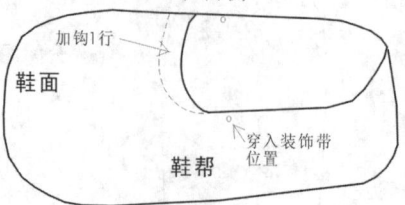

加钩1行
鞋面
鞋帮
穿入装饰带位置
鞋外侧

花样图

装饰边

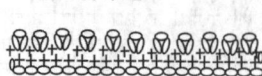

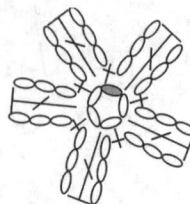

鞋带

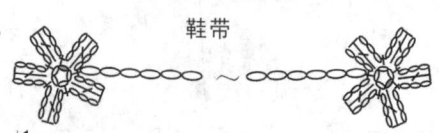

48cm

作品302

【成品规格】见图
【工　具】5mm钩针，缝衣针
【材　料】蓝色毛腈线30g，白色毛腈线少许，纽扣2枚，装饰珍珠2颗　鞋面
【编织要点】
单股线长针钩编。首先按脚的大小编织完成鞋底，再沿已完成的鞋底边连钩鞋帮，共钩4行，第1行、第3行收针，第2行、第4行不加减针。在已完成的鞋帮边钩1行短针。从鞋面中心另起针挑钩6针到鞋脚脖处，向内侧翻将边缝实，作为拉带。单独钩编换线鞋带，贴鞋帮后内侧沿边缝合，注意在鞋带尾部留出扣眼位置。在鞋外侧面钉好纽扣。缝好单独完成的小钩花。

扣眼：第1行2针并1针
　　　第2行加1针

鞋带

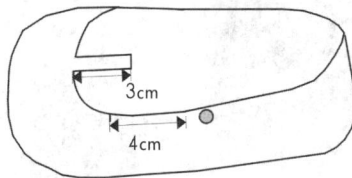

16cm

鞋内侧

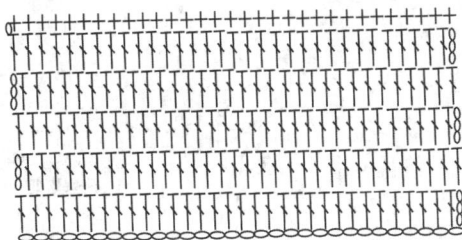

3cm
4cm

鞋外侧

符号说明：
+ 短针
| 长针
∞ 锁针

分解图

鞋底

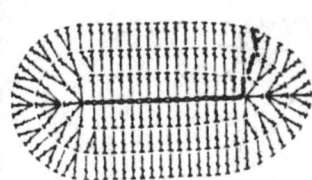

整体图

鞋面
鞋带
鞋底
鞋帮

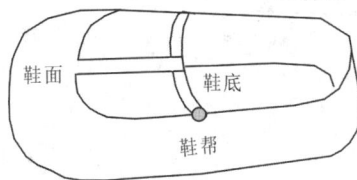

花样图

- - -

作品304

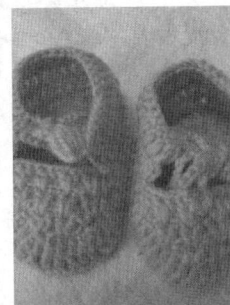

【成品规格】如尺寸图（或按自身的尺寸）
【工　具】4.5mm钩针
【材　料】紫色毛线100g
【编织要点】
按照鞋子的基本图样从鞋子的鞋底钩起，再钩鞋带如下图。

尺寸图

鞋底　鞋带　鞋侧
鞋面

L=10cm

鞋底的钩法：
③②①

符号说明：
+ 短针
| 中长针
| 长针
∞ 锁针

起16针锁针
围绕锁针钩长针

鞋侧的钩法：
（在鞋底的基础上钩
2行侧面,不加减针）
⑤
④

前面鞋面的钩法：
⑧
⑥

鞋带的钩法：
（在鞋底的后跟钩2行长针，然后钩锁针延伸出来作为鞋带）

- - -

作品305

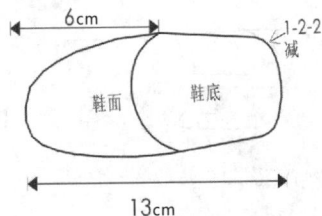

【成品规格】见图
【工　具】5mm钩针，缝衣针
【材　料】黄色毛腈线40g，白色毛腈线少许
【编织要点】
单股线长针钩编。从鞋尖开始钩编，第1行钩18针，第2行每针放2针，第3行后不加减针圈钩完成鞋面、鞋帮、鞋底，钩到脚脖处分针单独钩鞋底。另起针从鞋帮、鞋底分针处挑钩后侧鞋帮，两侧与前侧鞋帮并针钩编，脚脖处与鞋面圈钩1行后，从鞋面中心分开往返配色钩编，形成鞋筒装饰边，穿入装饰带后向外侧翻开。

花样图

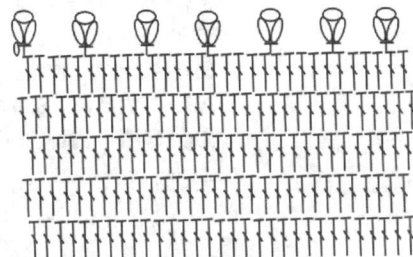

装饰带

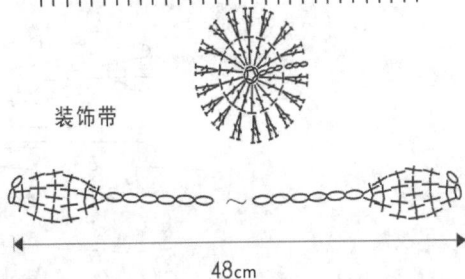

48cm

符号说明：
+ 短针
| 长针
∞ 锁针

分解图

6cm
1-2-2
减
鞋面　鞋底

13cm

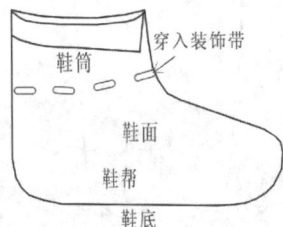

穿入装饰带
鞋筒
鞋面
鞋帮
鞋底

整体图

作品306、351

【成品规格】见图
【工　　具】9~10号毛衣针，缝衣针
【材　　料】红色毛腈线30g，纽扣2枚

【编织要点】
单股线编织。首先按脚的大小编织完成鞋底，另起针从鞋头左侧1/3处挑织鞋帮，挑织到鞋头右侧1/3处，完成鞋帮的高度后，不要收针。从鞋头中间1/3处配线挑织鞋面，每两侧连接鞋帮并针编织，织到所需鞋面长度，与已完成的鞋帮圈织1行，从距鞋面中心留出3针后开始连收一侧鞋帮、鞋面，在脚后跟部留出3针织成后拉带，再开始连收另一侧，收至鞋面中心留出的3针，将3针织到鞋脚脖处，向内侧翻将边缝实，作为前拉带。单独编织鞋带，注意在鞋带尾部留出扣眼位置，在鞋带另一侧钉好纽扣。穿入前、后拉带。

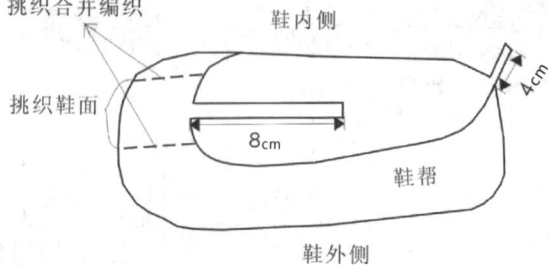

与鞋帮连接处挑织合并编织

挑织鞋面

鞋内侧

8cm

鞋帮

鞋外侧

4cm

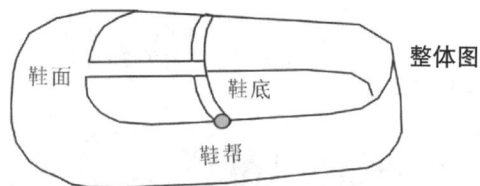

鞋面

鞋底

鞋帮

整体图

分解图

1/3处挑织鞋面

2-1-2 减

3cm

鞋底

12cm

2-1-4 加

符号说明：
□　　上针
□=□　下针

扣眼：第1行2针并1针
　　　第2行加1针

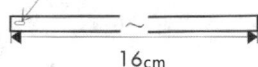

16cm

花样图

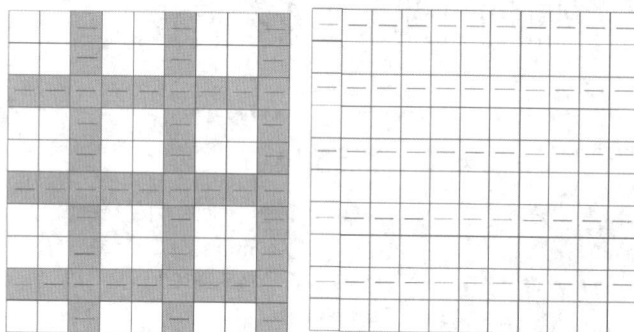

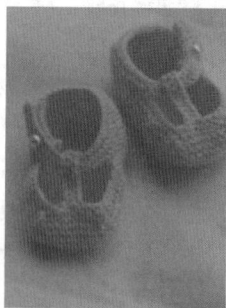

作品308

【成品规格】见左图
【工　　具】9~10号毛衣针，缝衣针
【材　　料】红色毛腈线30g，纽扣2枚

【编织要点】
单股线编织。首先按脚的大小编织完成鞋底，另起针从鞋头左侧1/3处挑织鞋帮，挑织到鞋头右侧1/3处，完成鞋帮的高度后，不要收针。从鞋头中间1/3处挑织鞋面，每两侧连接鞋帮并针编织，织到所需鞋面长度，与已完成的鞋帮圈织一行，从距鞋面5cm处连收鞋帮、鞋面，在鞋面中心留出3针织到鞋脚脖处，向内侧翻将边缝实，作为拉带。从鞋内侧面加25针织5行作为鞋带，注意在鞋带尾部留出扣眼位置。在鞋帮外侧面钉好纽扣。

符号说明：
囲　　下针
囲　　上针

花样图

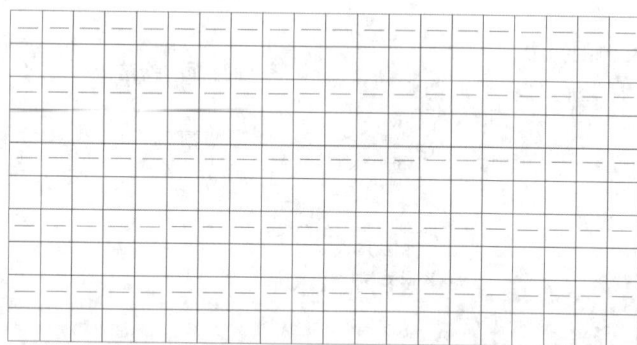

分解图

扣眼:第一行2针并1针
　　　第二行加1针

与鞋帮连接处挑织合并编织

挑织鞋面

鞋内侧

8cm

5cm

鞋帮

鞋外侧

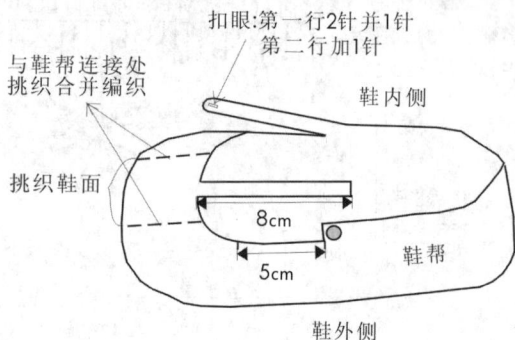

1/3处挑织鞋面

2-1-2 减

3cm

鞋底

12cm

2-1-4 加

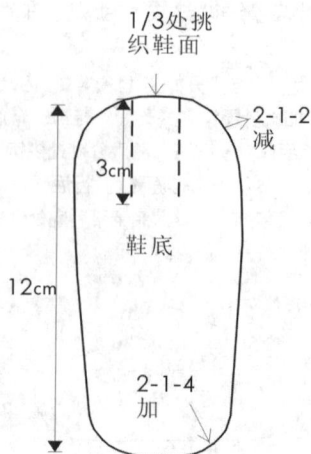

整体图

鞋面

鞋底

鞋帮

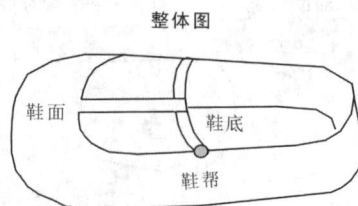

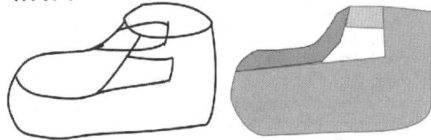

作品307

【成品规格】见左图
【工　　具】1~2号棒针4根，1.5~2mm钩针1根
【材　　料】橙色棉线100g，白色、黄色、褐色若干；4颗黑色小珠，2颗白色大珠
【编织要点】按图钩编，按图配色。

符号说明：

+	短针
		中长针
		长针
○○○	锁针
●●●	拉拔针

结构图

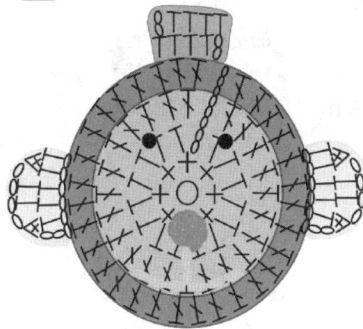

L=10cm

按上图钩好鞋面，
并与侧面连接起来。
最后在适当位置穿上小珠。

底面：

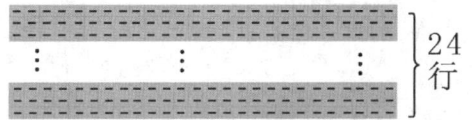

}24行

侧面：全数挑起，织下针，共8圈。

后面：侧面收针剩下20针，继续向
　　　上编织5行，然后收针。

白色带子

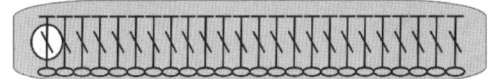

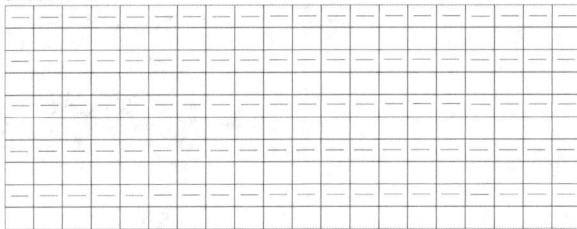

作品312、317

【成品规格】见图
【工　　具】9~10号毛衣针，钩针
【材　　料】蓝色毛腈线80g，白色毛腈线少许

【编织要点】单股线编织。下针起边。首先单独完成鞋底，根据脚的大小确定长度。沿已完成的鞋底边挑织鞋帮，按脚的肥瘦确定所织行数，一般织6行。另起针在前头位置挑织长针鞋面，两侧连接鞋帮处挑针并织，织到脚脖处同其他针圈织，织到所需脚脖的长度收针。穿入单独钩编的装饰带。

花样图

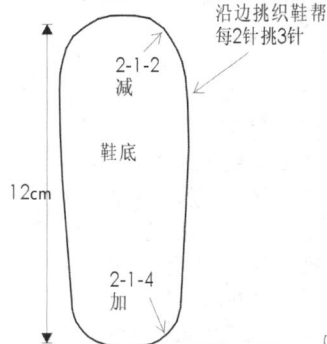

鞋底图

沿边挑织鞋帮
每2针挑3针

2-1-2
减

鞋底

12cm

2-1-4
加

符号说明：

⊟	上针
□=□	下针
+	短针
		长针
○○○	锁针

整体图

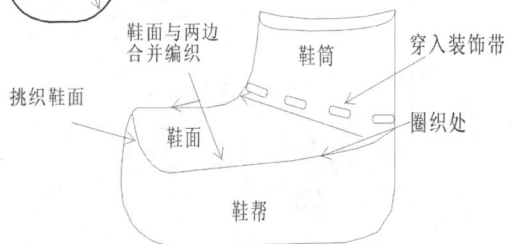

鞋面与两边
合并编织

鞋筒

穿入装饰带

挑织鞋面

鞋面

圈织处

鞋帮

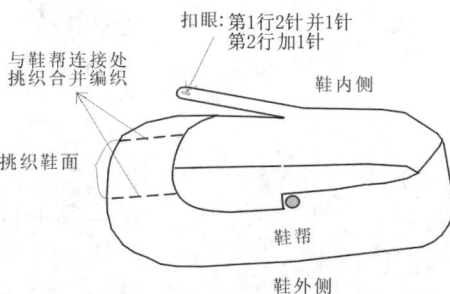

作品313

【成品规格】见图
【工　　具】9~10号毛衣针，缝衣针
【材　　料】红色毛腈线30g，白色毛腈线30g，纽扣2枚，小饰品

【编织要点】
单股线编织。首先按脚的大小编织，完成鞋底，另起针从鞋头左侧1/3处挑织鞋帮，挑织到鞋头右侧1/3处，完成鞋帮的高度后，不要收针。从鞋头中间1/3处换线挑织鞋面，每两侧连接鞋帮并针编织，织到所需鞋面长度，与已完成的鞋帮圈织1行，将鞋面针收完后，从鞋内侧加25针织5行作为鞋带，注意在鞋带尾部留出扣眼位置。在鞋面处缝好小饰品。在鞋外侧面钉好纽扣。

整体图

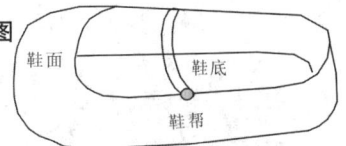

鞋面

鞋底

鞋帮

符号说明：

⊟	上针
□=□	下针

扣眼：第1行2针并1针
　　　第2行加1针

与鞋帮连接处
挑织合并编织

鞋内侧

换线挑织鞋面

鞋帮

鞋外侧

分解图

1/3处挑
织鞋面

2-1-2
减

6cm

鞋底

12cm

2-1-4
加

花样图

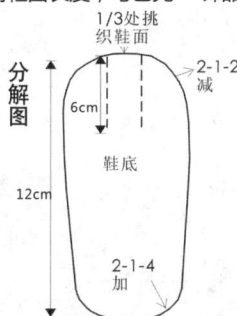

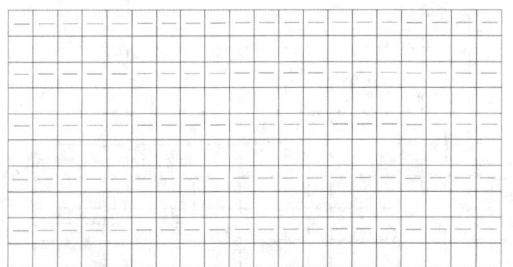

鞋底图

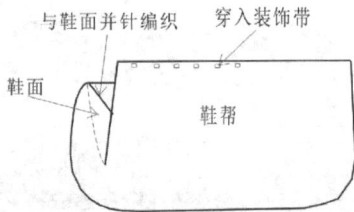

沿边挑织鞋帮，
每2针挑3针

2-1-2
减

鞋底

12cm

2-1-4
加

符号说明：
- ▢ 上针
- ▢=▯ 下针
- ○ 辫子针

作品314

【成品规格】见图
【材　　料】粉色毛腈线80g，配色毛腈线少许
【工　　具】9~10号毛衣针，缝衣针，钩针
【编织要点】
单股线编织。下针起边。首先单独完成鞋底，根据脚的大小确定长度。沿已完成的鞋底边挑织鞋帮，按脚的肥瘦确定所织行数。在鞋头处完成编织花样后，首先编织4行下针鞋面，不收针；再来回编织鞋帮，与鞋面连接处并针编织，织到两侧鞋帮宽松对接时收针。在两侧鞋帮对应位置穿入单独钩编装饰带。

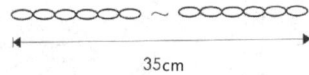

35cm

花样图

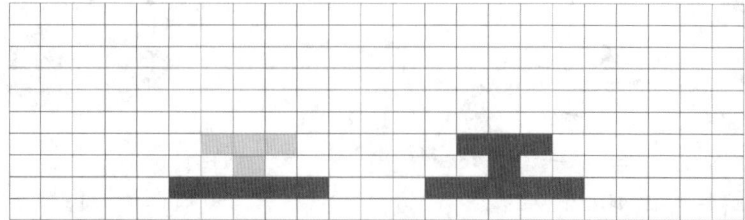

整体图

与鞋面并针编织　穿入装饰带

鞋面

鞋帮

作品315

【成品规格】见图
【工　　具】9~10号毛衣针，钩针
【材　　料】毛腈线50g，配色毛腈线少许，纽扣2枚
【编织要点】
单股线编织。首先按脚的大小编织完成鞋底，另起针从鞋头左侧1/3处挑织鞋帮，挑织到鞋头右侧1/3处，完成鞋帮的高度后，不要收针。从鞋头中间1/3处挑织

整体图

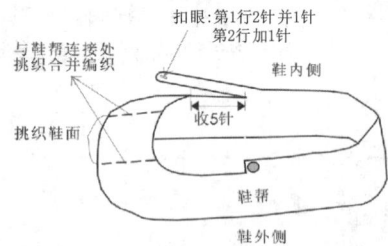

鞋面　　鞋底

鞋帮

鞋面，每两侧连接鞋帮并针编织，织到所需鞋面长度，与已完成的鞋帮圈织1行，从鞋面处两边各收5针，换配色线从鞋内侧面加15针织5行作为鞋带。在鞋面处缝好丝带或装饰小花。在鞋外侧面钉好纽扣。

符号说明：
- ▢ 上针
- ▢=▯ 下针
- + 短针
- | 长针
- ○○○ 锁针

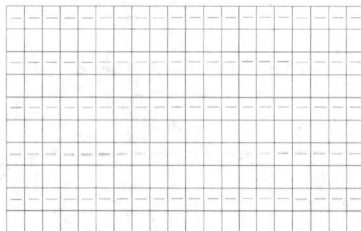

分解图

1/3处挑织鞋面

4cm

2-1-2减

鞋底

12cm

2-1-4加

扣眼：第1行2针并1针
第2行加1针

与鞋帮连接处挑织合并编织

挑织鞋面

收5针

鞋内侧

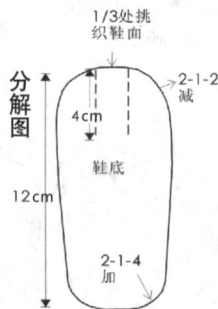

鞋帮

鞋外侧

花样图

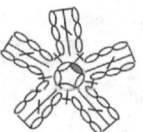

作品316、322

【成品规格】见图
【工　　具】9~10号毛衣针，缝衣针，钩针
【材　　料】主色纯羊毛线30g，配色纯羊毛线20g，小花、绿叶纯羊毛线少许
【编织要点】
单股线编织。单罗纹针起边，配色圈织。织完鞋筒长后均分成3份，首先单罗纹针编织中间1份，不加减针，再连织两侧份及鞋面挑针，编织上下针，完成后沿边缝合。缝好单独钩编的装饰小花。

整体图

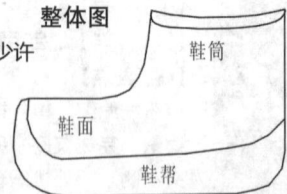

鞋筒

鞋面

鞋帮

符号说明：
- ▢ 上针
- ▢=▯ 下针
- + 短针
- | 长针
- ○○○ 锁针

花样图

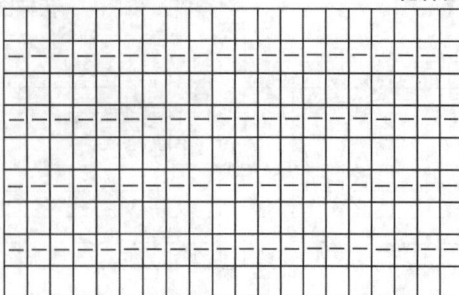

平面图

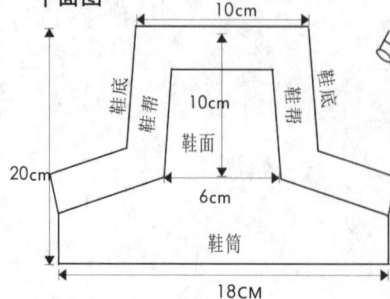

10cm

鞋底

鞋帮

10cm

鞋面

鞋帮

鞋底

6cm

20cm

鞋筒

18CM

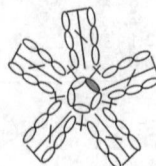

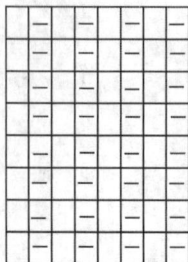

作品318

【成品规格】如尺寸图（或按自身的尺寸）
【工　　具】4.5mm钩针
【材　　料】红色毛线200g，绿色毛线少许，白色珠子若干
【编织要点】
按照图样钩鞋子1对，先打鞋底，再打鞋后跟，再做鞋面，最后做鞋筒部分。

尺寸图

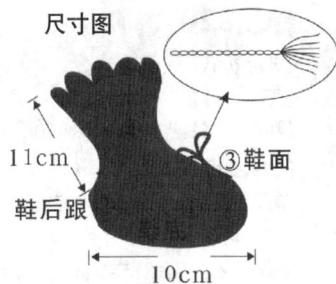

11cm

鞋后跟 ③鞋面

10cm

符号说明：
▯ 上针
▯=▯ 下针
十 短针
↑ 中长针
↑ 长针
∞∞ 锁针

④ 鞋筒部分花样：

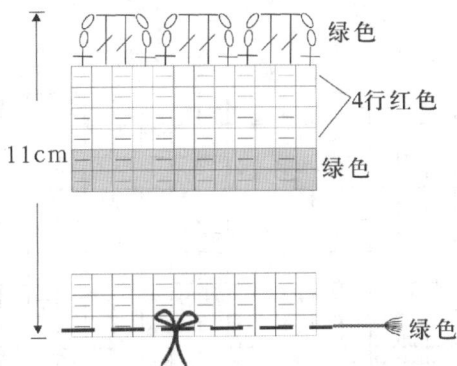

绿色
4行红色
绿色
11cm
绿色

①鞋底和②鞋后跟的做法：

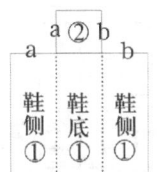

2个a表示是同一线

鞋底连同鞋侧一起织（鞋侧1行上针1行下针，总共12行）
鞋后跟和鞋一样1行上针1行下针共12行高。

③ 鞋面（总共12行）

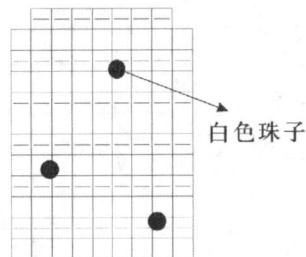

白色珠子

鞋面在鞋尖挑7针织
总共12行

作品319

【成品规格】见图
【工　　具】9~10号毛衣针，缝衣针，钩针
【材　　料】黄色毛腈线40g，白色毛腈线20g
【编织要点】
单股线编织。下针起边。首先单独完成鞋底，根据脚的大小确定长度。沿已完成的鞋底边挑织鞋帮，按脚的肥瘦确定所织行数，一般织6行。留出鞋面尺寸，首先单独编织鞋帮，再开始编织鞋面，每侧连接鞋帮处挑针合并织，织到脚脖处同其他针圈织，织到所需鞋筒的长度收针，向外侧翻开。穿入单独钩编的装饰带。

鞋底图

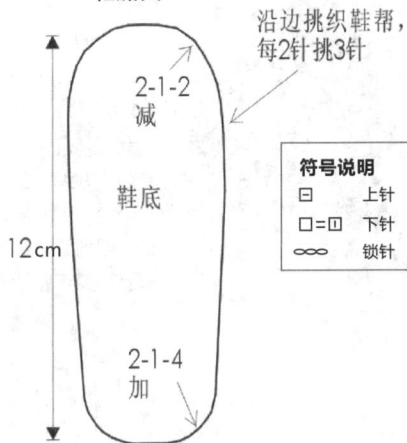

沿边挑织鞋帮，每2针挑3针

2-1-2
减

鞋底

12cm

2-1-4
加

符号说明
▯ 上针
▯=▯ 下针
∞∞ 锁针

鞋面与两边合并编织

鞋筒

鞋面

圈织处

整体图

鞋帮

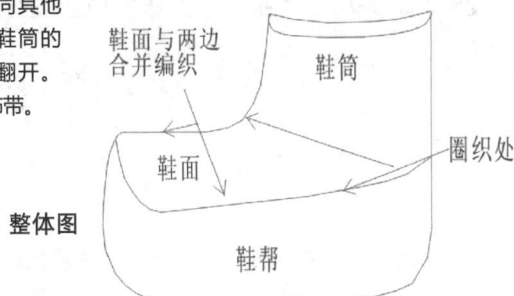

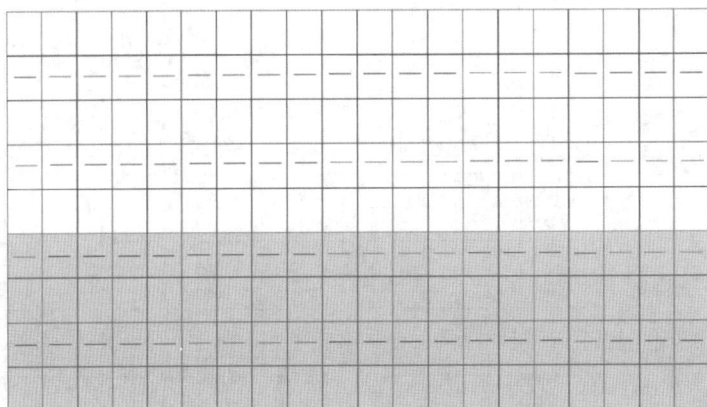

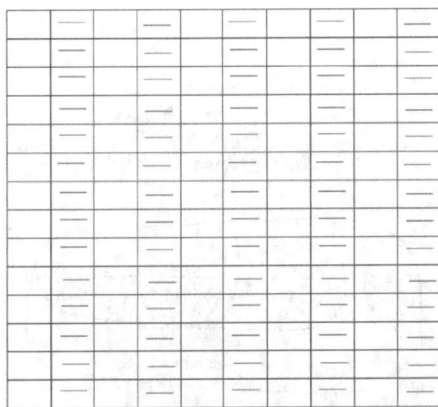

作品320

【成品规格】见图
【工　　具】9~10号毛衣针，缝衣针
【材　　料】红色纯羊毛线60g，白色纯羊毛线少许
【编织要点】
单股线编织。配色双罗纹针起边，单片编织。织双倍鞋筒长后均分成3份，首先下针编织中间1份，不加减针，再连织两侧份及鞋面挑针，编织鞋帮、鞋底花样，完成后留出鞋筒口，其余部分沿边缝合。

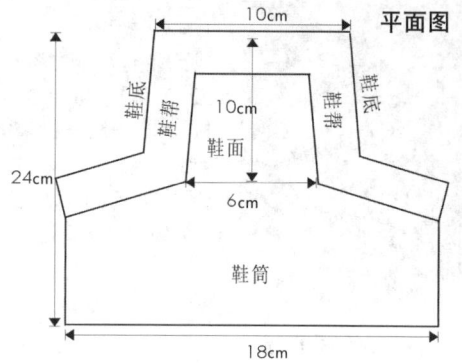

符号说明
□　上针
□=□　下针

平面图

鞋筒花样图

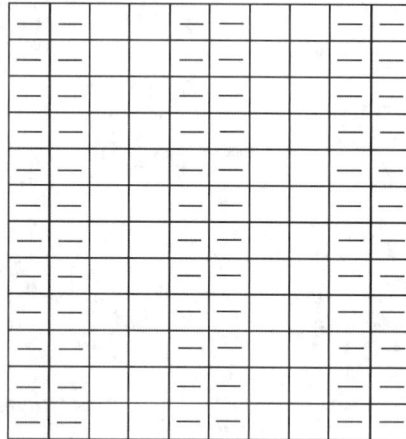

整体图

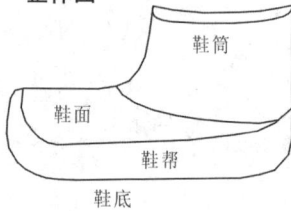

鞋底、鞋帮花样图

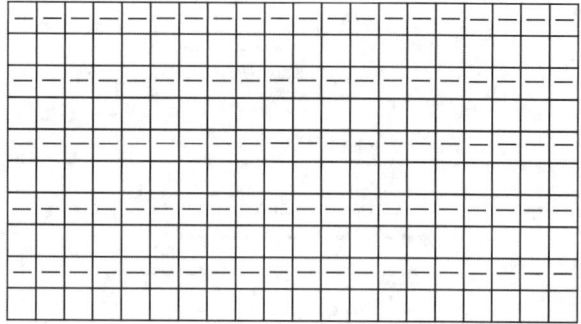

作品321

【成品规格】见图
【工　　具】9~10号毛衣针，钩针
【材　　料】毛腈线50g，配色毛腈线少许，纽扣2枚，小装饰品
【编织要点】
单股线编织。首先按脚的大小编织完成鞋底，另起针从鞋头左侧1/3处挑织鞋帮，挑织到鞋头右侧1/3处，完成鞋帮的高度后，不要收针。从鞋头中间1/3处另起针挑织鞋面，每两侧连接鞋帮并针编织，织到所需鞋面长度，与已完成的鞋帮圈织1行，从鞋面处两边各收5针，另从鞋内侧面加15针织5行作为鞋带。另起针配色钩编装饰边，在鞋面缝好小装饰品，在鞋外侧面钉好纽扣。

符号说明
□　上针
□=□　下针
+　短针
∞∞∞　锁针

分解图

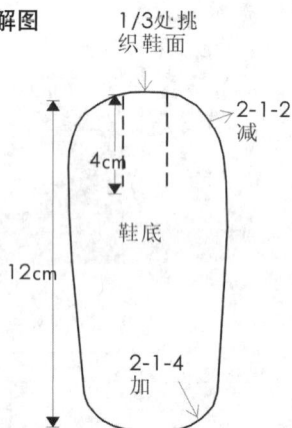

花样图

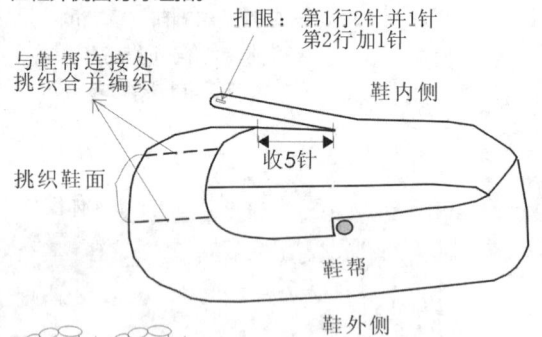

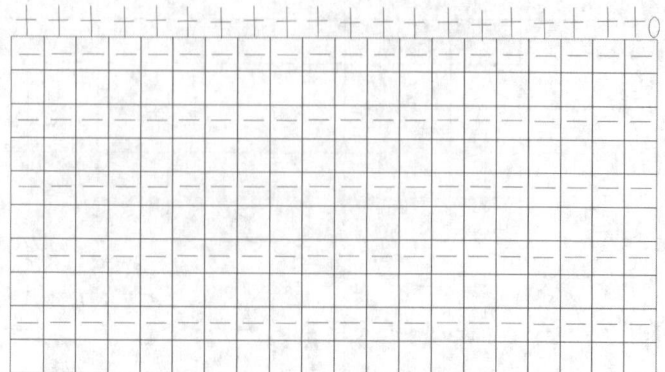

整体图

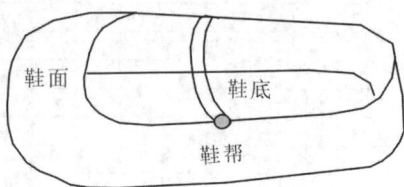

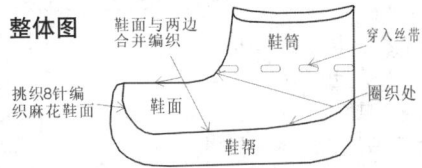

作品324~326、328、329

【成品规格】见图
【工　具】9~10号毛衣针，缝衣针
【材　料】纯羊毛线70g，丝带，装饰小花

【编织要点】
单股线编织。下针起边。按脚的大小起针，即脚大就多起针，脚小就少起针，起针后上下针编织，作为鞋底与鞋帮，按脚的肥瘦确定所织宽度。从宽度一侧的中间另起针挑织8针，开始编织麻花花样鞋面，鞋面每侧连接鞋帮处挑针并织，织到脚脖处全部挑起圈织上下针鞋筒，织到所需鞋筒的长度收针。穿入装饰丝带，将一侧固定缝好，以免丝带滑落。在鞋面挑针处缝好装饰小花。

符号说明：
- 囗　上针
- 囗=囝　下针
- 下针右上3针交叉

整体图

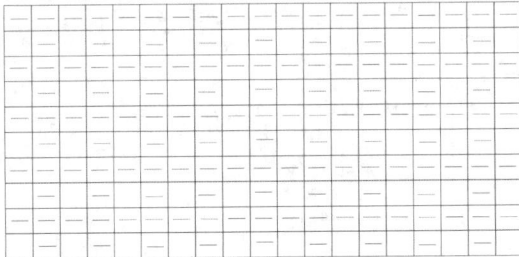

鞋面与两边合并编织
鞋筒
穿入丝带
挑织8针编织麻花鞋面
鞋面
圈织处
鞋帮

鞋筒花样图

鞋面花样图

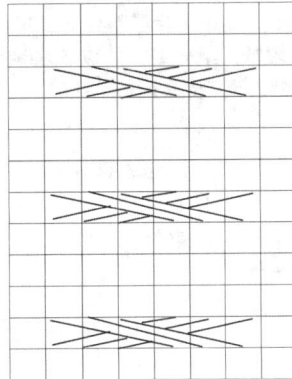

平面图

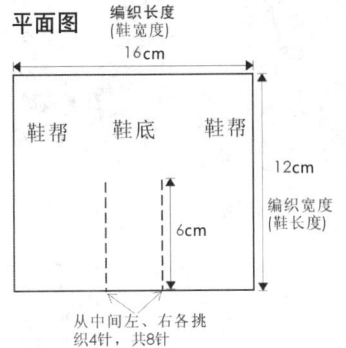

编织长度（鞋宽度）
16cm
鞋帮　鞋底　鞋帮
12cm
编织宽度（鞋长度）
6cm
从中间左、右各挑织4针，共8针

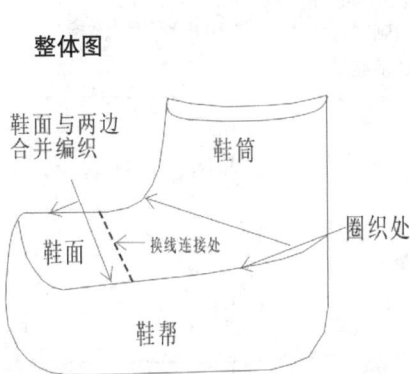

作品327、330

【成品规格】见图
【工　具】9~10号毛衣针，缝衣针，钩针
【材　料】主色毛腈线40g，配色毛腈线20g，纽扣2枚，装饰小花

【编织要点】
单股线编织。下针起边。首先单独完成鞋底，根据脚的大小确定长度。沿已完成的鞋底边挑织鞋帮，按脚的肥瘦确定所织行数，一般织6行。留出鞋面尺寸，首先单独编织鞋帮，再开始编织鞋面，每侧连接鞋帮处挑针合并织，鞋面织到一半长时换线继续编织，织到脚脖处同其他针圈织，织到所需鞋筒的长度收针，向外侧翻开。单独编织完成鞋带，连接鞋帮内侧缝实，在鞋帮外侧缝好纽扣。

符号说明：
- 囗　上针
- 囗=囝　下针

整体图

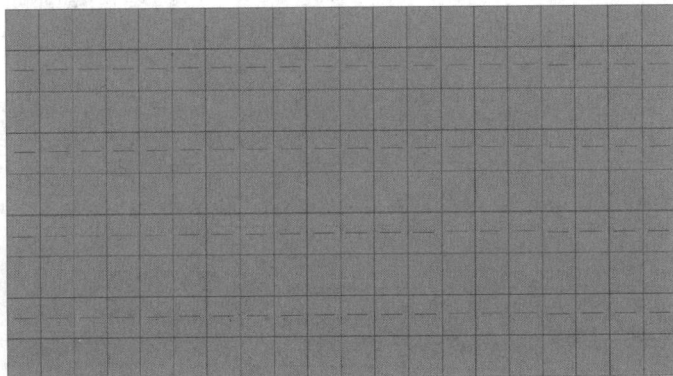

鞋面与两边合并编织
鞋筒
鞋面
换线连接处
圈织处
鞋帮

鞋带图

1.5cm
6cm

花样图

鞋底图

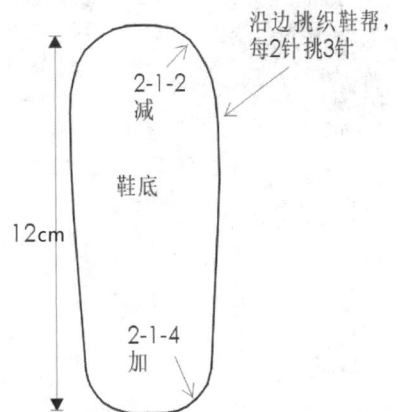

沿边挑织鞋帮，每2针挑3针
2-1-2减
鞋底
12cm
2-1-4加

作品331

【成品规格】见图
【工　　具】9~10号毛衣针，缝衣针，钩针
【材　　料】黄色纯羊毛线50g，装饰小花
【编织要点】

单股线编织。下针起边。按脚的大小起针，即脚大多起针，脚小少起针，起针后上下针编织，作为鞋底与鞋帮，按脚的肥瘦确定所织宽度。从宽度一侧的中间另起针挑织8针，开始编织麻花花样鞋面，鞋面每侧连接鞋帮处挑针并织，织到脚脖处全部挑起圈织上下针鞋筒，织到所需鞋筒的长度收针。穿入单独钩编完成的装饰带，装饰带一侧与鞋筒缝实，以免滑落。缝好装饰小花。

平面图

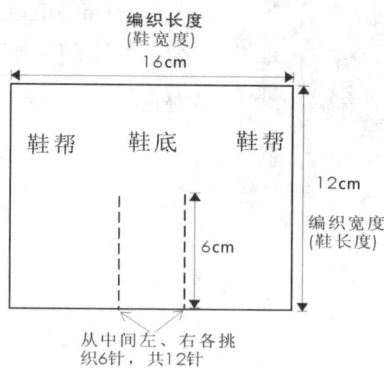

编织长度
(鞋宽度)
16cm

鞋帮　鞋底　鞋帮

12cm

6cm

编织宽度
(鞋长度)

从中间左、右各挑织6针，共12针

整体图

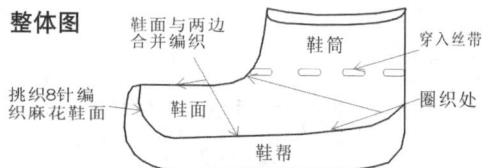

鞋面与两边合并编织
鞋筒
穿入丝带
挑织8针编织麻花鞋面
鞋面
圈织处
鞋帮

符号说明：

□　上针
□=□　下针
▨▨▨　下针左上2针交叉
│　长针
∞∞　锁针

装饰带花样图

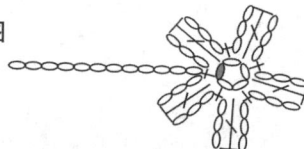

鞋筒花样图
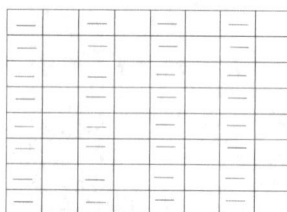

鞋面花样图

鞋底花样图
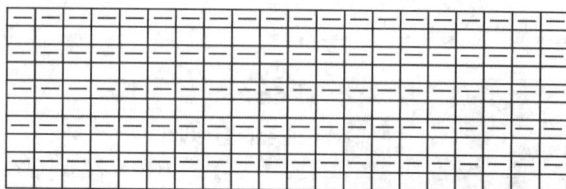

作品332、335、342

【成品规格】见图
【工　　具】9~10号毛衣针，缝衣针，钩针
【材　　料】主色毛腈线60g，白色毛腈线30g，丝带
【编织要点】 单股线编织。下针起边。按脚的大小起针，即脚大就多起针，脚小少起针，起针后配色上下针编织，作为鞋底与鞋帮，按脚的肥瘦确定所织宽度。从宽度一侧的1/4处另起针挑织下针，挑至3/4处停止，开始编织下针花样鞋面，鞋面每侧连接鞋帮并针编织，织到脚脖处全部挑起圈织上下针鞋筒，织到所需鞋筒的长度收针。穿入装饰丝带或单独完成的装饰带，将一侧固定缝好，以免丝带滑落。

符号说明：

□　上针
□=□　下针
∞∞　锁针

整体图

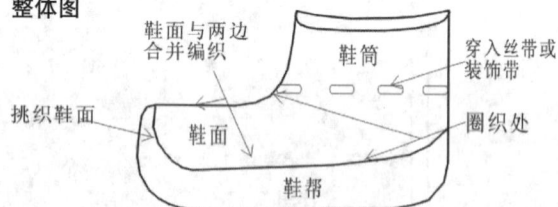

鞋面与两边合并编织
鞋筒
穿入丝带或装饰带
挑织鞋面
鞋面
圈织处
鞋帮

平面图

编织长度
(鞋宽度)
16cm

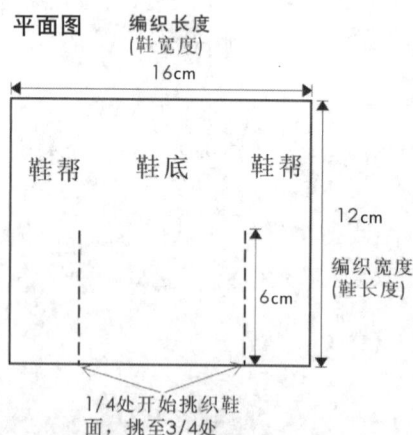

鞋帮　鞋底　鞋帮

12cm

6cm

编织宽度
(鞋长度)

1/4处开始挑织鞋面，挑至3/4处

花样图

作品333

【成品规格】见图
【工　　具】9~10号毛衣针，缝衣针，钩针
【材　　料】棕色纯羊毛线30g，白色纯羊毛线20g，橙色纯
　　　　　　羊毛线少许
【编织要点】
单股线编织。下针起边，配色单片编织。织完鞋筒长后均分成
3份，首先上下针编织中间1份，不加减针，再连织两侧份及
鞋面挑针，编织上下针，完成后留出鞋筒口，其余部分沿边缝
合。穿入单独钩编完成的装饰带。

符号说明：
□ 上针
□=□ 下针
∞∞ 锁针

整体图
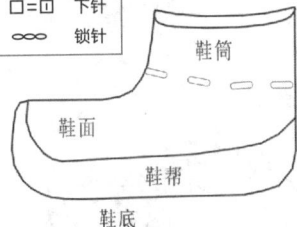

平面图
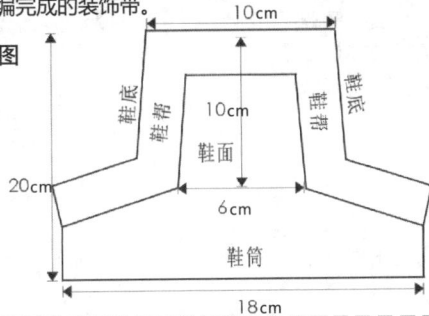

花样图
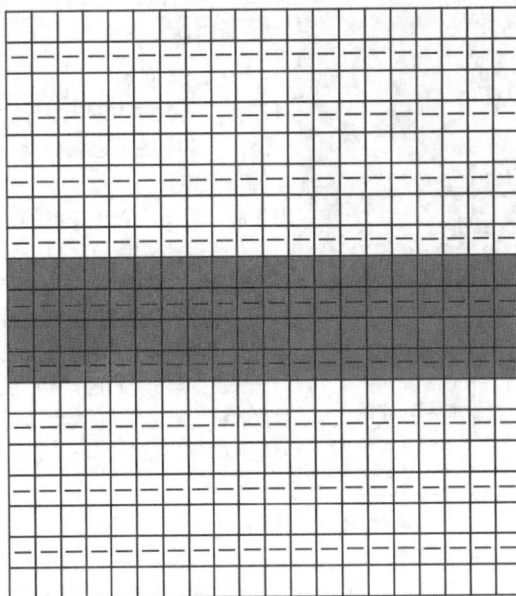

作品334

【成品规格】见图
【工　　具】9~10号毛衣针，缝衣针，钩针
【材　　料】棕色纯羊毛线60g，橙色纯羊毛线少许
【编织要点】
单股线编织。下针起边，单片编织。织完鞋筒长后均分成3
份，首先上下针编织中间1份，不加减针，再连织两侧份及鞋
面挑针，编织上下针，完成后留出鞋筒口，其余部分沿边缝
合。换线钩编鞋筒口装饰边，穿入单独钩编完成的装饰带。

整体图
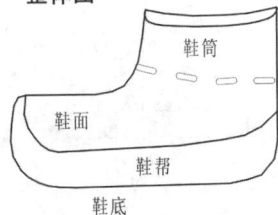

平面图
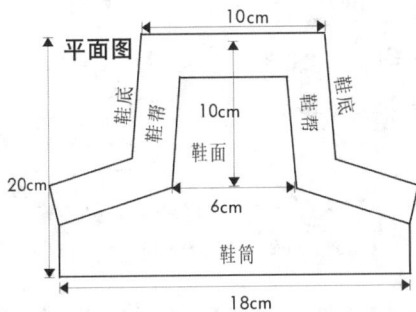

花样图
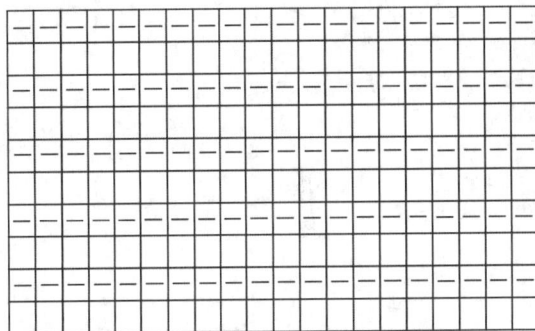

装饰带、边花样图
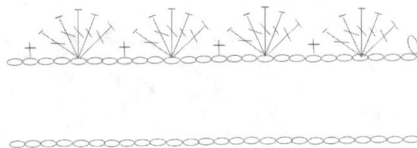

符号说明：
□ 上针
□=□ 下针
＋ 短针
｜ 长针
∞∞ 锁针

作品336

【成品规格】见图
【工　　具】9~10号毛衣针，缝衣针，钩针
【材　　料】白色毛腈线40g，配色毛腈线少许，装饰花边，丝带
【编织要点】　单股线编织。下针起边。首先单独完成鞋底，根据脚
的大小确定长度。沿已完成的鞋底边挑织鞋帮，按脚的肥瘦确定所
织行数，此鞋以1个花样为鞋帮高度。留出鞋面尺寸，首先单独编
织鞋帮，再开始编织鞋面，每侧连接鞋帮处挑针合并，织到脚脖
处同其他针圈织，织到所需鞋筒的长度收针，沿鞋筒边缝好装饰花
边。穿入装饰丝带，用缝衣针缝好装饰丝带一侧，以免滑落。

整体图
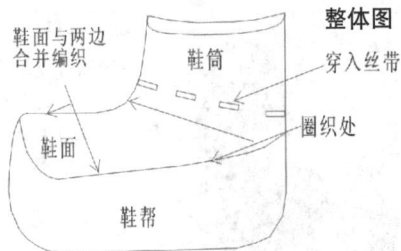

花样图
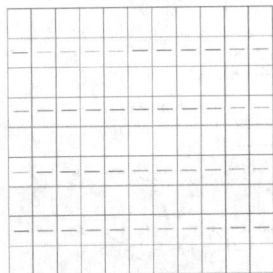

花样图
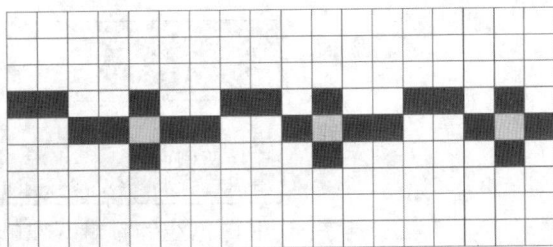

鞋底图
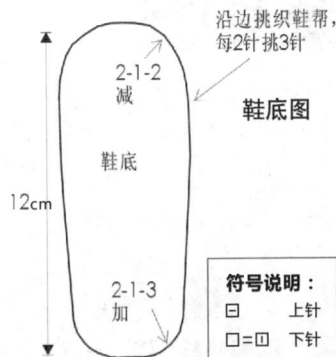

作品337

【成品规格】见图
【工　　具】9~10号毛衣针，钩针
【材　　料】主色毛腈线30g，配色毛腈线30g
【编织要点】

单股线编织。首先按脚的大小编织完成鞋底，另起针从鞋头左侧1/3处挑织鞋帮，挑织到鞋头右侧1/3处，完成花样A的编织后，不要收针。从鞋头中间1/3处另起针挑织鞋面，每两侧连接鞋帮并针编织，织到所需鞋面长度，与已完成的鞋帮圈织1行，在鞋面口处收针，用花样B单独编织高腰鞋帮。另起针配色钩编装饰边。

符号说明：
- □　　上针
- □=囗　下针
- ＋　　短针
- ∞∞　锁针

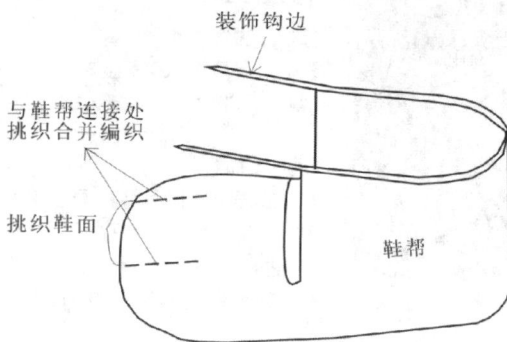

装饰钩边
与鞋帮连接处挑织合并编织
挑织鞋面
鞋帮

花样B

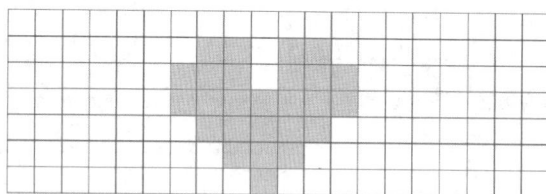

分解图

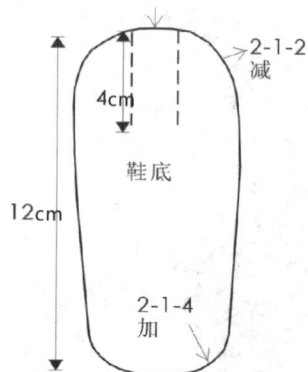

1/3处挑织鞋面
2-1-2 减
4cm
鞋底
12cm
2-1-4 加

花样图

40cm

起

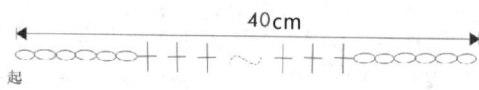

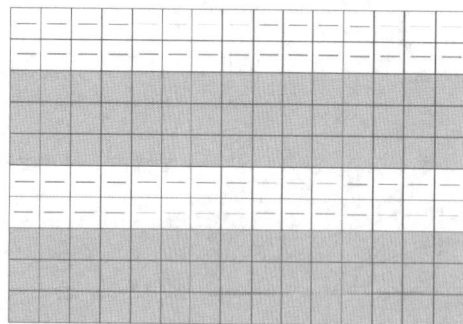

花样A

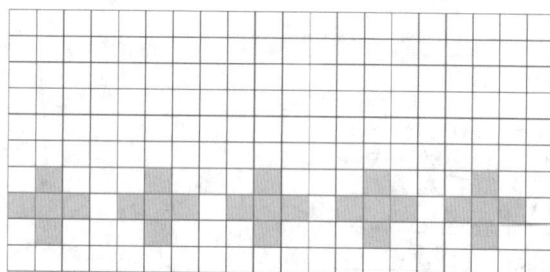

作品340

【成品规格】见左图
【工　　具】1号棒针4根，1号钩针1根
【材　　料】白色、黑色棉线各50g，蓝色棉线若干

结构图

L=10cm

侧面

前面底面8圈全数挑起，后4圈蓝色，织下针，共12圈。

底面

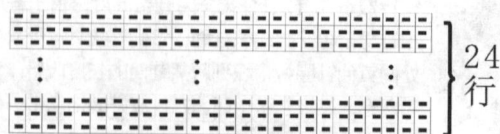

24行

侧面：　沿底面3边挑起，用黑色线来回织下针共20行。

— 本部分拉拨针

顶部：　用白线沿底面边挑起，连接两侧面织下针对12行，用黑色线来回织下针共20行。

带子：　用白色线钩锁针，长50cm。

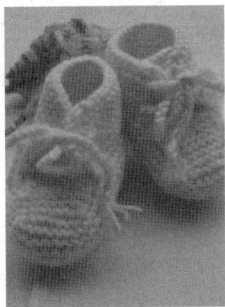

作品338、339

【成品规格】见图
【工　　具】9~10号毛衣针，缝衣针
【材　　料】主色毛腈线30g，配色毛腈线30g，纽扣2枚

【编织要点】

单股线编织。首先按脚的大小编织完成鞋底，另起针从鞋头左侧1/3处挑织鞋帮，挑织到鞋头右侧1/3处，编织完成鞋帮高度，不要收针。从鞋头中间1/3处另起针挑织鞋面，每两侧连接鞋帮并针编织，织到所需鞋面长度，与已完成的鞋帮圈织1行，在鞋面口处收针，单独编织高腰鞋筒。在收针时从内侧鞋筒处另加针编织1行，使之成为鞋带。在鞋筒外侧钉好纽扣。

符号说明：
□　上针
□=□　下针

分解图　1/3处挑织鞋面

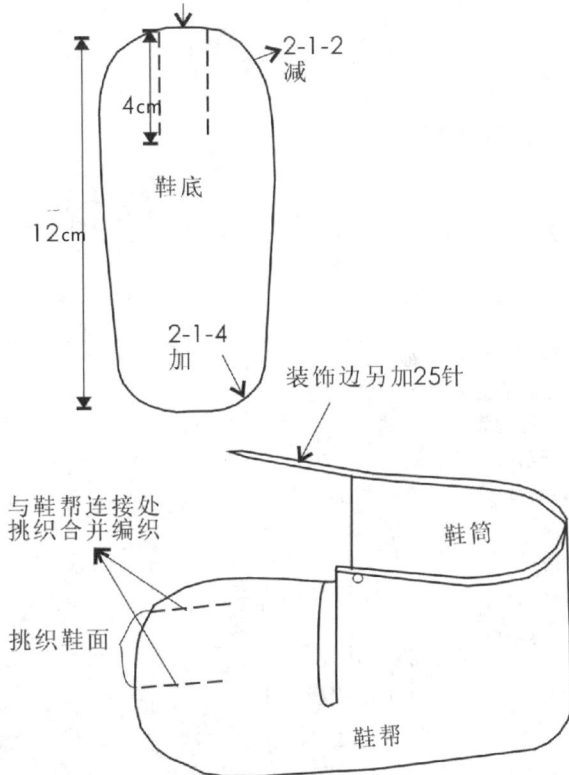

花样图

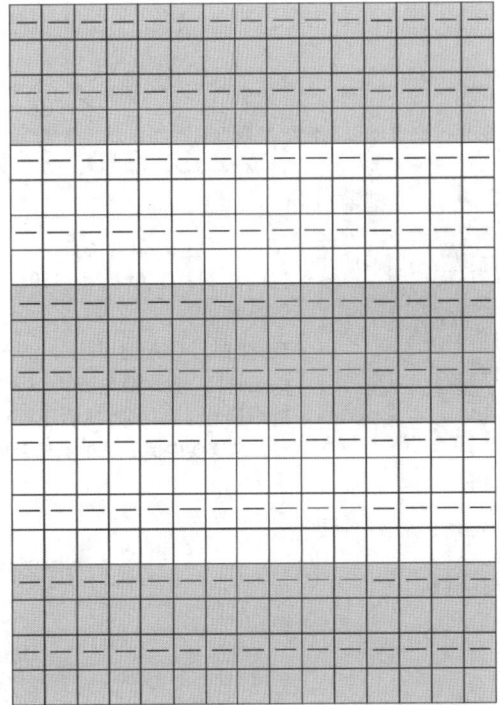

- -

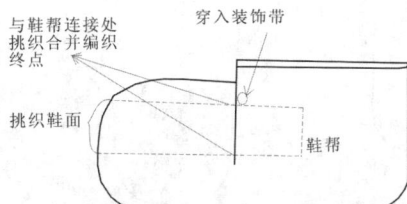

作品341

【成品规格】见图
【工　　具】9~10号毛衣针，钩针
【材　　料】黄色毛腈线30g

【编织要点】

按脚的大小编织完成，鞋底从鞋头左侧1/3处到鞋头右侧1/3处挑织鞋帮，编织完成后不要收针，从鞋头中间1/3处另起针挑织鞋面，两侧连接鞋帮处并针编织全脚心处，然后不并针织鞋帮到脚脖处。单独编织未与鞋面并织的鞋帮。穿入单独钩编的装饰带。

符号说明：
□　上针
□=□　下针
○○○　锁针

花样图

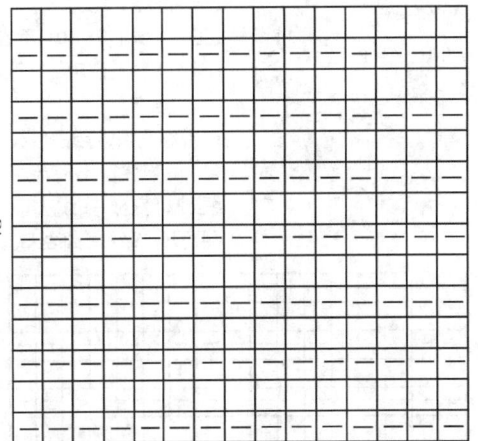

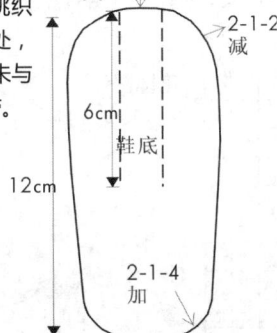

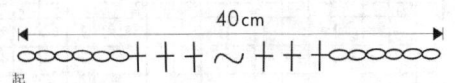

作品343

【成品规格】见图
【工　　具】9~10号毛衣针
【材　　料】蓝色纯羊毛线50g，白色纯羊毛线少许
【编织要点】

按脚的大小编织完成鞋底，换线绕鞋底边挑织1圈，从鞋头左侧1/3处到鞋头右侧1/3处换线编织鞋帮，编织完成后不要收针。从鞋头中间1/3处另起针挑织鞋面，两侧连接鞋帮处并针编织至脚心处，然后不并针织鞋帮到脚脖处。单独编织未与鞋面并织的鞋帮。换线绕鞋帮边钩出短针装饰边穿入装饰钩带。

花样图

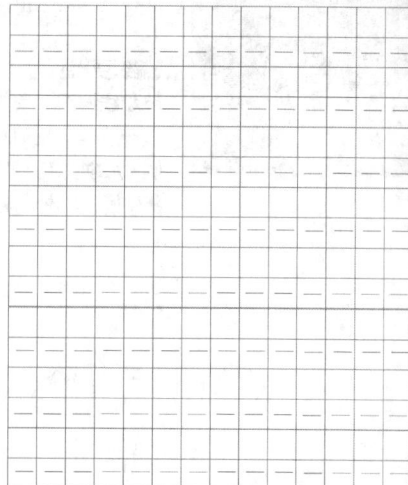

1/3处挑织鞋面

2-1-2减

6cm

分解图

鞋底

12cm

2-1-4加

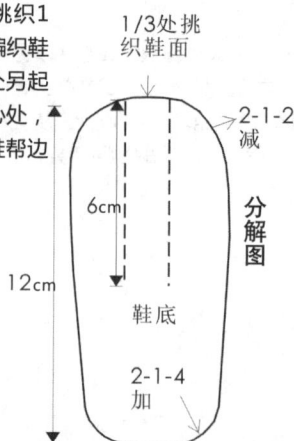

与鞋帮连接处挑织合并编织终点

穿入装饰带

挑织鞋面

鞋帮

符号说明：
☐　上针
☐=口　下针
+　短针
∞∞∞　锁针

作品295、310、344、345

【成品规格】见图
【工　　具】9~10号毛衣针
【材　　料】红色纯羊毛线50g
【编织要点】

按脚的大小编织完成鞋底，从鞋头左侧1/3处到鞋头右侧1/3处挑织鞋帮，编织完成后不要收针。从鞋头中间1/3处另起针挑织鞋面，两侧连接鞋帮处并针编织至脚心处，然后不并针织鞋帮到脚脖处。单独编织未与鞋面并织的鞋帮。穿入丝带。

花样图

1/3处挑织鞋面

2-1-2减

6cm

分解图

12cm

鞋底

2-1-4加

符号说明：
☐　上针
☐=口　下针

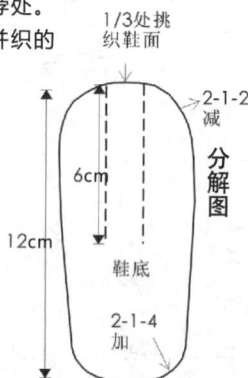

与鞋帮连接处挑织合并编织终点

穿入装饰带

挑织鞋面

鞋帮

作品346、347、350

【成品规格】见图
【工　　具】9~10号毛衣针
【材　　料】白色纯羊毛线40g，蓝色纯羊毛线20g，丝带
【编织要点】

单股线编织。用白色线编织下针鞋底。沿鞋底边挑织鞋帮。在鞋尖留出3针作中心后，两侧并针编织作为鞋面，织到脚脖处。换线从鞋面中心处挑织往返下针鞋筒，向外侧翻开。穿入装饰丝带。

符号说明：
☐　上针
☐=口　下针

花样图

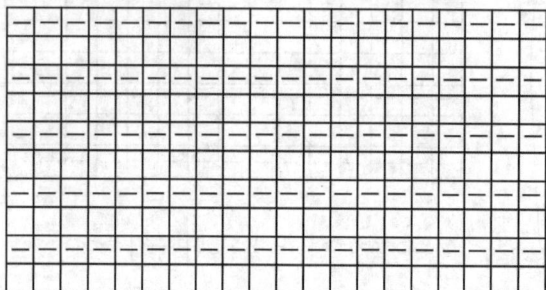

留3针作鞋面中心，双侧合并针编织

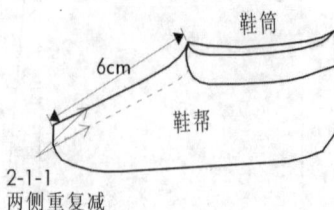

鞋筒

6cm

鞋帮

2-1-1
两侧重复减

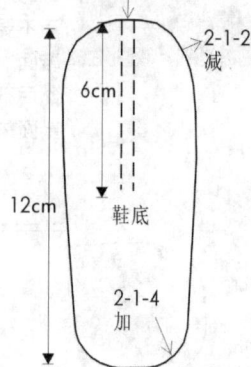

2-1-2减

6cm

鞋底

12cm

2-1-4加

194

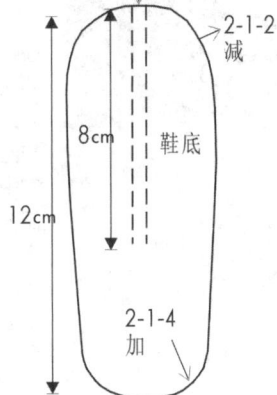

作品348、349

【成品规格】见图
【工　　具】9~10号毛衣针
【材　　料】红色纯羊毛线40g，白色纯羊毛线20g，丝带
【编织要点】
单股线编织。用红色线编织下针鞋底。沿鞋底边挑织鞋帮。在鞋尖留出6针作中心后，两侧并鞋帮针编织作为鞋面，织到脚脖处。换线从鞋内侧圈织上下针鞋筒。穿入装饰丝带。

符号说明：
| 口 | 上针 |
| 口=回 | 下针 |

花样图

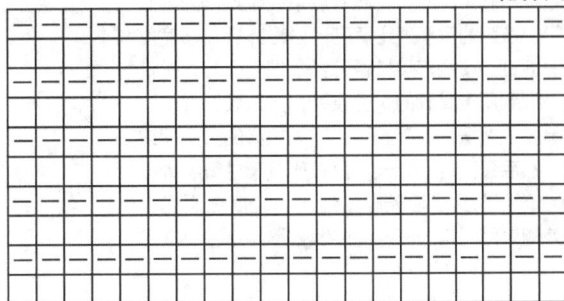

鞋筒

8c

鞋帮

2-1-1
两侧重复减

留6针作鞋面中心，双侧合并针编织

2-1-2
减

8cm　鞋底

12cm

2-1-4
加

作品352~363、365~371

【成品规格】见下图
【工　　具】1~2号棒针4根
【材　　料】黄色毛线100g，白色小珠2枚，花边若干

底面

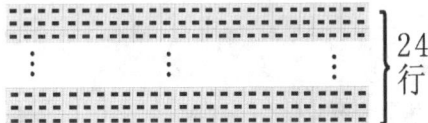

24行

结构图

L=10cm

侧面：沿底面3边挑起，来回织下针共8行。

前面：沿底面挑起，连接两侧面，织下针共15行。

带子：从侧面挑起26针,加长20针,织下针5行。

最后在适当位置穿上小珠和花边即可。

作品364

【成品规格】如尺寸图（或按自身的尺寸）
【工　　具】4.5mm钩针
【材　　料】白色毛线150g，黄色毛线少许，白色珠子若干，纽扣2枚
【编织要点】
按照图样钩鞋子1对，步骤依次按照鞋底、鞋侧、鞋面、鞋带，如下图。

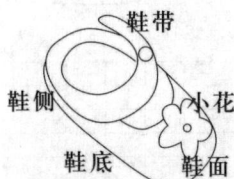

尺寸图　　L=10cm

符号说明：
口	上针
口=回	下针
+	短针
∞	锁针

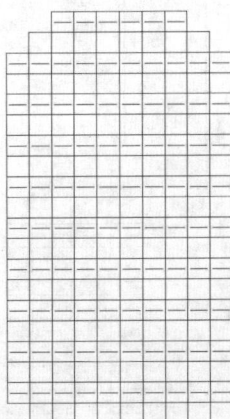

鞋带
鞋侧　　小花
鞋底　　鞋面

按照①~④的步骤编织完鞋子，然后钩2朵小花，装饰在鞋面上。最后钉珠子和纽扣。

① 鞋底：

② 鞋侧在鞋底的基础上挑6圈,1圈上针,1圈下针

③ 鞋面（总共6行）

鞋面在鞋尖挑7针织总共12行

黄色小花

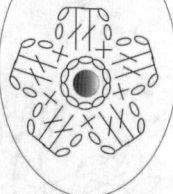

④ 白色鞋带：

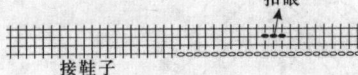

扣眼

接鞋子

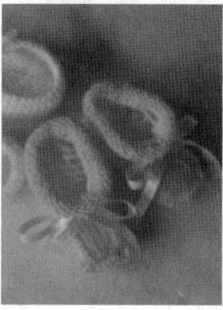

作品 372~381、383~389

【成品规格】见图

【工　　具】9~10号毛衣针，缝衣针，钩针

【材　　料】高腰鞋：红色毛腈线60g，丝带；系带鞋：
白色毛腈线30g，配色毛腈线少许，纽扣2枚

【编织要点】

高腰鞋：单股线编织。下针起边。按脚的大小起针，即
脚大就多起针，脚小少起针，起针后下针编织作为脚底
与两侧鞋帮，按脚的宽窄确定宽度。另起针从1/3宽度
的中间挑织下针，每侧连接鞋帮升针，织到脚脖处挑针
圈织下针，织到所需脚脖的长度收针。穿入装饰丝带。

系带鞋：单股线编织。下针起边。首先按脚的大小编织
完成鞋底，然后量出鞋底周长，再按所量尺寸编织鞋帮
长度。缝合鞋帮两头后沿无鞋带边再与鞋底在反面缝
合。在鞋外侧钉好纽扣，在鞋间接缝处缝好单独完成的
小钩花。

花样图

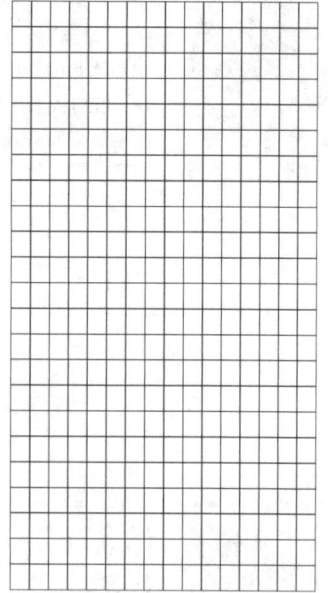

高腰鞋
整体图

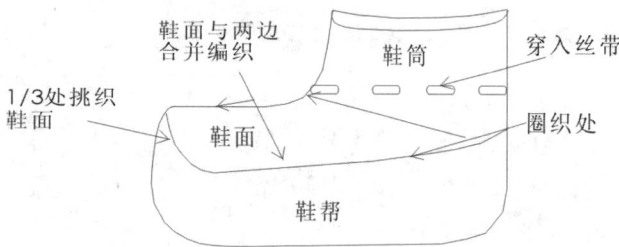

鞋面与两边
合并编织

1/3处挑织
鞋面

鞋筒

穿入丝带

鞋面

圈织处

鞋帮

高腰鞋
平面图

编织长度
(鞋宽度)

14cm

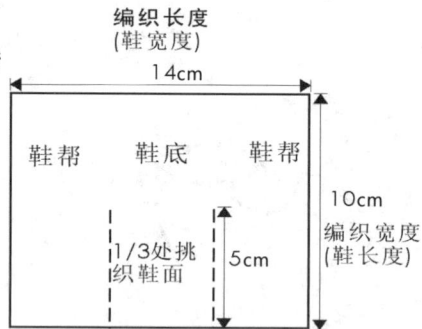

鞋帮　　鞋底　　鞋帮

1/3处挑
织鞋面

5cm

10cm
编织宽度
(鞋长度)

符号说明：

□	上针
□=□	下针
+	短针
↑	长针
∞	锁针

系带鞋
分解图

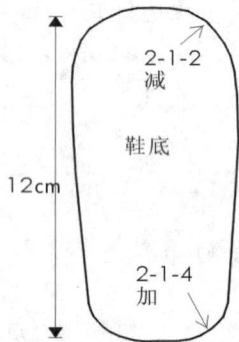

2-1-2
减

鞋底

12cm

2-1-4
加

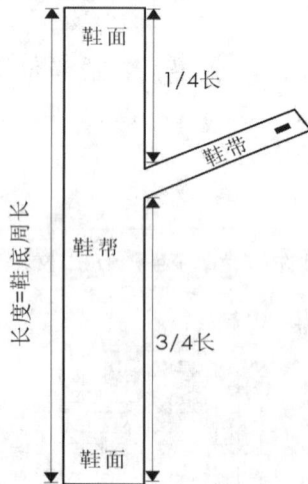

鞋面

1/4长

鞋带

鞋帮

长度=鞋底周长

3/4长

鞋面

系带鞋
整体图

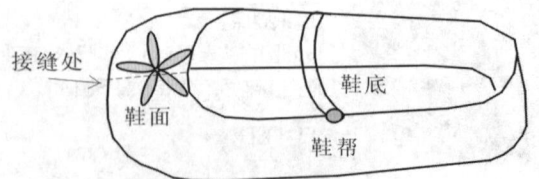

接缝处

鞋面

鞋底

鞋帮

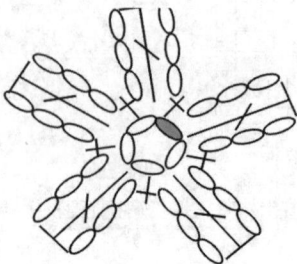

花样图

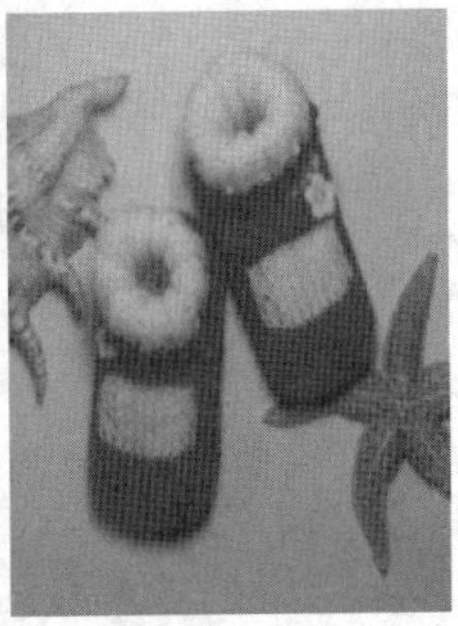

作品382

【成品规格】见图

【工　　具】9~10号毛衣针，缝衣针，钩针

【材　　料】红色毛腈线30g，配色毛腈线30g，纽扣2枚

【编织要点】

单股线编织。下针起边。首先单独完成鞋底，根据脚的大小确定长度。沿已完成的鞋底边挑织鞋帮，按脚的肥瘦确定所织行数，一般织6行。留出鞋面尺寸，首先单独编织鞋帮，再开始编织鞋面，每侧连接鞋帮处挑针合并织，鞋面织到一半长时换线继续编织，织到脚脖处同其他针圈织，织到所需鞋筒的长度收针，向外侧翻开。单独编织完成鞋带，连接鞋帮内侧缝实，在鞋帮外侧缝好纽扣。

符号说明：

⊟ 上针

□=⊡ 下针

整体图

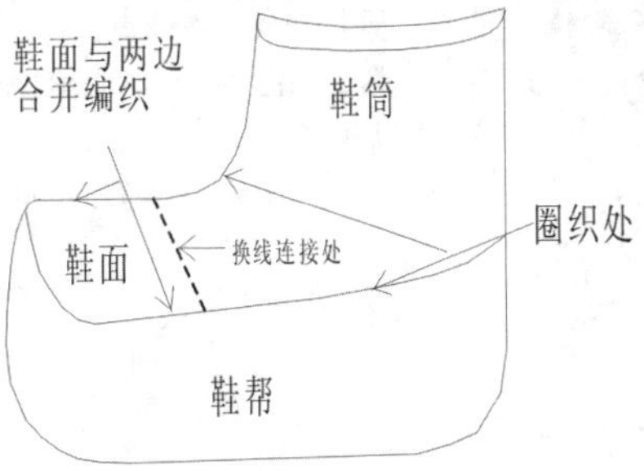

鞋面与两边
合并编织
鞋筒
鞋面
换线连接处
圈织处
鞋帮

鞋带图

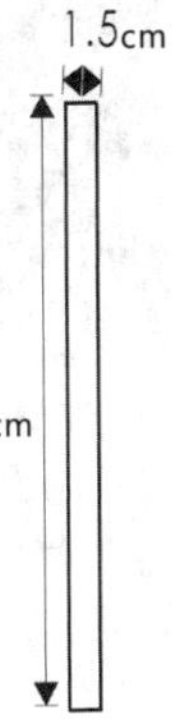

1.5cm
6cm

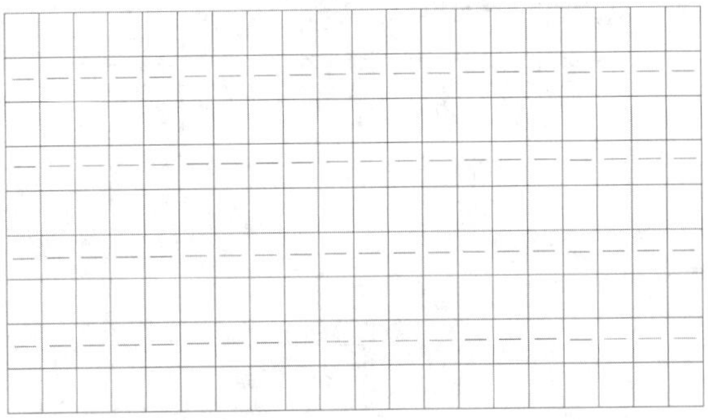

花样图

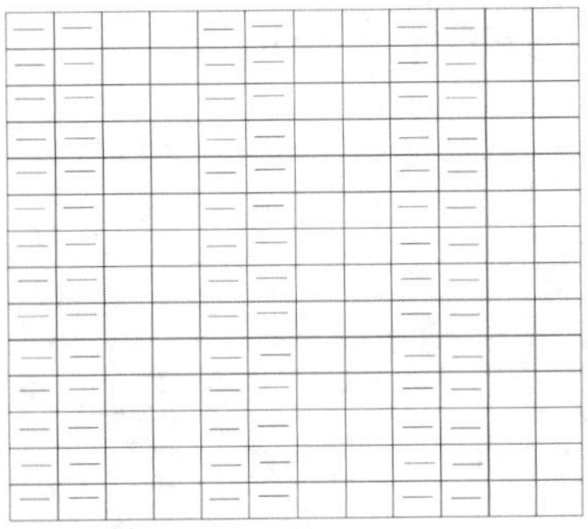

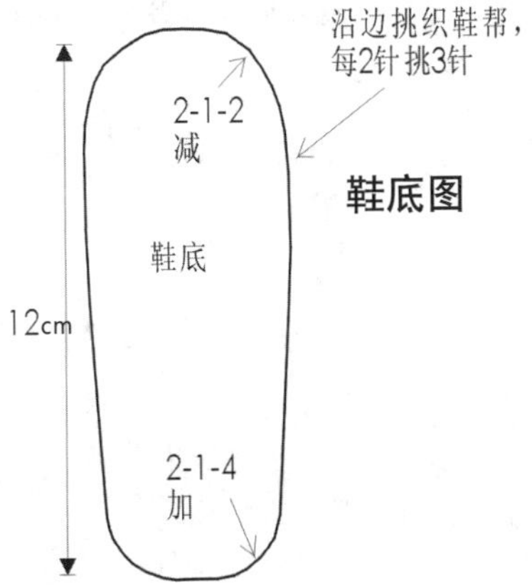

沿边挑织鞋帮，
每2针挑3针
2-1-2
减
鞋底
12cm
2-1-4
加

鞋底图

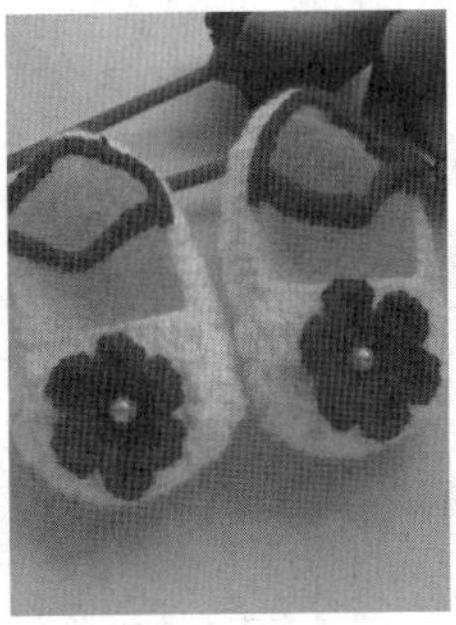

作品390~400、402~409

【成品规格】如尺寸图（或按自身的尺寸）

【工　　具】4.5mm钩针

【材　　料】白色毛线100g，红色线少许，珠子2个

【编织要点】

按照鞋子的基本图样从鞋子的鞋底钩起，再钩鞋带；最后钩2朵红色花缝在鞋盖上，如下图。

尺寸图

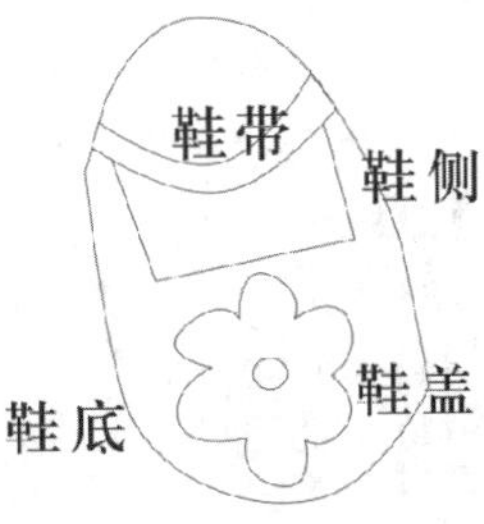

鞋带
鞋侧
鞋盖
鞋底

L=10cm

符号说明：

+ 短针

中长针

长针

锁针

鞋底的钩法：

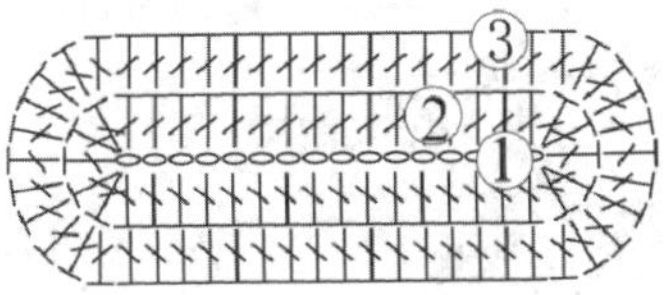

③
②
①

起16针锁针
围绕锁针钩长针

红色花的钩法：

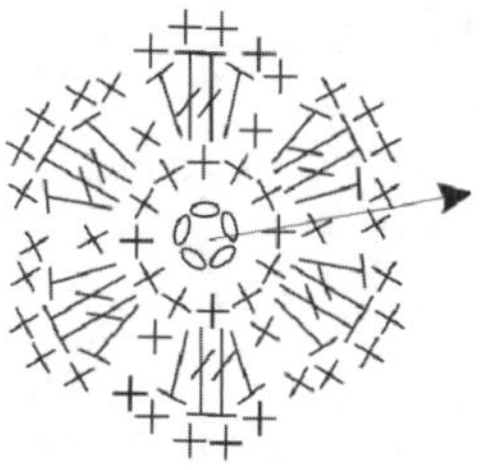

中间缝
1个珠子

鞋侧的钩法：
（在鞋底的基础上钩
2行侧面，不加减针）

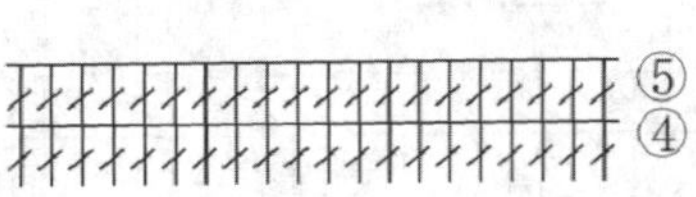

⑤
④

前面鞋盖的钩法：

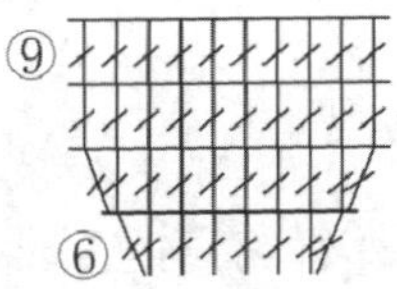

⑨
⑥

红色鞋带的钩法：

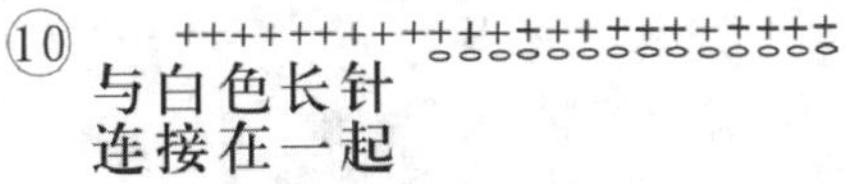

⑩

与白色长针
连接在一起

作品401

【成品规格】如尺寸图（或按自身的尺寸）
【工　　具】4.5mm钩针
【材　　料】黄色毛线100g，紫色毛线少许，黄色丝带2条
【编织要点】
按照鞋子的基本图样从鞋子的鞋底钩起，再钩鞋带，如下图。

尺寸图

L=10cm

鞋底的钩法：（黄色）

起16针锁针
围绕锁针钩长针

鞋筒的钩法：

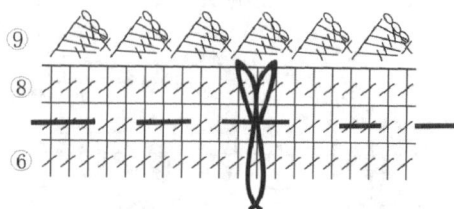

鞋侧的钩法：　（黄色）
（在鞋底的基础上钩
2行侧面，不加减针）

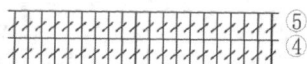

前面鞋盖的钩法：

符号说明：

十	短针
✝	中长针
✝	长针
∞	锁针

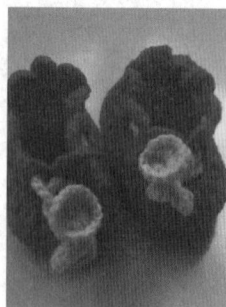

作品410

【成品规格】如尺寸图（或按自身的尺寸）
【工　　具】4.5mm钩针
【材　　料】红色毛线100g，绿色线少许
【编织要点】
按照鞋子的基本图样从鞋子的鞋底钩起，最后钩1条绿
色锁针绑在鞋口处，锁针两头有2朵小花，如下图。

符号说明：

十	短针
✝	长针
∞	锁针

鞋底的钩法：

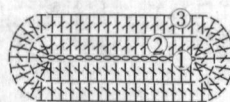

起16针锁针
围绕锁针钩长针

尺寸图

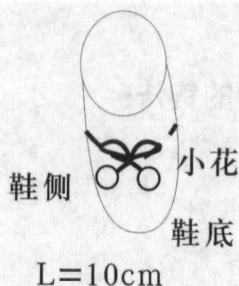

鞋侧の钩法：
（在鞋底的基础上钩1行侧面长针）

小花×4

20针长针，20针短针

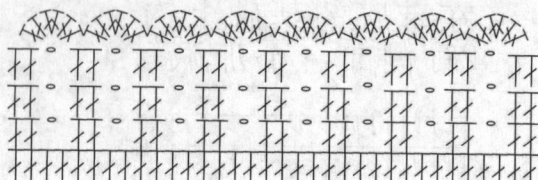

198

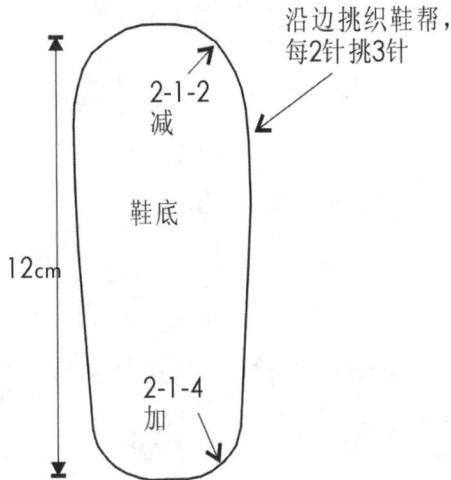

作品412

【成品规格】见图
【工　　具】9~10号毛衣针、钩针
【材　　料】绿色马海毛线30g、白色毛腈线20g

【编织要点】
单股线编织。下针起边。首先单独完成鞋底，根据脚的大小确定长度。沿已完成的鞋底边挑织鞋帮，按脚的肥瘦确定所织行数，一般织6行。另起针在前头位置挑织鞋面，每侧连接

鞋帮处挑针并织，织到脚脖处同其他针换线圈织，织到所需脚脖的长度收针，钩编鞋筒装饰花边。穿入单独钩编的装饰带。

符号说明：	
＋	短针
田	下针
囲	上针
○	辫子针

鞋底图

沿边挑织鞋帮，
每2针挑3针

2-1-2
减

鞋底

12cm

2-1-4
加

整体图

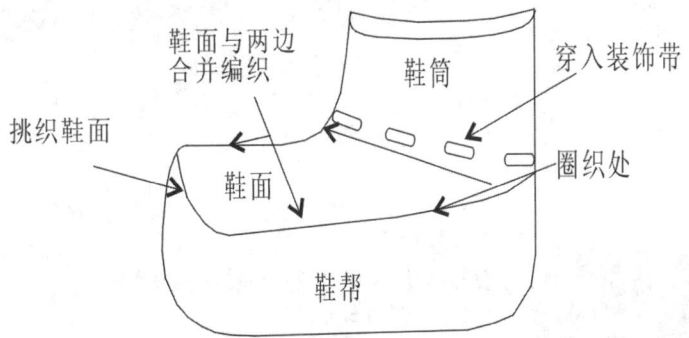

鞋面与两边
合并编织

鞋筒

穿入装饰带

挑织鞋面

鞋面

圈织处

鞋帮

花样图

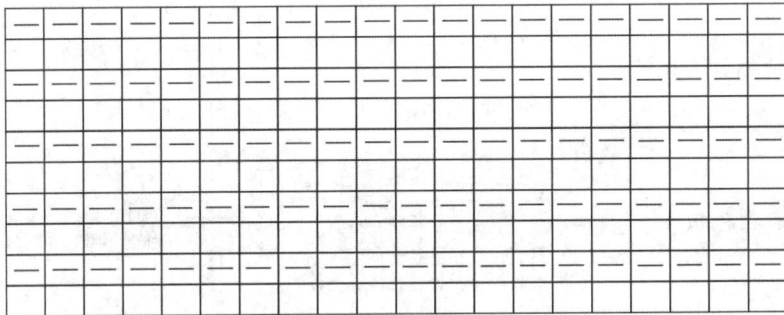

24cm

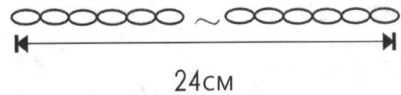

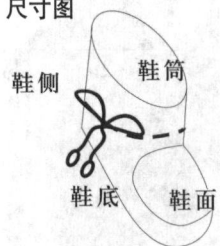

作品413、426

【成品规格】如尺寸图（或按自身的尺寸）
【工　　具】4.5mm钩针
【材　　料】蓝色毛线100g，黄色毛线少许

【编织要点】
按照鞋子的基本图样从鞋子的鞋底钩起，再钩鞋侧，鞋盖，再钩4个装饰球绑住鞋子，如下图。

符号说明：	
＋	短针
丨	中长针
￤	长针
∞	锁针

尺寸图

小花×4

鞋侧　鞋筒

20针长针，
20针短针

鞋底　鞋面

L=10cm

鞋底的钩法：（黄色）

起16针锁针
围绕锁针钩长针

鞋面的钩法：（黄色）

20针长针

鞋侧的钩法：（蓝色）
（在鞋底的基础上钩
2行长针，不加减针）

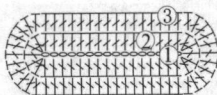
⑤
④

鞋筒的钩法：（蓝色，最后1行黄色）

黄色

蓝色

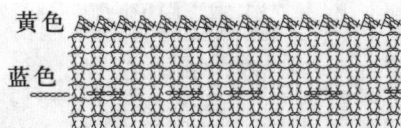

钩一条锁针作为
绳子绑住鞋子

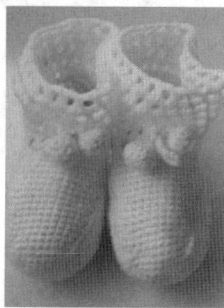

作品414

【成品规格】见图
【工　　具】4mm钩针
【材　　料】粉色毛腈线40g，白色毛腈线20g
【编织要点】
单股线短针编织。按脚的大小首先钩编完成鞋底；再从脚尖1/3处钩织鞋面到脚脖处；然后从鞋尖内侧1/3处到外侧1/3处钩鞋帮，按脚的肥瘦确定鞋帮高度，最后1行收针时与鞋面边并钩。另换线从鞋内侧脚脖处圈钩鞋筒，完成后穿入单独钩编的装饰带。

鞋筒花样图

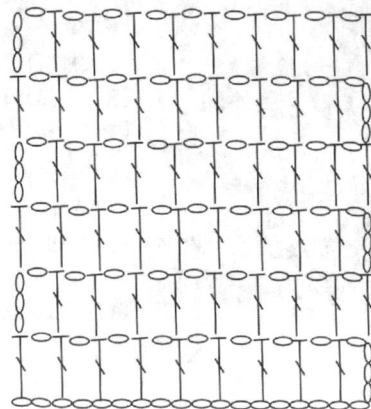

符号说明：
＋　短针
│　长针
○○○　锁针

整体图

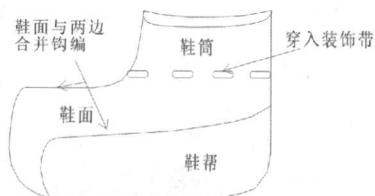

鞋面与两边合并钩编
鞋筒
穿入装饰带
鞋面
鞋帮

鞋底图

鞋内侧
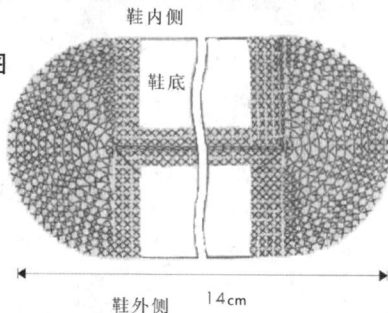
鞋尖
中间1/3处钩编鞋面
鞋底

鞋外侧　14cm

装饰带花样图

说明：
1. 圈钩圆底3行短针。
2. 从第4行即每行均减3针，减至1针后钩装饰带。

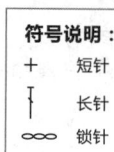

CM

作品415

【成品规格】如尺寸图（或按自身的尺寸）
【工　　具】4.5mm钩针
【材　　料】红色毛线100g，白色毛线少许
【编织要点】
按照鞋子的基本图样从鞋子的鞋底钩起，再钩鞋侧、鞋面，再钩4个装饰球绑住鞋子，如下图。

四个装饰球

12针

尺寸图

鞋筒
鞋侧
鞋底
鞋面

符号说明：
＋　短针
│　中长针
│　长针
○○○　锁针

L=10cm

鞋底的钩法：（红色）

起16针锁针
围绕锁针钩长针

鞋面的钩法：（白色）

鞋侧的钩法：（红色）
（在鞋底的基础上钩2行长针，不加减针）
在鞋底和鞋侧之前挑1行白色短针

⑤
④

鞋筒的钩法：（红色，最后1行白色）

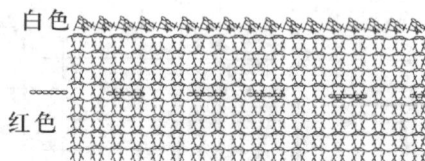

白色
红色

钩1条锁针作为绳子绑住鞋子

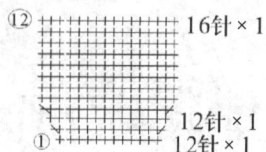

作品416、411

【成品规格】如尺寸图（或按自身的尺寸）
【工　　具】4.5mm钩针
【材　　料】橙色毛线100g
【编织要点】
按照鞋子的基本图样从鞋底钩起，钩鞋面，然后钩鞋筒，再钩2个小装饰绑住鞋子，如下图。

尺寸图

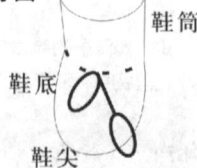
鞋筒
鞋底
鞋尖
L=10cm

4个装饰球

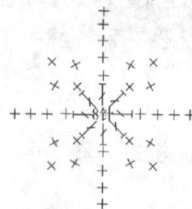

鞋底的钩法：

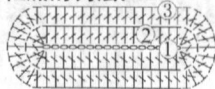

起16针锁针
围绕锁针钩长针

鞋面的钩法：

⑫
16针×1
①
12针×1
12针×1

鞋筒的钩法：

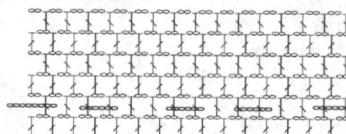

钩1条锁针作为绳子绑住鞋子

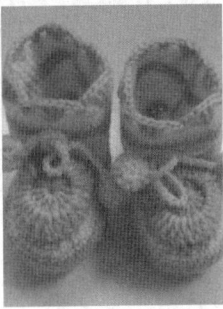

作品417

【成品规格】如尺寸图（或按自身的尺寸）
【工　　具】4.5mm钩针
【材　　料】黄色毛线100g，蓝色毛线少许
【编织要点】
按照鞋子的基本图样从鞋子的鞋底钩起，再钩鞋侧、鞋面，再钩4个装饰球绑住鞋子，如下图。

尺寸图

鞋筒
鞋侧
鞋底
鞋面

L＝10cm

鞋面的钩法：（蓝色）

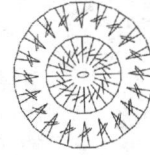

钩1条锁针
绳子绑住鞋

四个装饰球

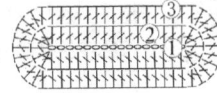

鞋底的钩法：（黄色）

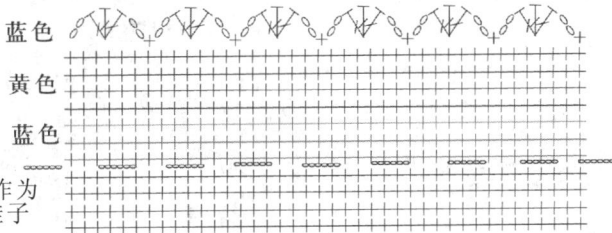

起16针锁针
围绕锁针钩长针

鞋筒的钩法：

蓝色
黄色
蓝色

钩1条锁针作为
绳子绑住鞋子

鞋侧的钩法：
（在鞋底的基础上钩
3行蓝色短针，3行黄色短针）

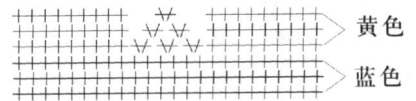

黄色
蓝色

符号说明：
＋　短针
　　中长针
　　长针
　　锁针

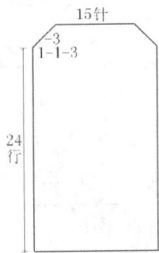

作品418

针法说明

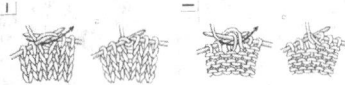

此花形用毛衣缝针绣上

鞋面花形：

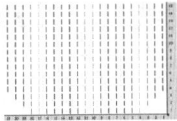

鞋底、鞋围花形：

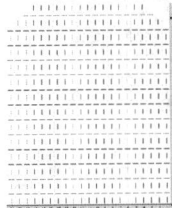

鞋帮花形：

鞋围：鞋面织好后在鞋帮上再挑51针（共72针），一起圈织30行

15针
21针
21针
15针

收针

鞋底：起21针片织24行后两边收针

鞋帮：鞋底1圈挑90针圈织10行

鞋面：鞋头15针起织，两边加针，边织边与鞋帮合

11行　1-1-3
　　　 -3

鞋头
15针

鞋头
15针

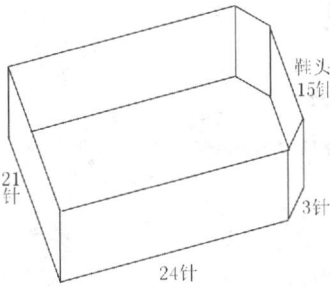

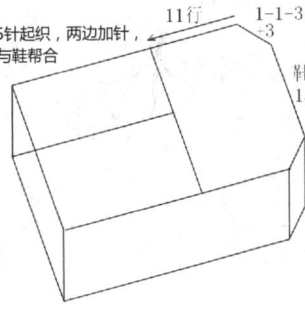

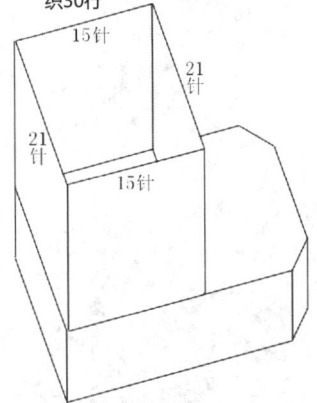

15针
1-1-3
-3

24行

21针

3针

24针

作品419

针法说明

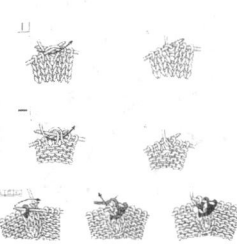

鞋面花形：

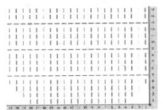

花边图解：72针分成6份每份12针

鞋底、鞋围花形：

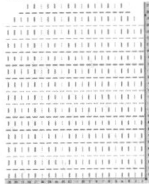

鞋帮花形：

鞋围：鞋面织好后在鞋帮上再挑51针（共72针），一起圈织30行。

鞋底：起21针片织24行后两边收针。　鞋帮：鞋底一圈挑90针圈织10行。

鞋面：鞋头15针起织，两边加针，边织边与鞋帮合。

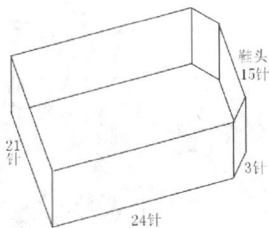

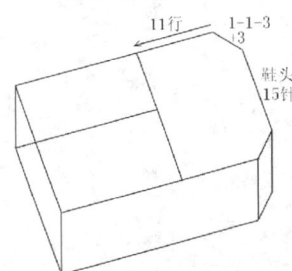

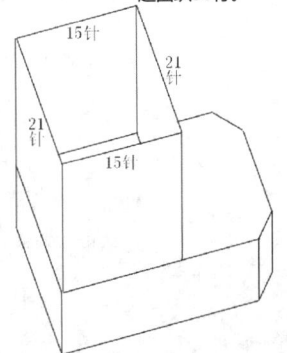

15针
1-1-3
-3

24行

21针

3针

24针

鞋头
15针

11行　1-1-3
　　　 -3

鞋头
15针

15针
21针
21针
15针

作品420

【成品规格】见图

【工　具】4.5mm钩针

【材　料】红色毛腈线50g，绿色毛腈线20g

【编织要点】

1. 单股线编织。

2. 用红色线短针钩编完成鞋底。

3. 用绿色线单独完成鞋面，换红色线连钩短针鞋帮。

4. 最后1行收针时换绿线与鞋底边并钩，形成装饰牙边。

5. 用红色线从鞋内侧脚脖处圈钩鞋筒，最后1行换绿色线收针，形成装饰边。

6. 完成后穿入单独钩编完成的红色装饰带。

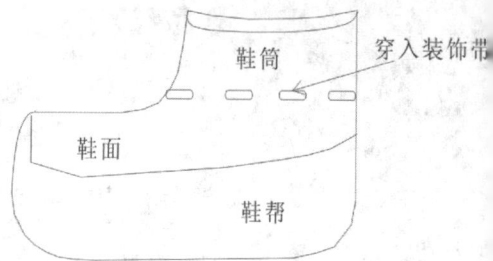

鞋筒

穿入装饰带

鞋面

鞋帮

整体图

符号说明：

＋　短针

|　长针

∞　锁针

鞋面花样图

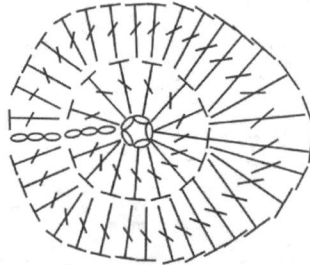

鞋筒花样图

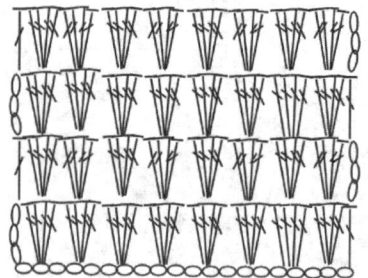

鞋底图

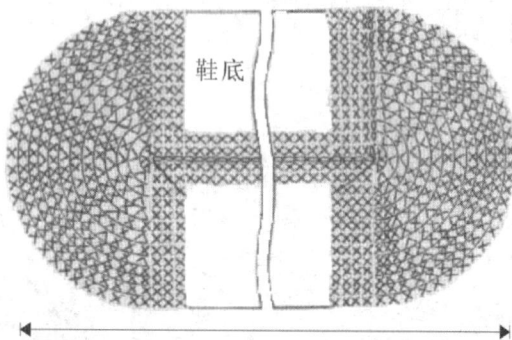

鞋底

14cm

装饰花样图

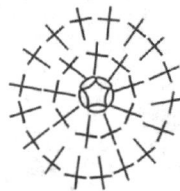

说明：1. 圈钩圆底3行短针。

　　　2. 从第4行即每行均减3针，减至1针后钩装饰带。

- -

针法说明：

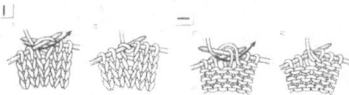

花边

1. 钩1针中长针，钩住线，再在同一位置钩中长针。

2'. 在同一位置再钩1个中长针。

3'. 完成了第2个放针，两针之间间隔1针锁针。

鞋底、鞋围花形：

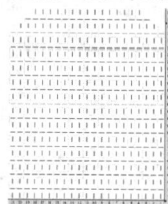

鞋帮花形：

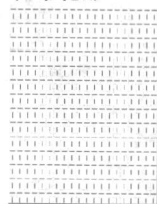

鞋面花形：

作品421

鞋底： 起21针片织24行后两边收针。　　**鞋帮：** 鞋底一圈挑90针圈织10行。　　**鞋面：** 鞋头15针起织，两边加针，边织边与鞋帮合。　　**鞋围：** 鞋面织好后在鞋帮上再挑51针(共72针)，一起圈织30行。

15针

-3
1-1-3

24行

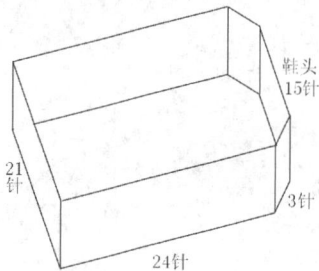

鞋头
15针

21针

24针

3针

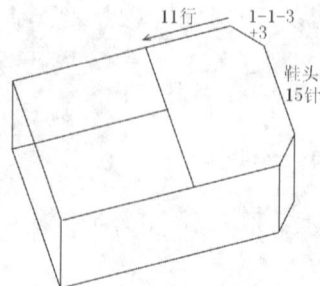

11行　　1-1-3
　　　　＋3

鞋头
15针

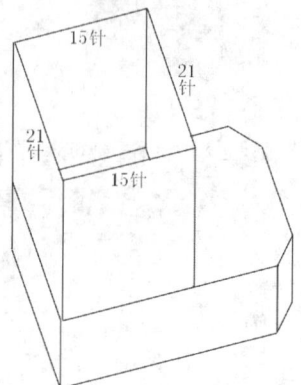

15针

21针

21针

15针

作品422

【成品规格】见图
【工　　具】9~10号毛衣针，缝衣针，钩针
【材　　料】浅紫色毛腈线60g，色纯羊毛线少许
【编织要点】
单股线编织。下针起边，单片编织。织完鞋筒长后均分成3份，首先上下针编织中间1份，不加减针，再连织两侧份及鞋面挑针，编织上下针，完成后留出鞋筒口，其余部分沿边缝合。穿入单独钩编完成的装饰带。

花样图

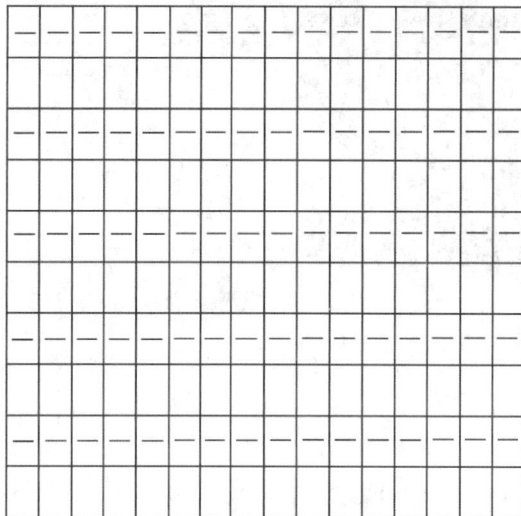

整体图

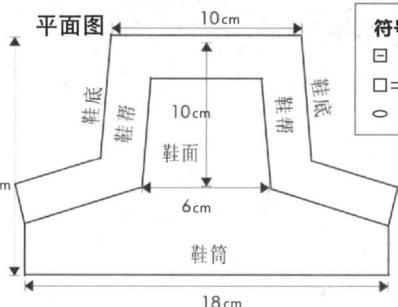

平面图

符号说明：
□ 上针
□＝□ 下针
○ 辫子针

作品423

【成品规格】如尺寸图（或按自身的尺寸）
【工　　具】4.5mm钩针
【材　　料】绿色毛线100g，深绿色毛线少许
【编织要点】
按照鞋子的基本图样从鞋尖钩起，钩鞋后跟，然后钩鞋筒，再钩2个小装饰绑住鞋子，如下图。

尺寸图

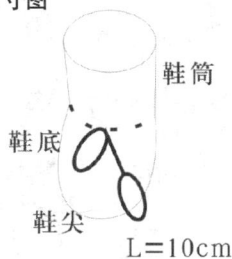

L=10cm

符号说明：
＋ 短针
† 中长针
‡ 长针
∞ 锁针

鞋尖的钩法：

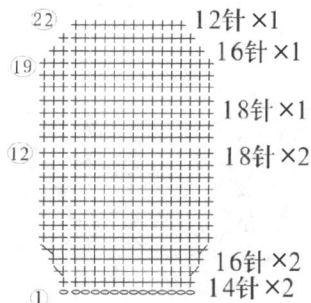

12针×1
16针×1
18针×1
18针×2
16针×2
14针×2

4个装饰球

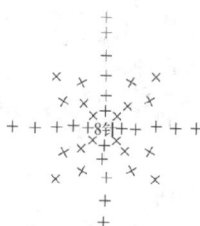

鞋筒的钩法：

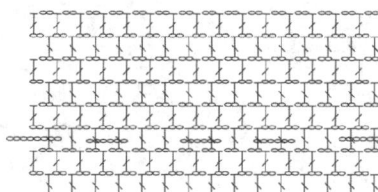

钩1条锁针作为绳子绑住鞋子

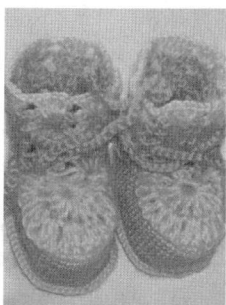

作品424

【成品规格】如尺寸图（或按自身的尺寸）
【工　　具】4.5mm钩针
【材　　料】绿色毛线50g，橙色毛线50g
【编织要点】
按照鞋子的基本图样从鞋子的鞋底钩起，再钩鞋侧，如下图。（橙色）

尺寸图

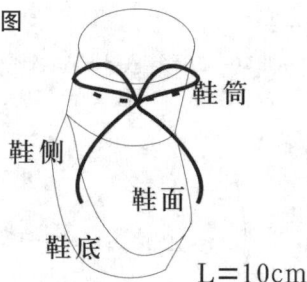

L=10cm

鞋盖的钩法：（橙色）

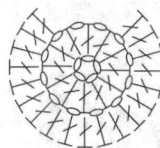

鞋底的钩法：

起16针锁针
围绕锁针钩长针

符号说明：
＋ 短针
† 中长针
‡ 长针
∞ 锁针

鞋侧的钩法：（绿色）
（在鞋底的基础上钩4行短针，不加减针）
在鞋底和鞋侧之前挑1行短针

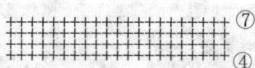

鞋筒的钩法：（绿色，最后1行橙色）

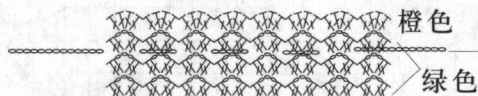

橙色
绿色
钩1条锁针作为绳子绑住鞋子

作品425

【成品规格】如尺寸图（或按自身的尺寸）
【工　具】4.5mm钩针
【材　料】蓝色毛线50g，黄色毛线50g
【编织要点】

按照鞋子的基本图样从鞋子的鞋底钩起，再钩鞋侧，鞋盖，再钩4个装饰小球，如下图。

尺寸图

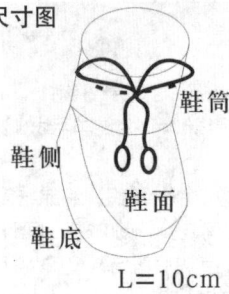

鞋筒
鞋侧
鞋面
鞋底

L＝10cm

鞋底的钩法：（黄色）

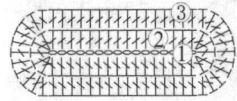

起16针锁针
围绕锁针钩长针

鞋侧的钩法：（蓝色）
（在鞋底的基础上钩
4行短针，不加减针）
在鞋底和鞋侧之前挑1行短针

⑦
④

符号说明

＋	短针
中长针
长针
○○○	锁针

4个装饰球

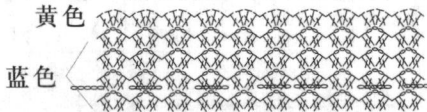

20针

鞋面的钩法：（黄色）

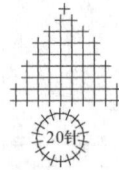

鞋筒的钩法：（蓝色，最后1行黄色）

黄色
蓝色

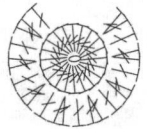

钩1条锁针作为
绳子绑住鞋子

作品427

【成品规格】见图
【工　具】4mm钩针
【材　料】蓝色毛腈线40g，白色毛腈线少许
【编织要点】

单股线钩编。按脚的大小首先钩编完成鞋底；再从鞋尖内侧1/3处到外侧1/3处钩鞋帮，按脚的肥瘦确定鞋帮高度，然后钩编脚尖中间1/3处鞋面到脚脖处，与鞋帮边连接合并钩，从鞋内侧脚脖处圈钩鞋筒，完成后穿入单独钩编的装饰带。

鞋底图

中间1/3处
钩编鞋面

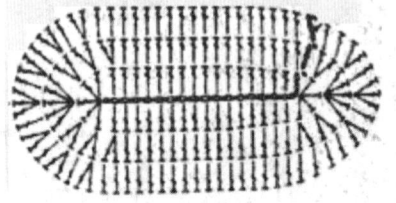

14cm

符号说明

＋	短针
长针
○○○	锁针
蜜枣形长针

整体图

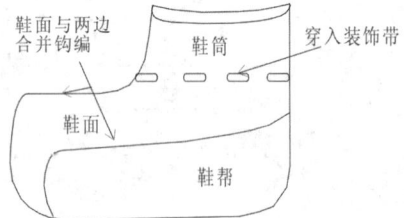

鞋面与两边
合并钩编
鞋筒
穿入装饰带
鞋面
鞋帮

鞋筒花样图

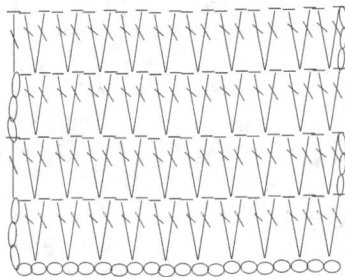

作品428

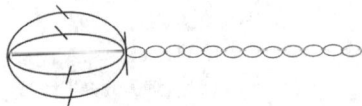

【成品规格】见图
【工　具】9～10号毛衣针，缝衣针，钩针
【材　料】红色纯羊毛线50g，黄色纯羊毛线20g

【编织要点】

单股线编织。下针起边。按脚的大小起针，即脚大多起针，脚小少起针，起针后上下针编织，作为脚底与鞋帮，按脚的肥瘦确定所织宽度。从宽度一侧的中间另起针挑织12针，开始编织麻花花样鞋面，鞋面每侧连接鞋帮处挑针并织，织到脚脖处全部挑起圈织上下针鞋筒，织到所需鞋筒的长度收针，钩编装饰花样。穿入单独钩编完成的装饰带，装饰带一侧与鞋筒缝实，以免滑落。

整体图

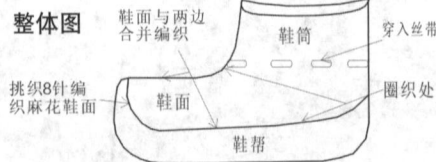

鞋面与两边
合并编织
穿入丝带
挑织8针编
织麻花鞋面
鞋面
圈织处
鞋帮

装饰带花样图

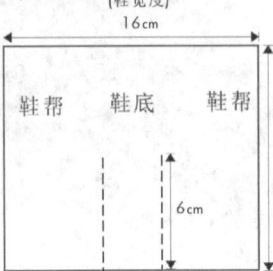

装饰边花样图

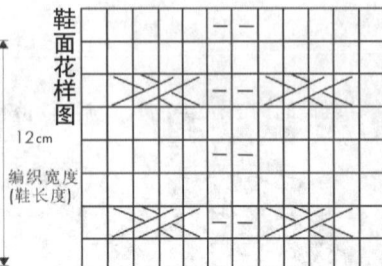

平面图

编织长度
(鞋宽度)
16cm

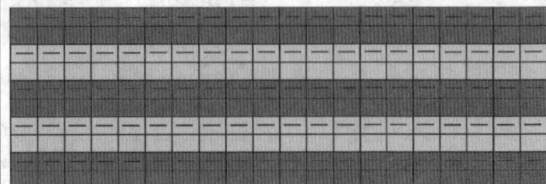

鞋帮　鞋底　鞋帮

6cm

从中间左、右各挑
织6针，共12针

鞋面花样图

12cm

编织宽度
(鞋长度)

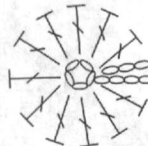

符号说明：

□	上针
□=□	下针
下针左上2针交叉
长针
○○○	锁针

鞋筒花样图